全国中等职业学校机械类专业通用教材

全国技工院校机械类专业通用教材（中级技能层级）

钳工技能训练

（第六版）

人力资源社会保障部教材办公室组织编写

中国劳动社会保障出版社

简介

本书主要内容有：钳工操作常识，钳工常用测量器具，划线，錾削，锯削，锉削，孔加工，螺纹加工，矫正、弯形、连接，刮削，研磨，固定连接的装配，传动机构的装配，轴承和轴组的装配，卧式车床的结构与总装配，以及五个综合技能训练课题。

本书由戴国东担任主编，顾广源担任副主编，肖燕、王俊芳、徐建锋参加编写；郑健主审，房付华参加审稿。

图书在版编目(CIP)数据

钳工技能训练 / 人力资源社会保障部教材办公室组织编写. -- 6版. -- 北京：中国劳动社会保障出版社，2020

全国中等职业学校机械类专业通用教材　全国技工院校机械类专业通用教材. 中级技能层级

ISBN 978-7-5167-4700-1

Ⅰ.①钳…　Ⅱ.①人…　Ⅲ.①钳工-中等专业学校-教材　Ⅳ.①TG9

中国版本图书馆 CIP 数据核字(2020)第205406号

中国劳动社会保障出版社出版发行

（北京市惠新东街1号　邮政编码：100029）

*

北京市艺辉印刷有限公司印刷装订　新华书店经销

787毫米×1092毫米　16开本　15印张　354千字

2020年12月第6版　2022年5月第4次印刷

定价：29.00元

读者服务部电话：（010）64929211/84209101/64921644

营销中心电话：（010）64962347

出版社网址：http://www.class.com.cn

http://jg.class.com.cn

前言

为了更好地适应全国技工院校机械类专业的教学要求，全面提升教学质量，人力资源社会保障部教材办公室组织有关学校的一线教师和行业、企业专家，在充分调研企业生产和学校教学情况、广泛听取教师对教材使用反馈意见的基础上，对全国技工院校机械类专业通用教材中所包含的车工、钳工、机修钳工、铣工、焊工、冷作工、机床加工等工艺学、技能训练教材进行了修订。

本次教材修订工作的重点主要体现在以下几个方面：

第一，合理更新教材内容。

根据机械类专业毕业生所从事岗位的实际需要和教学实际情况的变化，合理确定学生应具备的能力与知识结构，对部分教材内容及其深度、难度做了适当调整；根据相关专业领域的最新发展，在教材中充实新知识、新技术、新设备、新材料等方面的内容，体现教材的先进性；采用最新国家技术标准，使教材更加科学和规范。

第二，紧密衔接国家职业技能标准要求。

教材编写以国家职业技能标准《车工（2018 年版）》《钳工（2020 年版）》《铣工（2018 年版）》《焊工（2018 年版）》等为依据，涵盖国家职业技能标准（中级）的知识和技能要求，并在与教材配套的习题册、技能训练图册中增加了针对相关职业技能鉴定考试的练习题。

第三，精心设计教材形式。

在教材内容的呈现形式上，尽可能使用图片、实物照片和表格等形式将知识点生动地展示出来，力求让学生更直观地理解和掌握所学内容。针对不同的知识点，设计了许多贴近实际的互动栏目，在激发学生学习兴趣和自主学习积极性的同时，使教材“易教易学，易懂易用”。在教材插图的制作中采用了立体造型技术，同时部分教材在印刷工艺上采用了四色印刷，增强了教材的表现力。

第四，引入“互联网+”技术，进一步做好教学服务工作。

在《车工工艺学（第六版）》《车工技能训练（第六版）》《钳工工艺学（第六版）》等教材中使用了增强现实（AR）技术。学生在移动终端上安装App，扫描教材中带有AR图标的页面，可以对呈现的立体模型进行缩放、旋转、剖切等操作，以及观察模型的运动和拆分动画，便于更直观、细致地探究机构的内部结构和工作原理，还可以浏览相关视频、图片、文本等拓展资料。在部分教材中使用了二维码技术，针对教材中的教学重点和难点制作了动画、视频、微课等多媒体资源，学生使用移动终端扫描二维码即可在线观看相应内容。

本套教材中的工艺学教材配有习题册，技能训练教材配有技能训练图册。另外，还配有方便教师上课使用的电子课件，电子课件和习题册答案可通过技工教育网（http://jg.class.com.cn）下载。

本次教材的修订工作得到了辽宁、江苏、浙江、山东、河南等省人力资源和社会保障厅及有关学校的大力支持，在此我们表示诚挚的谢意。

人力资源社会保障部教材办公室

2020年8月

目录

课题一

钳工操作常识

<table>
<tr><td colspan="2">

一、教学要求

1. 熟悉钳工工作场地。
2. 能对钳工常用设备进行基本操作、保养。
3. 熟悉钳工操作安全文明生产要求。
4. 能严格遵守“6S”管理内容要求。

</td></tr>
<tr><td colspan="2">

二、技能训练内容

</td></tr>
<tr><td>名称</td><td>知识要点及图解</td></tr>
<tr><td>钳工工作场地简介</td><td>

钳工工作场地（图 1－1）的实训设备主要有钳台、台虎钳、砂轮机、各种钻床等。钳工大多是在钳台上用手工工具对工件进行加工。手工操作的特点是技术性强，加工质量的好坏主要取决于操作者技术水平的高低，它的工作范围较广，具有多面性和灵活性的特点，因此，凡是采用机械加工方法不太适宜或难以进行机械加工的场合，通常由钳工来完成，尤其是机械产品的装配、调试、安装和维修等更需要钳工，所以说钳工是机械制造中应用最广泛的工种之一。

图 1－1　钳工工作场地

</td></tr>
</table>

名称	知识要点及图解
钳工工作场地工量具配置	钳工工作场地工量具配置（单人）见表 1－1。

表 1－1　钳工工作场地工量具配置

序号	名称	规格	单位	数量
1	钳工工作台（钢木结构）	1 500 mm×750 mm×800 mm	张	1
2	台虎钳	125 mm 或 150 mm	台	1
3	游标卡尺	0～200 mm	把	1
4	千分尺	0～25 mm、25～50 mm、50～75 mm	把	各 1
5	划线平板		块	1
6	手锤		把	1
7	划规		把	1
8	角尺	100 mm×63 mm	把	1
9	钢直尺	0～150 mm	把	1
10	划针	长 120 mm	支	1
11	内外卡钳		套	1
12	圆锉刀	ϕ8 mm、ϕ10 mm	把	各 1
13	半圆锉刀	200 mm、300 mm	把	各 1
14	方锉刀	8 mm×8 mm、12 mm×12 mm	把	各 1
15	扁锉刀	150 mm、200 mm、250 mm、300 mm	把	各 1
16	三角锉刀	200 mm、300 mm	把	各 1
17	什锦锉		套	1
18	锯弓	300 mm	把	1
19	锯条	300 mm	根	10
20	三角刮刀		把	1
21	平面刮刀	350 mm	把	2
22	油石		块	1
23	丝锥	M6、M8、M10、M12	支	各 1 副
24	板牙	M6、M8、M10	只	各 1
25	錾子		套	1
26	手虎钳		台	1
27	活络扳手	200 mm、250 mm、300 mm	把	各 1
28	钢丝钳		把	1
29	一字螺钉旋具	150 mm、200 mm、250 mm、300 mm	把	各 1
30	十字螺钉旋具	150 mm、200 mm、250 mm、300 mm	把	各 1
31	呆扳手		套	1
32	铁皮剪刀		把	1
33	铰杠		把	1
34	圆板牙架		把	1
35	尖嘴钳		把	1
36	毛 刷		把	1
37	钢丝刷		把	1

名称	操作要点及图解
钳工工作场地的合理组织	合理组织和安排好钳工工作场地，是保证产品质量和安全生产的一项重要措施。 (1) 合理布局主要设备　钳工工作台应安放在光线适宜、工作方便的地方。面对面使用钳工工作台时，应在两个工作台中间安置安全网。砂轮机、钻床应设置在场地的边缘，尤其是砂轮机一定要安装在安全、可靠的位置。 (2) 正确摆放毛坯和工件　毛坯和工件要分别摆放整齐，并尽量放在工件搁架上，以免磕碰。 (3) 合理摆放工具、夹具和量具　常用工具、夹具和量具应放在工作位置附近，方便取用，不应任意堆放，以免损坏。工具、夹具和量具用后应及时清理、维护和保养，并且妥善放置，如图 1－2 所示。  立式放法  卧式放法 图 1－2　工具和量具的合理放置 (4) 工作场地应保持清洁　使用后应按要求对设备进行清理、润滑，并把工作场地打扫干净。
安全文明生产	执行安全操作规程、遵守劳动纪律、严格按工艺要求操作是保证产品质量的重要前提。安全保证生产，生产必须安全。 (1) 安全文明生产一般要求 1) 工作前按要求穿戴好防护用品。 2) 不准擅自使用不熟悉的机床、工具和量具。 3) 右手取用的工具放在右边，左手取用的工具放在左边，严禁乱堆乱放。 4) 毛坯、半成品应按规定堆放整齐，并随时清除油污、异物等。 5) 清除切屑要用刷子，不要直接用手清除或用嘴吹。 6) 使用电动工具时，要有绝缘防护和安全接地措施。 (2) 常用设备安全要求

<table>
<tr><th>名称</th><th>操作要点及图解</th></tr>
<tr><td>安全文明生产</td><td>
1）钳工工作台安全要求
①操作者站在钳工工作台的一面工作，对面不允许有人。钳工工作台周围除操作者站的一面外，其余三面必须设置密度适当的安全网。工作台必须安装牢固，不允许被用作铁砧。
②工作台上使用的照明电压不得超过 36 V。
③工作台上的杂物要及时清理，工具、量具和刃具分开放置，以免混放损坏。
④摆放工具时，不能让工具伸出工作台边缘，以免其被碰落而砸伤人脚。
2）台虎钳使用的安全要求　台虎钳有固定式和回转式两种，如图 1－3 所示。
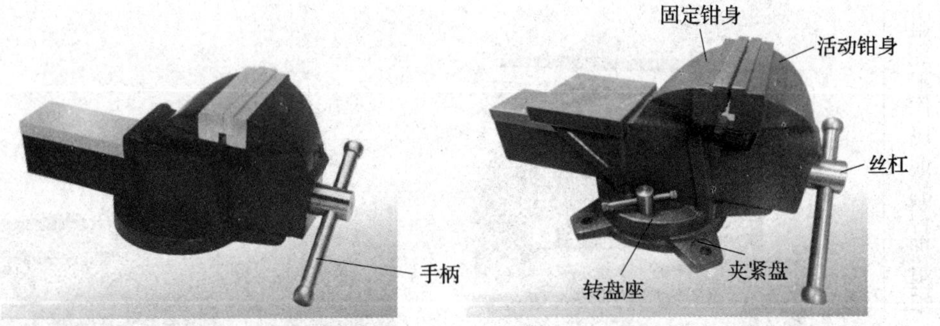

固定式　　回转式
图 1－3　台虎钳
①夹紧工件时要松紧适当，只能用手扳紧手柄，不得借助其他工具加力。
②强力作业时，应尽量使力朝向固定钳身。
③不许在活动钳身和光滑平面上敲击作业。
④对丝杠、螺母等活动表面应经常清洗、润滑，以防生锈。
⑤工作台装上台虎钳后，钳口高度应与操作者手抵下颚的手肘等齐（见图 1－4）。

图 1－4　台虎钳在钳工工作台上的高度
3）钻床使用的安全要求　钳工常用的钻床有台式钻床、立式钻床和摇臂钻床（见图 1－5）。
①工作前，对所用钻床和工具、夹具和量具要进行全面检查，确认无误后方可操作。
②工件装夹必须牢固可靠，工作中严禁戴手套。
③手动进给时，一般按照逐渐增压和减压原则进行，用力不可过猛，以免造成事故。
④钻头上绕有长铁屑时，要停下钻床，然后用刷子或铁钩将铁屑清除。
⑤不准在旋转的刀具下翻转、夹压或测量工件，手不准触摸旋转的刀具。
</td></tr>
</table>

名称	操作要点及图解
安全文明生产	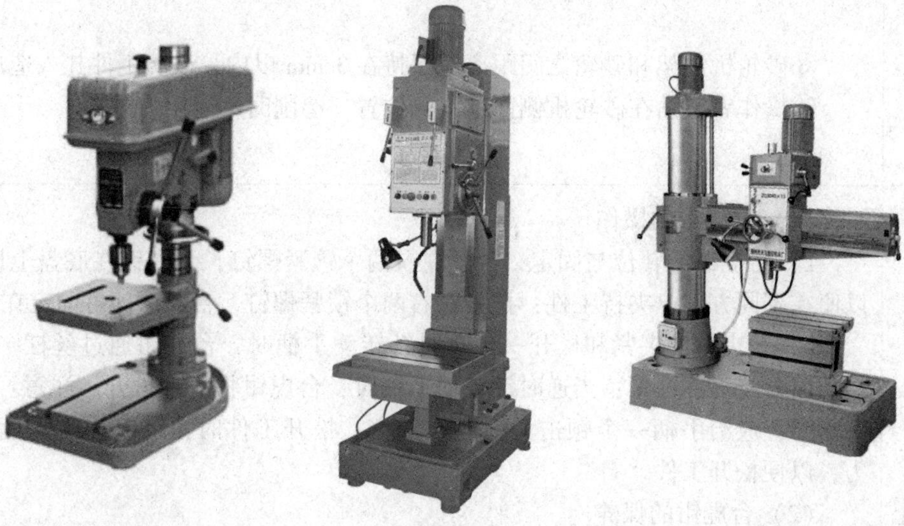 图1－5　钻床 ⑥摇臂钻床的横臂回转范围内不准有障碍物，工作前横臂必须夹紧。 ⑦摇臂钻床的横臂和工作台上不准存放物件。 ⑧工作结束后，将摇臂钻床的横臂降低到最低位置，主轴箱靠近立柱，并且要夹紧。 4）砂轮机使用的安全要求　砂轮机主要由砂轮、电动机和机体组成（见图1－6）。 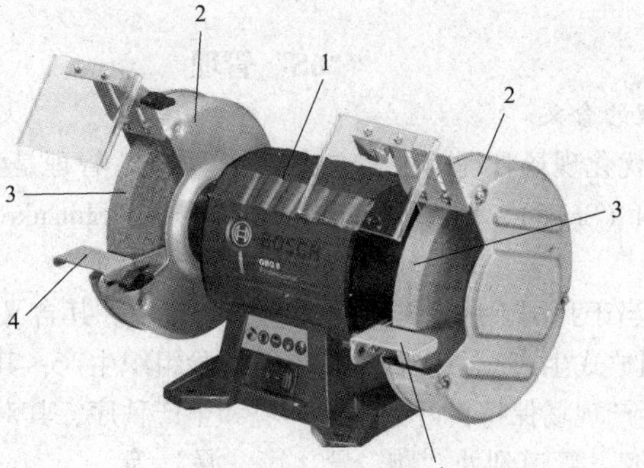 图1－6　砂轮机 1—机体（内有电动机）　2—砂轮护罩　3—砂轮　4—托架 ①砂轮机启动后应运转平稳，若跳动明显应及时停机调整。 ②砂轮机旋转方向要正确，磨屑只能向下飞离砂轮。

名称	操作要点及图解
安全文明生产	③砂轮机托架和砂轮之间距离应保持在 3 mm 以内，以防工件扎入造成事故。 ④操作者应站在砂轮机侧面或斜侧位置，磨削时不能用力过大。
台虎钳的操作与保养	(1) 台虎钳的操作 1) 台虎钳的转位与固定　松开左右两个锁紧螺钉，台虎钳在底盘上即可转位，以便在不同方向上夹持工件；拧紧左右两个锁紧螺钉，台虎钳即可固定在底盘上。 2) 台虎钳的夹紧和松开　当顺时针转动手柄时，台虎钳通过丝杠、螺母带动活动钳身将工件夹紧；当逆时针转动手柄时，台虎钳将工件松开。注意：工件将要夹紧时，应给手柄一个顿击力，以便夹牢；松开工件时，也应先给手柄一个顿击力，以便松开工件。 (2) 台虎钳的保养 1) 夹紧工件时只许依靠手的力量来转动手柄，决不能用手锤敲击手柄或随意套上长管子来扳动手柄，以免丝杠、螺母或钳身损坏。 2) 在进行强力作业时，应尽量使力量朝向固定钳身，否则将额外增加丝杠和螺母的受力，导致螺纹损坏。 3) 不要在活动钳身的光滑平面上进行敲击作业，否则会损坏或缩短寿命，降低它与固定钳身的配合性能。 4) 丝杠、螺母和其他活动表面上都要经常加油并保持清洁，以利于润滑和防止生锈。

知识链接

“6S”管理

1. “6S”管理的含义

“6S”管理是优化现场管理的主要方法之一。“6S”管理是生产现场整理（Seiri）、整顿（Seiton）、清扫（Seiso）、清洁（Seiketsu）、素养（Shitsuke）、安全（Security）六项活动的统称。

“6S”管理相当于我国工厂里开展的文明生产活动。其含义之一是生产文明化或科学化，其对立面是粗放式生产，不讲科学，单凭经验组织生产；其含义之二是指在生产现场的管理中，要使生产现场保持良好的生产环境和生产秩序，其对立面是不文明生产，生产现场“脏、乱、差”，管道到处“跑、冒、滴、漏”等。

2. “6S”管理的内容

整理——将工作场所的任何物品区分为有必要的和没有必要的，除了有必要的留下来，其他的都清除掉。目的是腾出空间，使空间活用，防止误用，营造清爽的工作场所。

整顿——把留下来的必要的物品依规定位置摆放，并放置整齐加以标识。目的是使工作场所一目了然，消除寻找物品的时间，整理工作环境，清除过多的积压物品。

清扫——将工作场所内看得见与看不见的地方清扫干净，保持工作场所干净的环境。目的是稳定产品品质，减少工业伤害。

清洁——将整理、整顿、清扫进行到底，并且制度化，经常保持环境处在美观的状态。目的是创造明朗现场，维持上面的3S成果。

素养——每位成员养成良好的习惯，并遵守规则做事，培养积极主动的精神。目的是培养拥有良好习惯、遵守规则的员工，增强团队凝聚力。

安全——重视成员安全教育，每时每刻都有“安全第一”的观念，防患于未然。目的是建立起安全生产的环境，所有的工作应建立在安全的前提下。

三、思考与练习

1. 对钳工工作场地的要求是什么？
2. 钳工操作安全文明生产的一般要求有哪些？
3. 简述台虎钳的操作。
4. 简述钻床使用的安全要求。

课题二

钳工常用测量器具

一、教学要求

1. 掌握游标卡尺、千分尺、百分表、水平仪的读数方法。
2. 能正确使用常用量具完成常规测量。
3. 能正确对量具进行日常维护与保养。

二、钳工常用量具的使用

名称	操作要点及图解
游标卡尺	见下

（1）游标卡尺识读实例（见图2－1）

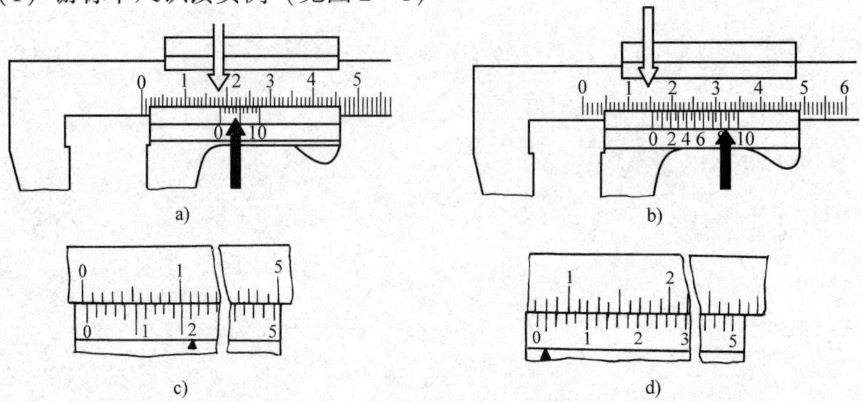

图2－1　游标卡尺的读数方法

a）测量精度为0.1 mm　读数为18.4 mm　b）测量精度为0.05 mm　读数为15.85 mm

c）测量精度为0.02 mm　读数为0.22 mm　d）测量精度为0.02 mm　读数为7.02 mm

（2）游标卡尺测量方法（见图2－2）

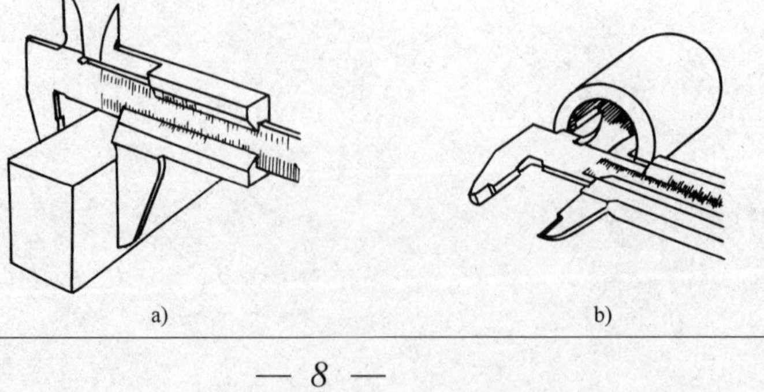

a)　b)

名称	操作要点及图解
游标卡尺	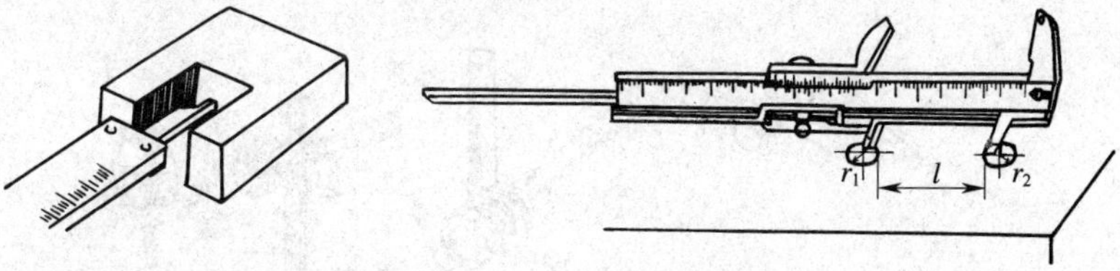 c)　　d) 图 2－2　游标卡尺的测量方法 a）测量外部尺寸　b）测量内部尺寸　c）测量深度　d）测量中心距 $\left(l+\frac{r_1+r_2}{2}\right)$
千分尺	（1）千分尺识读实例（见图 2－3a、b） 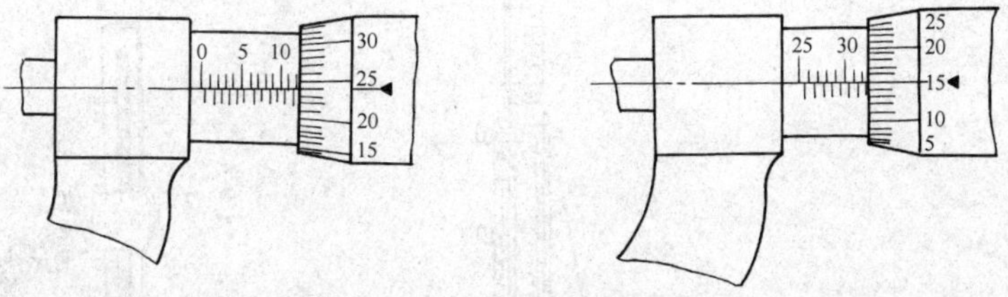 a)　　b) 图 2－3　千分尺的读数方法 a）12＋0.240＝12.240 mm　b）32＋0.5＋0.150＝32.650 mm （2）千分尺零位校正　以 0～25 mm 和 25～50 mm 千分尺为例（见图 2－4a、b）。 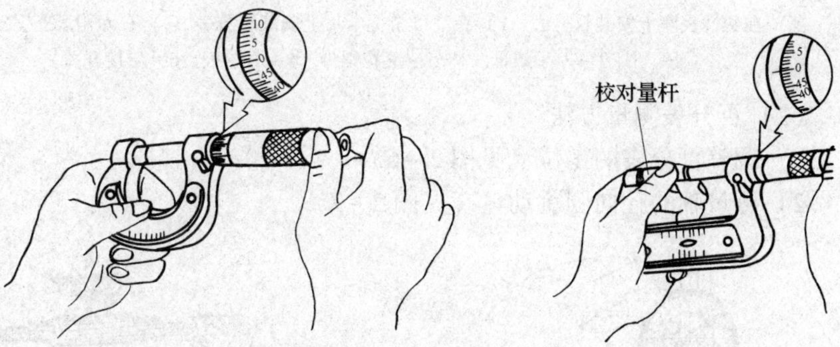 a)　　b) 图 2－4　调整千分尺的零位 a）0～25 mm　b）25～50 mm
百分表	（1）百分表安装方法 1）在磁性表座上安装百分表（见图 2－5a）。 2）在高度游标卡尺上安装百分表（见图 2－5b）。 3）在专用表座上安装百分表（见图 2－5c）。

名称	操作要点及图解
百分表	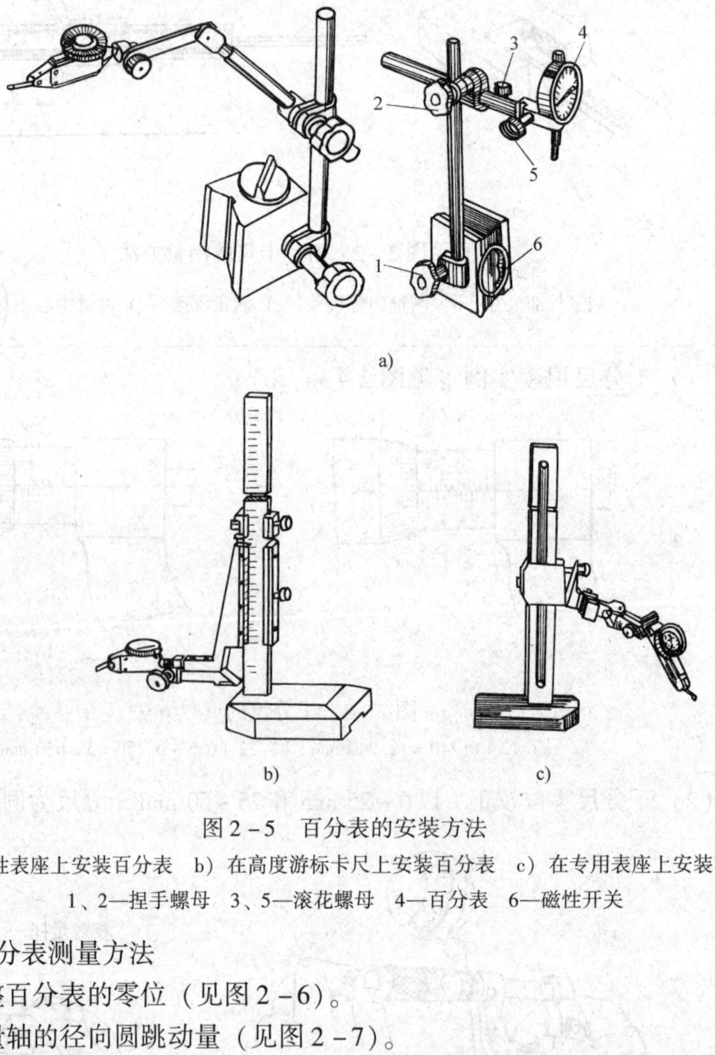 图 2 – 5　百分表的安装方法 a）在磁性表座上安装百分表　b）在高度游标卡尺上安装百分表　c）在专用表座上安装百分表 1、2—捏手螺母　3、5—滚花螺母　4—百分表　6—磁性开关 (2) 百分表测量方法 1）调整百分表的零位（见图 2 – 6）。 2）测量轴的径向圆跳动量（见图 2 – 7）。 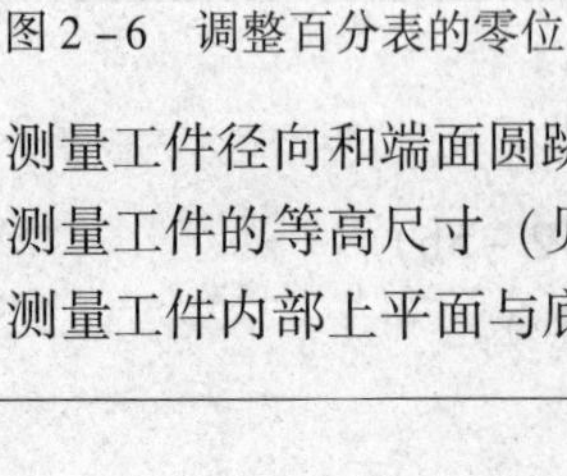 图 2 – 6　调整百分表的零位 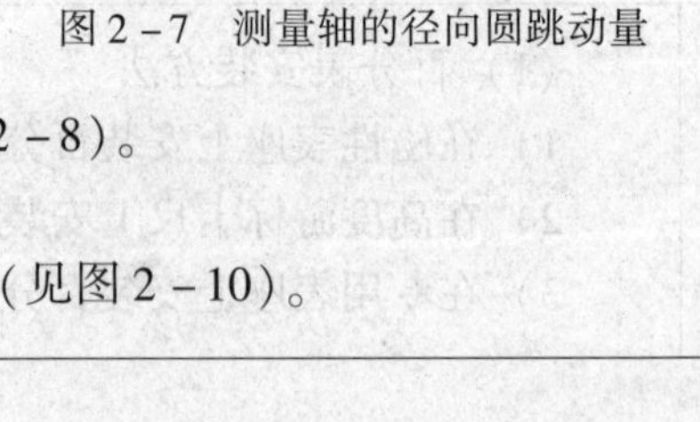 图 2 – 7　测量轴的径向圆跳动量 3）测量工件径向和端面圆跳动量（见图 2 – 8）。 4）测量工件的等高尺寸（见图 2 – 9）。 5）测量工件内部上平面与底面的平行度（见图 2 – 10）。

名称	操作要点及图解
百分表	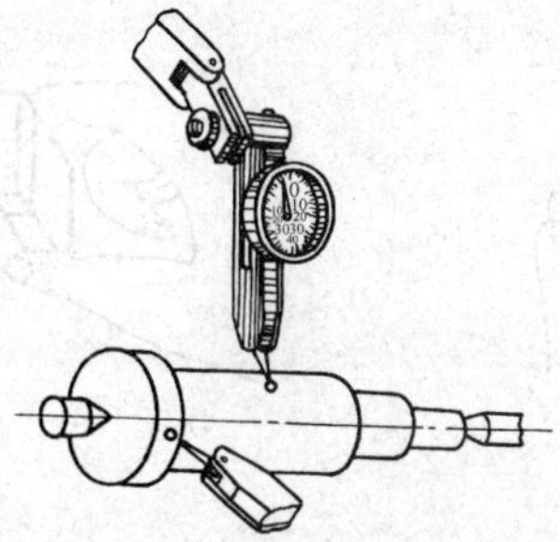 图 2－8　测量工件径向和端面圆跳动量 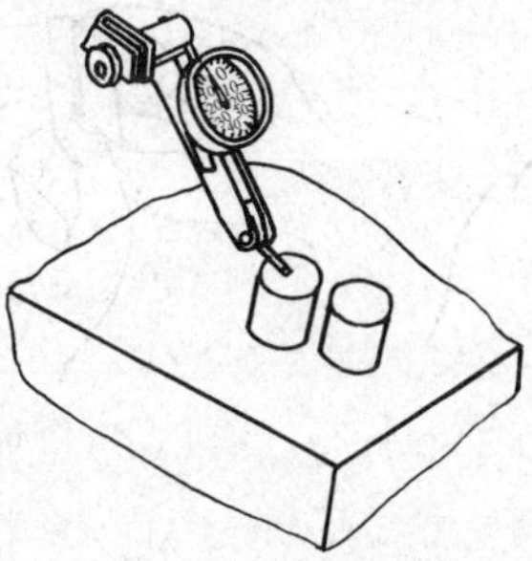 图 2－9　测量工件的等高尺寸 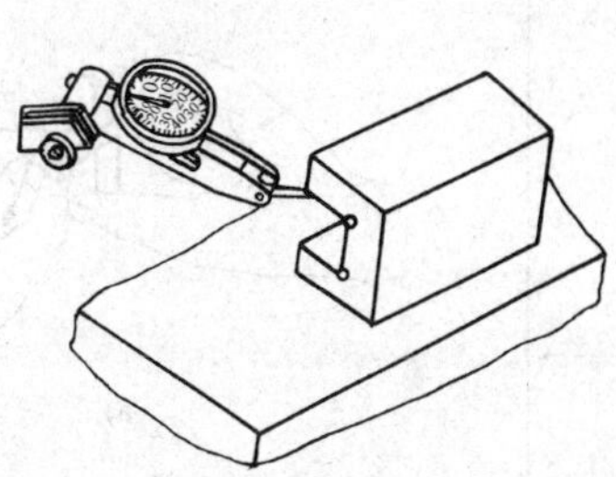 图 2－10　测量工件内部上平面与底面的平行度
万能角度尺	用万能角度尺测量角度的方法： （1）测量工件角度的方法如图 2－11a 所示。 （2）测量不同范围角度的方法如图 2－11b 所示。 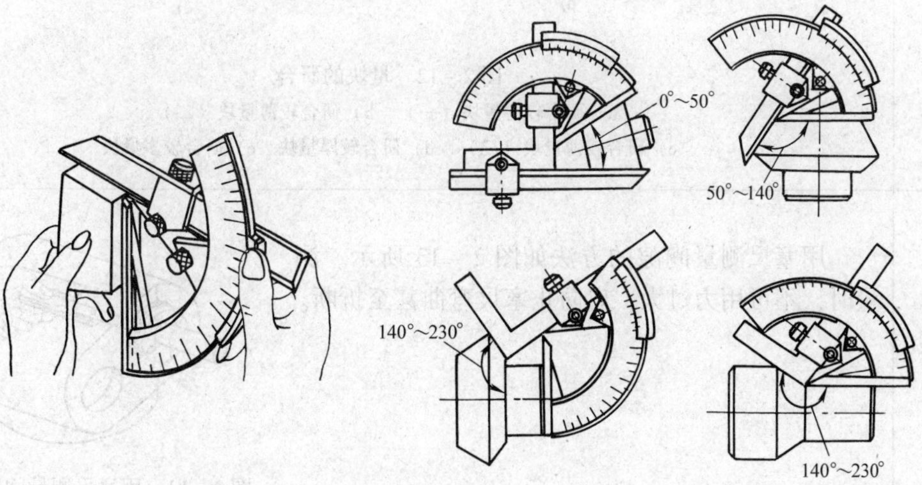 a)　　b) 图 2－11　万能角度尺测量角度的方法 a）测量工件角度的方法　b）测量不同范围角度的方法
量块	研合量块的方法： （1）研合较薄量块的方法如图 2－12a、b、c 所示。 （2）研合较厚量块的方法如图 2－12d 所示。 （3）研合较多量块的方法如图 2－12e 所示。

名称	操作要点及图解
量块	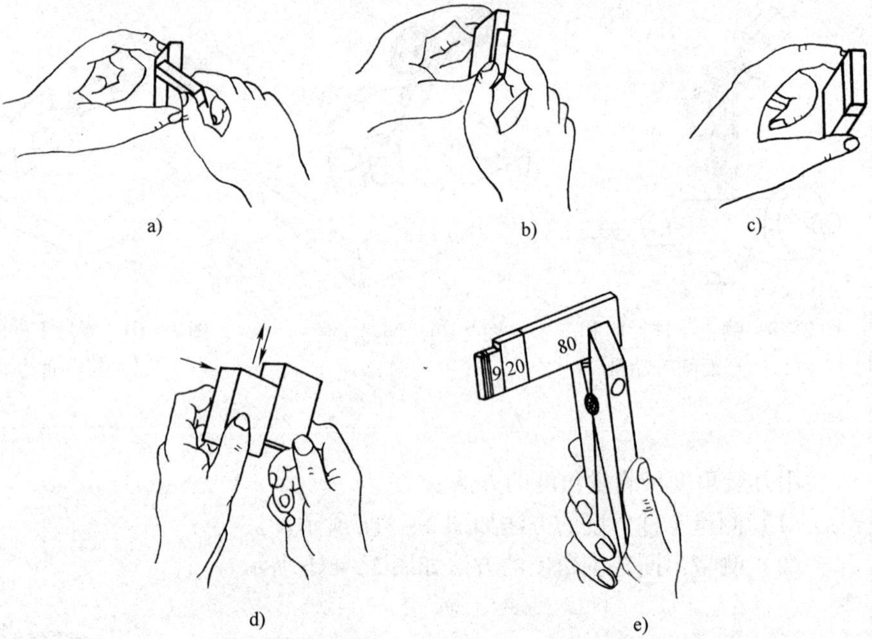 图 2－12　量块的研合 a）研合较薄量块（一）　b）研合较薄量块（二） c）研合较薄量块（三）　d）研合较厚量块　e）研合较多量块
塞尺	用塞尺测量间隙的方法如图 2－13 所示。测量时，不可用力过大，以防止塞尺弯曲甚至折断。 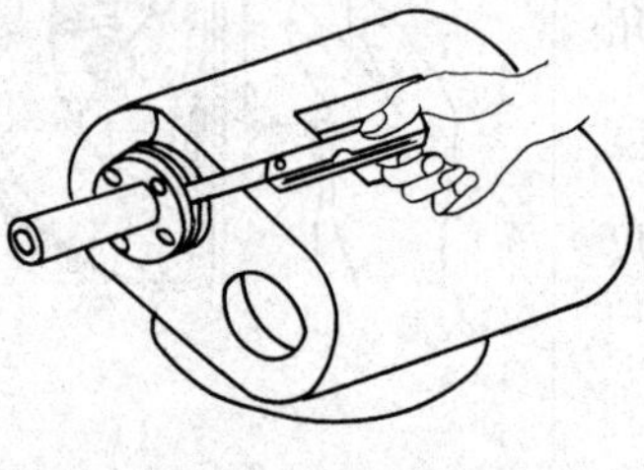 图 2－13　用塞尺测量间隙的方法
水平仪	（1）水平仪的读数方法 1）绝对读数法　水准器气泡在中间位置时读作零。以零线为基准，气泡向任意一端偏离零线的格数，就是实际偏差的格数。通常把偏离起端向右的格数作为“＋”，而把偏离起端向左的格数作为“－”。如图 2－14a 所示为＋2 格。 2）平均值读数法　当水准器的气泡静止时，读出气泡两端各自偏离零线的格数。如图 2－14b 所示，气泡右端偏离零线为＋3 格，气泡左端偏离零线为＋2 格，其平均值为[（＋3）＋（＋2）]/2＝＋2.5 格，平均值读数为＋2.5 格，即右端比左端高 2.5 格。平均值读数方法不受环境温度的影响，读数值准确，精度高。

名称	操作要点及图解
水平仪	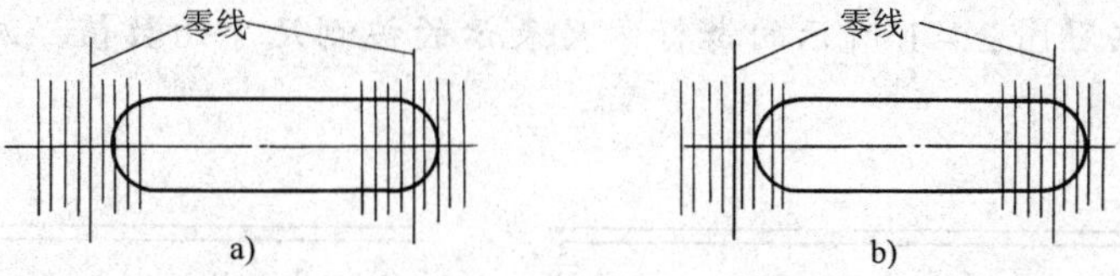 图 2－14　水平仪的读数方法 a）绝对读数法　b）平均值读数法 （2）水平仪的测量方法 1）用框式水平仪测量垂直度时，如果有水平基面，应将水平仪基面调到水平位置，或测得基面水平误差，然后将框式水平仪的侧工作面紧贴在被测面上，并使横向水准器处于水平位置，再从主水平器上读出被测面相对于基面的垂直度误差（见图 2－15）。 2）用合像水平仪（见图 2－16）测量时，应从窗口内的标尺上和微分盘上分别读取数值（标尺上的分度值为 0. 05 mm/1 000 mm；微分盘上的分度值为 0. 01 mm/1 000 mm）。 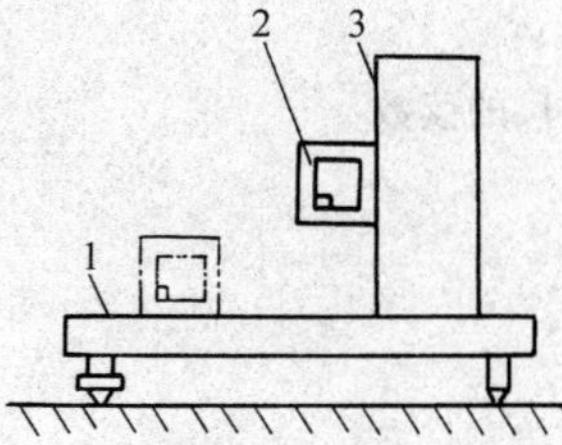 图 2－15　用框式水平仪测量垂直度 1—基面　2—框式水平仪　3—被测量面  图 2－16　合像水平仪
量具的维护与保养	（1）测量前应将量具测量面和工件被测量面擦净，以免污物影响测量精度和加快量具磨损。 （2）在使用过程中，量具不要和工具放在一起，以免被碰坏。 （3）机床在运转时，不要用量具测量工件，否则会加快量具磨损，而且容易发生事故。 （4）温度对量具精度影响很大。因此，量具不应放在热源（电炉、暖气片等）附近，以免受热变形。 （5）量具用完后，应及时擦净并涂油，放在专用盒中，保存在干燥处，以免生锈。 （6）精密量具应实行定期检定和保养，发现精密量具有不正常现象时，应及时送交计量室检修。

三、思考与练习

1. 确定练习图 2－1 所示的游标卡尺表示的被测尺寸的数值，游标卡尺测量精度为 0. 02 mm。

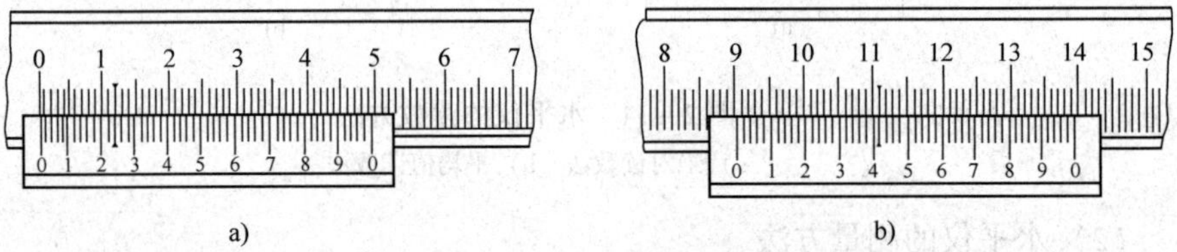

练习图 2－1　游标卡尺的读数

2. 确定练习图 2－2 所示的千分尺表示的被测尺寸的数值。

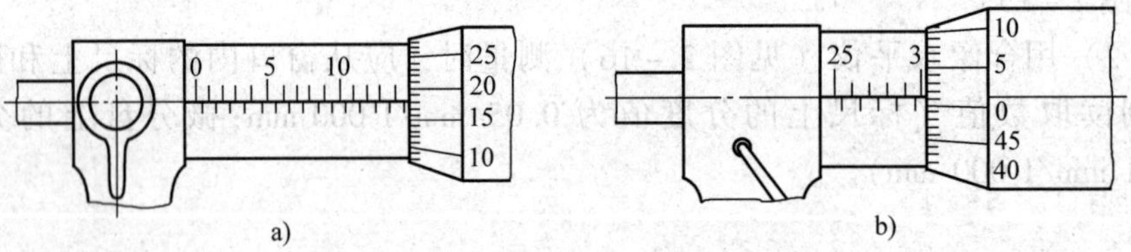

练习图 2－2　千分尺的读数

3. 如何对量具进行维护和保养？

4. 对所给弯板（见练习图 2－3）进行测量。

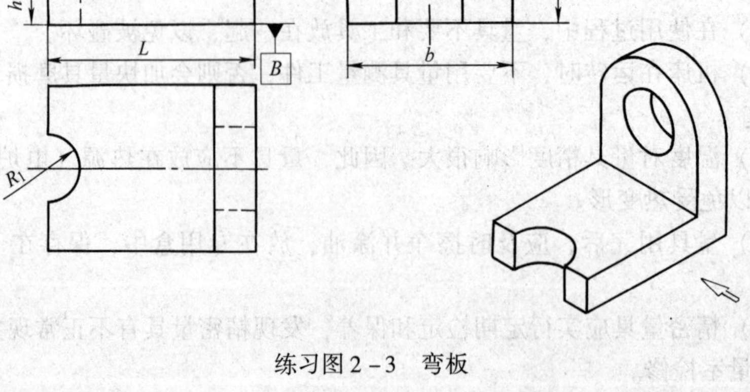

练习图 2－3　弯板

课题三

划　线

一、教学要求

1. 掌握划线工具的种类和使用方法。

2. 能正确使用划线工具完成一般划线和简单立体划线操作。划线应保证线条清晰、粗细均匀，尺寸误差不大于 ±0.3 mm。

3. 用样冲冲眼要正确。

二、常用划线工具的基本操作

名称	操作要点及图解
钢直尺	钢直尺的使用如图 3－1 所示。 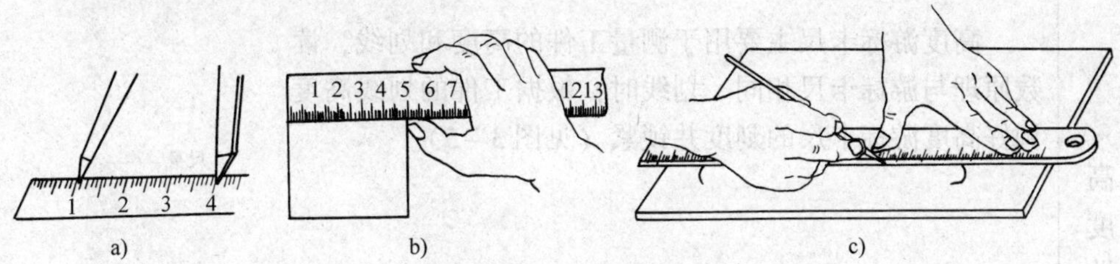 图 3－1　钢直尺的使用 a）量取尺寸　b）测量工件　c）划直线
划线平台	（1）工件和工具在平台上要轻拿轻放。 （2）工作表面不能被划伤；应经常保持清洁，使用后擦干净，上油防锈。
划线盘	（1）划针伸出要短，并处于水平位置。 （2）手握底座划线，划线盘要夹牢。 （3）划针与工件表面沿划线方向成 40°～60°角（见图 3－2）。 （4）划长线采用分段连接划线。 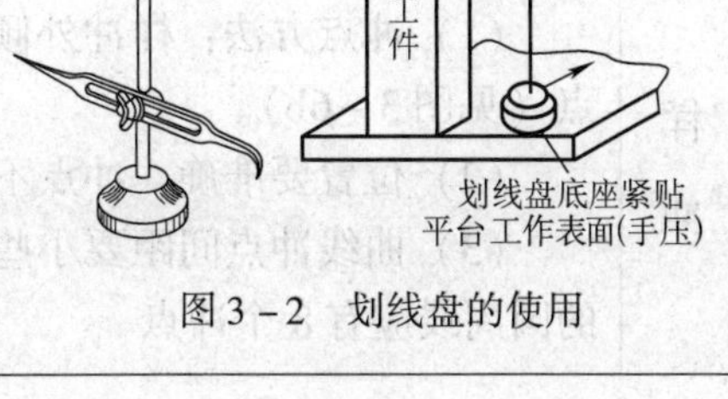 图 3－2　划线盘的使用

名称	操作要点及图解
划针	（1）划线时，针尖要靠紧导向工具的边缘，上部向外侧倾斜15°～20°（见图3－3a），向划线方向倾斜45°～75°（见图3－3b）。 （2）划线要一次划成，使划出的线条清晰、准确。 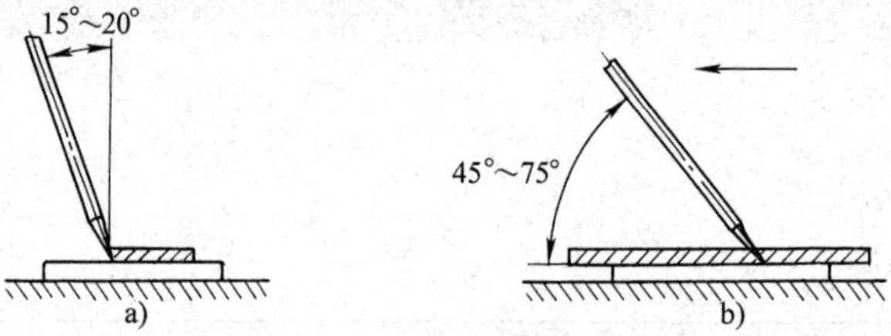 图3－3　划针的使用
划规	（1）划规两脚的长度要磨得稍有不等。 （2）对旋转中心的划规脚应施加较大的压力，防止中心滑动；另一脚以较轻的压力在工件表面划出圆或圆弧（见图3－4）。 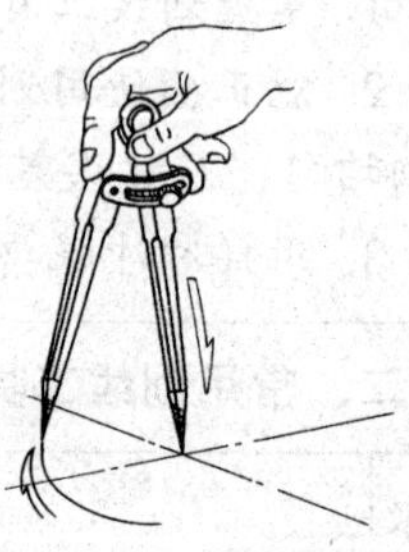 图3－4　用划规划圆
高度游标卡尺	高度游标卡尺主要用于测量工件的高度和划线，读数原理与游标卡尺相同。划线时，根据工件的划线高度调好高度游标卡尺的刻度并锁紧（见图3－5）。 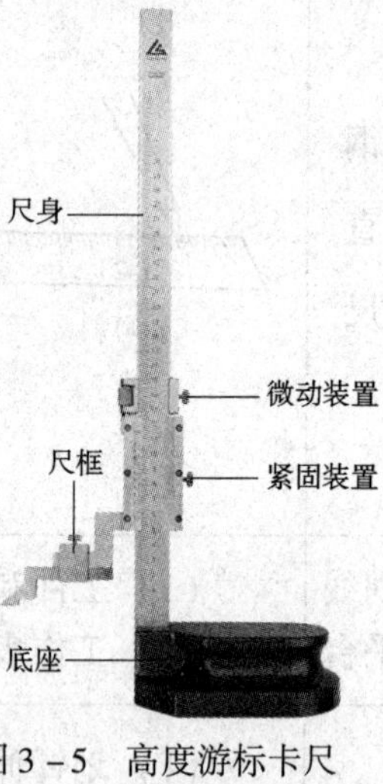 图3－5　高度游标卡尺
样冲	（1）冲点方法：样冲外倾（见图3－6a），使尖端对准线的正中，然后立直冲点（见图3－6b）。 （2）位置要准确，冲点不可偏离线条（见图3－6c、d、e）。 （3）曲线冲点间距要小些，小于ϕ20 mm的圆周线应有4个冲点；大于ϕ20 mm的圆周线应有8个冲点。

名称	操作要点及图解
样冲	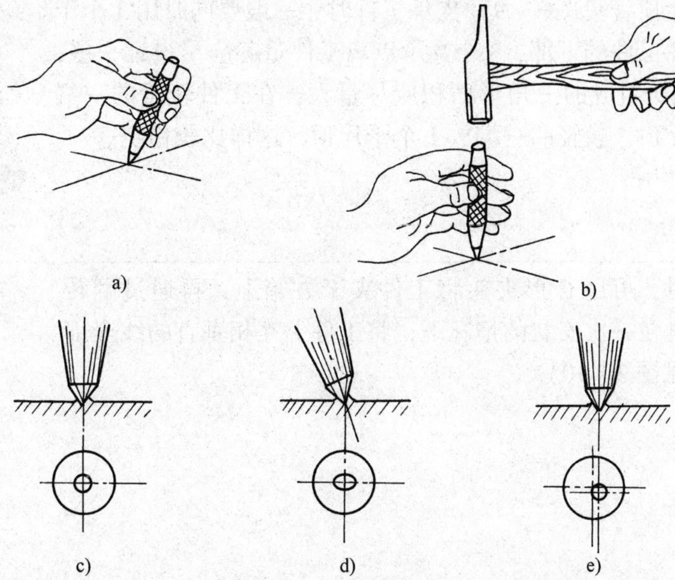 图 3－6　样冲的使用 a）外倾　b）立直冲点　c）正确　d）不垂直　e）偏心 （4）在长直线上的冲点间距可大些，但短直线至少有 3 个冲点。 （5）线条转折点处必须冲点。
90°角尺	（1）测量前，90°角尺和工件要擦干净。 （2）90°角尺尺座内侧要与基准面重合（见图 3－7）。 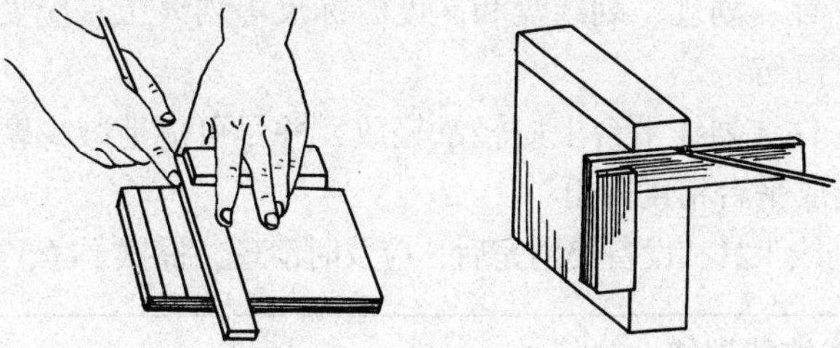 图 3－7　90°角尺的使用
V 型块	V 型块可用来支承圆柱形工件，一般两块配合使用，以支承较长的圆柱形工件（见图 3－8）。 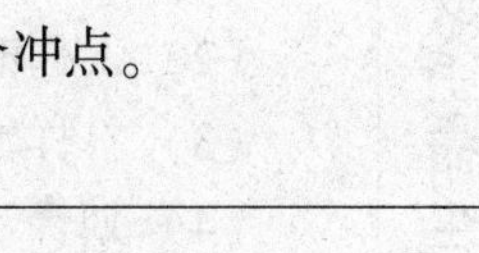 图 3－8　V 型块

名称	操作要点及图解
千斤顶	用千斤顶（见图3－9）支承工件时，一般要同时用3个千斤顶支承在工件的下部，3个支承点离工件重心应尽量远一些，3个支承点所组成的三角形面积应尽量大，在工件较重的一端放2个千斤顶，较轻的一端放1个千斤顶，这样比较稳定。  图3－9　千斤顶
方箱	划线时，可用C形夹头将工件夹于方箱上，再通过翻转方箱，便可在一次安装的情况下，将工件上互相垂直的线全部划出来（见图3－10）。 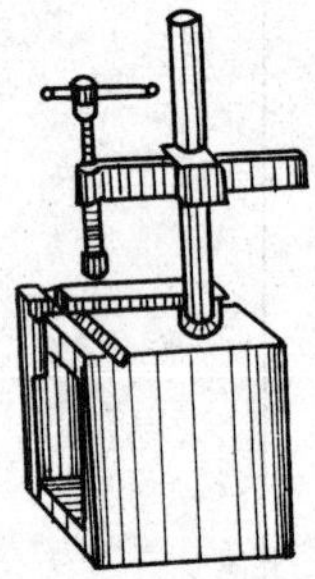 图3－10　方箱的使用
安全文明生产	（1）划线场地应明亮、整洁。 （2）工作时，操作姿势正确。 （3）打样冲眼时，不可用力过大，以免产生过大凹痕。 （4）划针不用时，弯头部分朝上，并要套上塑料管，不能插在衣袋中。 （5）划线盘不用时，应使划针处于直立状态。
维护与保养	（1）划针、划规、划线盘和高度游标尺等划线工具应妥善保管、正确摆放，避免划线部位损伤。 （2）工件在划线平台上应轻拿轻放，并尽可能地减少摩擦，以免损伤工件及划线平台，造成平台精度降低。 （3）划线工具和设备使用完后，应及时清理，擦拭干净，并涂上机油防锈。

三、划线操作技能训练

作业1

技能训练名称	平面划线
操作技能要求	掌握平面划线基本操作方法；正确使用平面划线工具。
工具、量具、刃具及材料	钢直尺、划规、锤子、划针、样冲、90°角尺、划线平板、铜锤。 材料：两块薄钢板，200 mm×200 mm×2 mm和240 mm×228 mm×2 mm。

技能训练图

划线加工件见图 3-11。

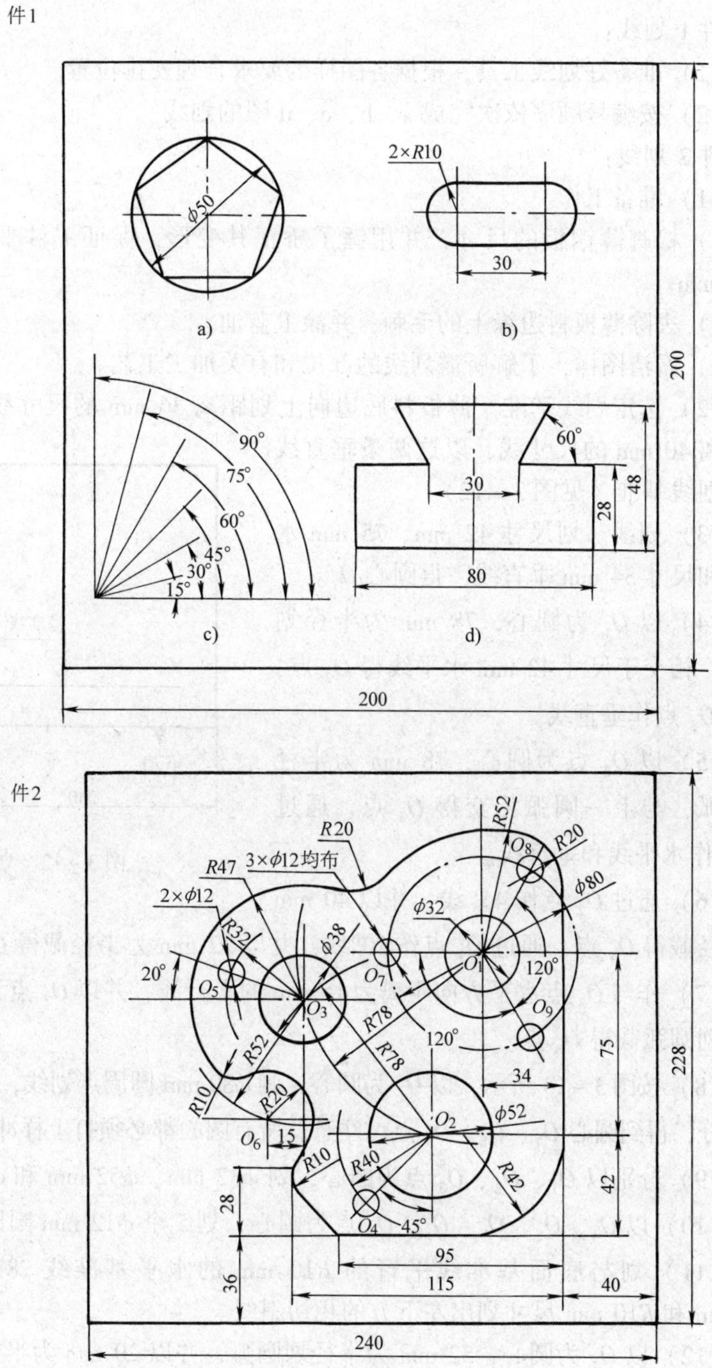

技术要求

1. 线条清晰、冲眼正确；圆弧连接圆滑，误差 0.1 mm。
2. 各尺寸线条位置偏差 ±0.5 mm。

图 3-11　划线加工件

名称	操作要点及图解
步骤	件 1 划线： （1）准备好划线工具，根据各图样的要求合理安排位置。 （2）按编号顺序依次完成 a、b、c、d 图的划线。 件 2 划线： （1）准备工作。 1）检查薄钢板的尺寸，并用锤子矫正其变形，保证工件平面度误差不大于 0.45 mm。 2）去除薄板料边缘上的毛刺，并涂上蓝油。 3）看清图样，了解所需划线的部位和有关加工工艺。 （2）选定划线基准。薄板料底边向上划距离 36 mm 的尺寸线，从右侧边向左划距离 40 mm 的尺寸线，以这两条垂直线作为划线基准（见图 3－12）。 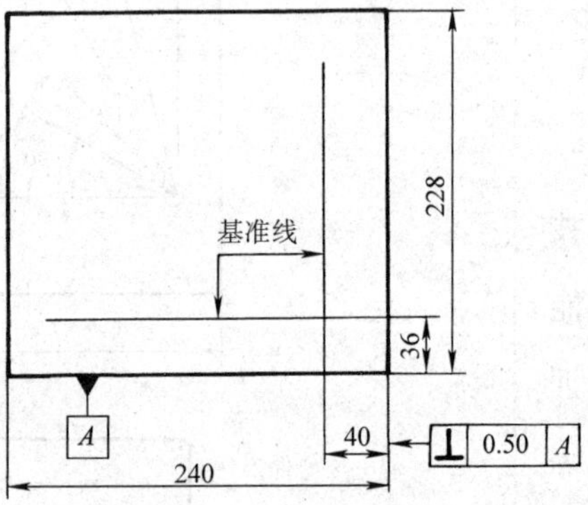 图 3－12　划基准线 （3）划线。划尺寸 42 mm、75 mm 水平线和尺寸 34 mm 垂直线，得圆心 O_1。 （4）以 O_1 为圆心，78 mm 为半径划圆弧，相交于尺寸 42 mm 水平线得 O_2 点，通过 O_2 点作垂直线。 （5）以 O_2 点为圆心，78 mm 为半径划圆弧，与上一圆弧相交得 O_3 点，通过 O_3 点作水平线和垂直线。 （6）通过 O_2 点作 45°线，并以 40 mm 为半径截得 O_4 点，通过 O_3 点作 20°线，并以 32 mm 为半径截得 O_5 点。 （7）作与 O_3 点水平方向距离为 15 mm 的平行线，并以 O_3 点为圆心，52 mm 为半径划圆弧截得 O_6 点。 （8）按图 3－13 所示，以 O_1 为圆心，画 ϕ80 mm 圆周点划线，并将 ϕ80 mm 圆周三等分，得到圆心 O_7、O_8、O_9 点。注意，所有圆心都必须打上样冲眼，以便划圆弧。 （9）分别以 O_1、O_2、O_3 点为圆心，划 ϕ32 mm、ϕ52 mm 和 ϕ38 mm 圆周线。 （10）以 O_4、O_5、O_7、O_8、O_9 点为圆心，划 5 个 ϕ12 mm 圆周线。 （11）划与底面基准线平行的 R10 mm 的水平基准线 28 mm，按 95 mm、115 mm和 R10 mm 尺寸划出左下方的相切斜线。 （12）以 O_1 为圆心，52 mm 为半径划圆弧，并以 20 mm 为半径作相切圆弧。 （13）以 O_3 为圆心，47 mm 为半径划圆弧，并以 20 mm 为半径作相切圆弧。 （14）以 O_6 为圆心，20 mm 为半径划圆弧，以 10 mm 为半径作相切圆弧，并作与 R10 mm 左下方圆弧相切的直线。

名称	操作要点及图解
步骤	（15）以 42 mm 为半径作右下方的相切圆弧。 （16）对图形、尺寸复检校对确认无误后，在划线交点及划线上按一定间距打出样冲眼，使加工界线清晰可靠。

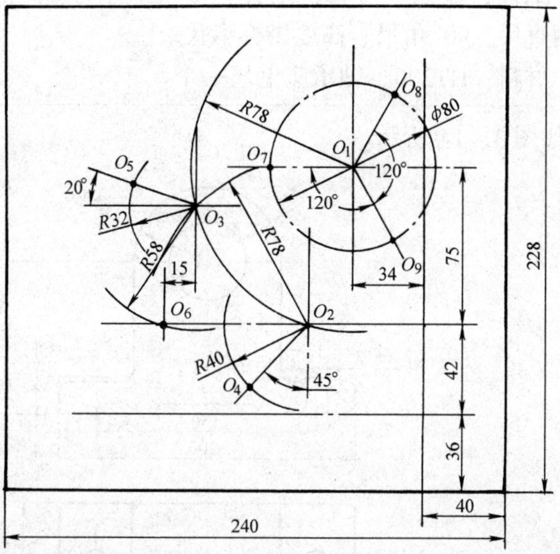

图 3－13　划 O_1、O_2、O_3、O_4、O_5、O_6、O_7、O_8、O_9 圆心

注意事项	（1）为熟悉作图方法，训练前可在绘图纸上进行一次练习。 （2）划线工具使用正确。 （3）划出的线条细而清晰且样冲眼准确。 （4）划线后，复检校对，避免差错。

成绩评定

工件号		座号		姓名		总得分	

项目	质量检测内容	配分	评分标准	实测结果	得分
线条	清晰	10 分	不符合要求不得分		
	均匀	5 分	不符合要求不得分		
允差	尺寸误差不大于 0.50 mm	30 分	超差不得分		
	角度误差不大于 1°	10 分	超差不得分		
冲眼	冲眼落点的分布	5 分	不符合要求不得分		
	冲眼大小及均匀性	5 分	不符合要求不得分		
曲线	与直线过渡圆滑	6 分	不符合要求不得分		
	与圆弧过渡圆滑	9 分	不符合要求不得分		
	基准选择正确	10 分	不符合要求不得分		
安全文明生产		10 分	违者不得分		
现场记录					

<table>
<tr><td colspan="2">作业 2</td></tr>
<tr><td>技能训练名称</td><td>轴承座划线</td></tr>
<tr><td>操作技能要求</td><td>正确使用立体划线工具；掌握简单立体工件的划线方法。</td></tr>
<tr><td>工具、量具、刃具及材料</td><td>工具、量具、刃具：划针、划规、千斤顶、划线平板、样冲、锤子、钢直尺、90°角尺、高度游标卡尺。
材料：HT200，轴承座毛坯一个。</td></tr>
<tr><td>技能训练图</td><td>轴承座如图 3－14 所示。

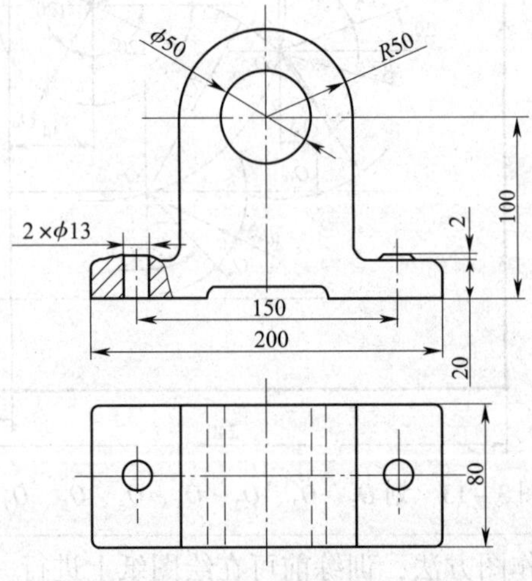

图 3－14　轴承座</td></tr>
<tr><td>步骤</td><td>1. 工件清理、涂色
将毛坯件划线部位的型砂、浇冒口、污垢清除干净，并将划线部位涂色。
2. 工件分析
（1）如图 3－14 所示轴承座需要加工的部位有底面、轴承座内孔、两个螺钉孔及其上平面、两个大端面。需要划线的尺寸共有三个方向，工件需要三次安放才能划完全部线条。轴承座毛坯上已铸有 ϕ50 mm 毛坯孔，需先安装塞块并做好其他划线准备（见图 3－15）。

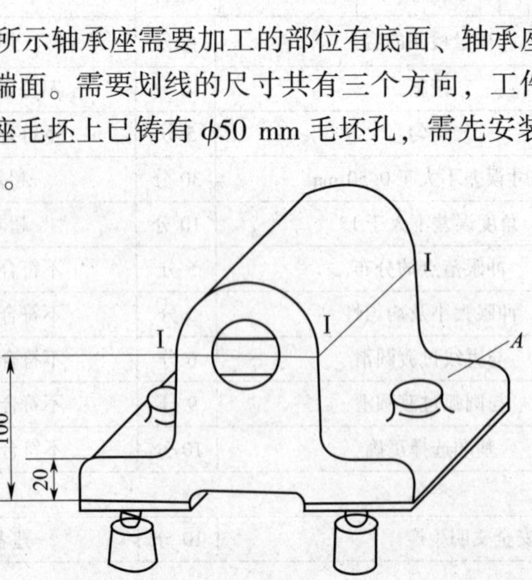

图 3－15</td></tr>
</table>

<table>
<tr><th>名称</th><th>操作要点及图解</th></tr>
<tr><td>步

骤</td><td>

（2）划线的基准选定为轴承座内孔的两个相互垂直的中心平面Ⅰ—Ⅰ和Ⅱ—Ⅱ，以及两个螺钉孔的中心平面Ⅲ—Ⅲ（见图3－15、图3－16、图3－17）。

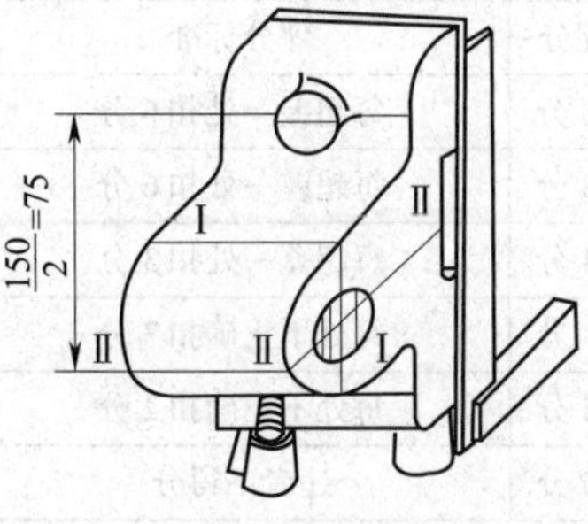

图3－16

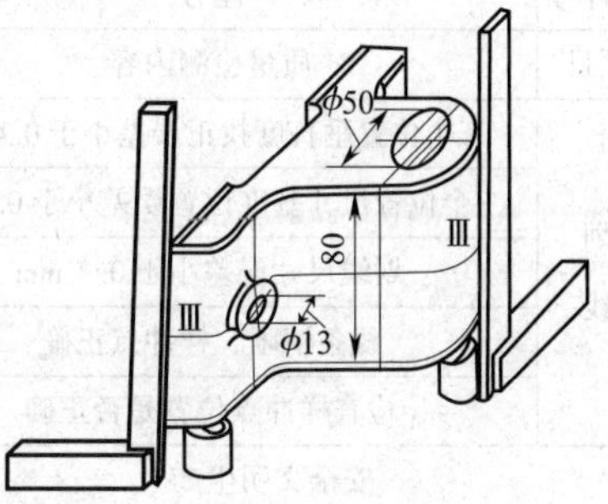

图3－17

3．划线顺序

（1）先划底面加工线（见图3－15）

这一方向的划线将涉及主要部位的找正和借料。

1）先确定 $\phi50$ mm 轴承座内孔和 $R50$ mm 外轮廓中心。由于外轮廓不加工，所以应以 $R50$ mm 外圆为找正中心的依据。即先在装好中心塞块的孔两端用划规求出中心，然后用划规试划 $\phi50$ mm 圆周线，看内孔四周是否料厚均匀。如果内孔与外轮廓偏心过多，就要做适当的借料。

2）用三个千斤顶支持轴承座底面，调整千斤顶高度并用划线盘找正，使两端孔中心初步调整到同一高度。由于 *A* 面不加工，为了保证在底面加工后尺寸 20 mm 的厚度在各处都均匀一致，还要用划线盘找平 *A* 面。两端孔中心要保持同一高度，且 *A* 面也要保持水平位置。两者发生矛盾时，要兼顾两方面进行调整。待两端孔中心确定后，在孔中心打上样冲眼，划出基准线Ⅰ—Ⅰ和底面加工线、两个螺钉孔的上平面加工线。

（2）划两螺钉孔的中心线（见图3－16）

将工件侧翻90°用千斤顶支撑，通过千斤顶的调整和划线盘的找正，使轴承座内孔两端的中心处于同一高度，同时用90°角尺按已划出的底面加工线找正垂直位置。划出Ⅱ—Ⅱ基准线、两个螺钉孔的中心线。

（3）划两个大端面的加工线（见图3－17）

将工件翻转至图示位置，用千斤顶支撑工件，通过千斤顶的调整和90°角尺的找正，分别使底面加工线和Ⅱ—Ⅱ中心线处于垂直位置。以两个螺钉孔的中心为依据，试划两大端面的加工线。若有两面加工余量相差过多的情况，可通过上下调整螺钉孔的中心来借料。调整满意后即可划出Ⅲ—Ⅲ基准线和两个大端面的加工线。

（4）划圆周尺寸线

用划规划出轴承座内孔和两个螺钉孔的圆周尺寸线。

（5）打上样冲眼

检查无误后，在所划线条上打上样冲眼。

</td></tr>
</table>

名称	操作要点及图解
注意事项	（1）工件在划线平台上要平稳放置。 （2）划线压力要一致，划出的线条细而清晰，避免划重线。

成绩评定

工件号		座号		姓名		总得分	

项目	质量检测内容	配分	评分标准	实测结果	得分
划线	三个位置垂直度找正误差小于 0.4 mm	18 分	每超差一处扣 6 分		
	三个位置尺寸基准位置误差小于 0.6 mm	18 分	每超差一处扣 6 分		
	划线尺寸误差小于 0.3 mm	24 分	每超差一处扣 3 分		
	线条清晰、样冲点正确	18 分	每处不正确扣 3 分		
	检查样冲点位置是否正确	12 分	每处不正确扣 2 分		
安全文明生产		10 分	违者不得分		
现场记录					

四、思考与练习

1. 样冲、划针在使用时应该注意些什么？

2. 根据练习图 3－1 和练习图 3－2 所示图形写出划线步骤。

（1）凹块划线

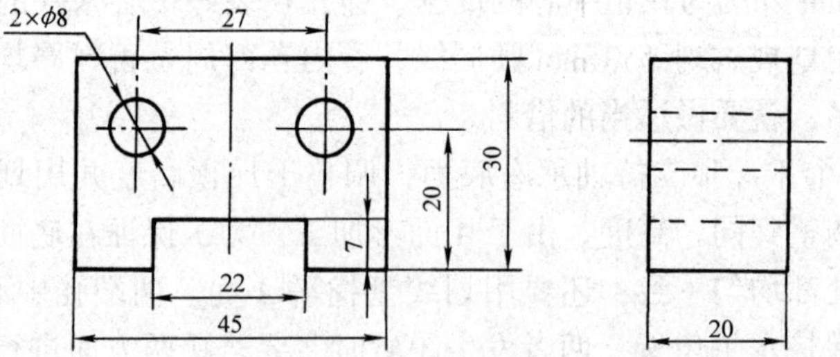

练习图 3－1　凹块

（2）支座划线

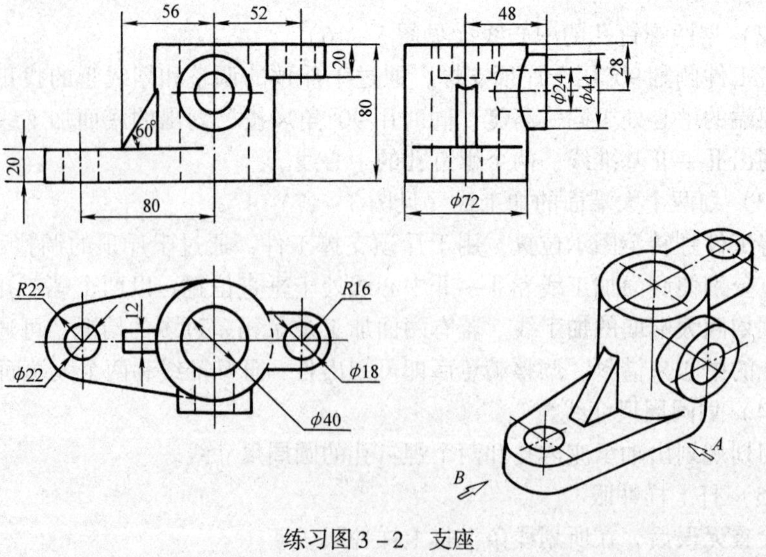

练习图 3－2　支座

课题四

錾　削

<table>
<tr><td colspan="2">

一、教学要求

1. 掌握錾削的姿势、动作、锤击要领。
2. 能根据加工材料的不同性质，正确刃磨錾子。
3. 能正确錾削平面，并达到一定的錾削精度要求。
4. 熟悉錾削时的安全知识，并能严格遵守文明生产要求。

</td></tr>
<tr><td colspan="2">

二、錾削基本操作

</td></tr>
<tr><th>名称</th><th>操作要点及图解</th></tr>
<tr><td>錾削姿势</td><td>

（1）锤子的握法

1）紧握法　右手五指紧握锤柄，拇指合在食指上，虎口对准锤头方向，木柄尾端露出15～30 mm。在挥锤和锤击过程中，五指始终紧握（见图4－1）。

2）松握法　只用拇指和食指握紧锤柄。在挥锤时，小指、无名指和中指则依次放松。在锤击时，又以相反的次序收拢握紧（见图4－2）。

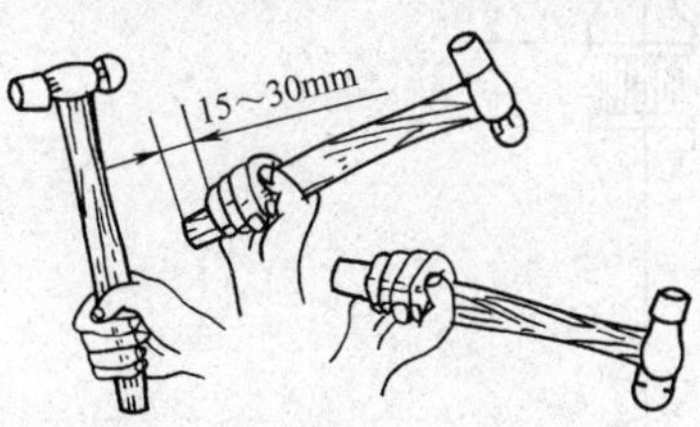

图4－1　锤子紧握法

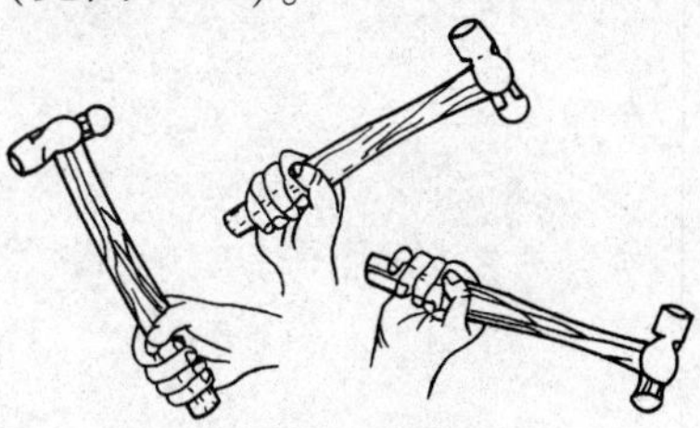

图4－2　锤子松握法

（2）錾子的握法

1）正握法　腕部伸直，用中指、无名指握住錾子，小指自然合拢，食指和拇指自然松靠，錾子头部伸出约20 mm（见图4－3a）。

2）反握法　手心向上，手指自然捏住錾子，手掌悬空（见图4－3b）。

（3）挥锤方法

1）腕挥（见图4－4a）　仅挥动手腕进行锤击运动，采用紧握法握锤，腕挥频率约50次/min。用于錾削余量较少的工件及錾削开始或结尾。

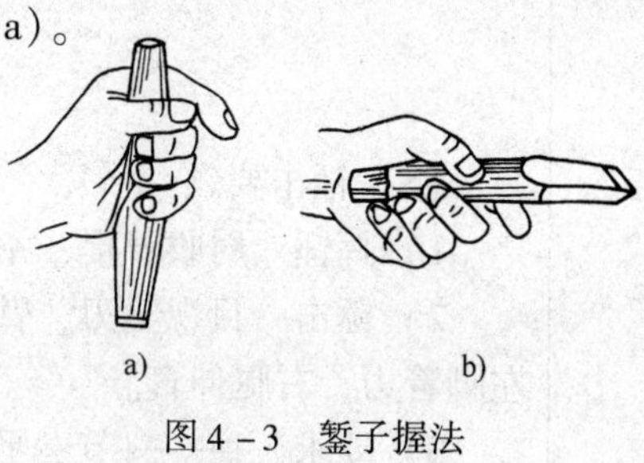

a)　　b)

图4－3　錾子握法

a）正握法　b）反握法

</td></tr>
</table>

名称	操作要点及图解
錾削姿势	2）肘挥（见图4－4b）　手腕与肘部一起挥动进行锤击运动，采用松握法，肘挥频率约40次/min。用于需要较大力錾削的工件。 3）臂挥（见图4－4c）　手腕、肘和全臂一起挥动，其锤击力最大。用于需要大力錾削的工件。 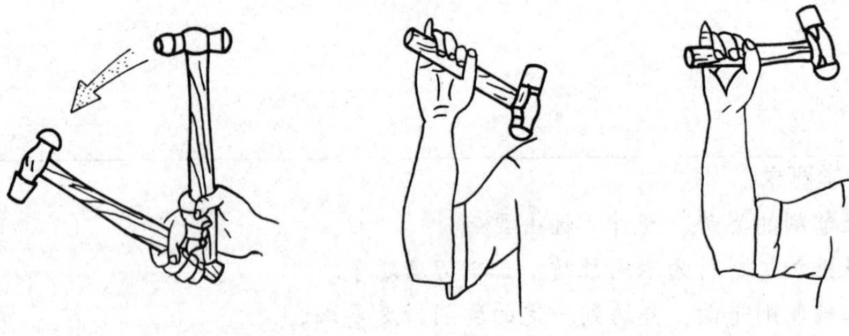 图4－4　挥锤方法 a）腕挥　b）肘挥　c）臂挥 （4）錾削站立的姿势　为了充分发挥较大的敲击力量，操作者必须保持正确的站立位置（见图4－5）。左脚跨前半步，两腿自然站立，人体重心稍微偏向后方，视线要落在工件的錾削部位。 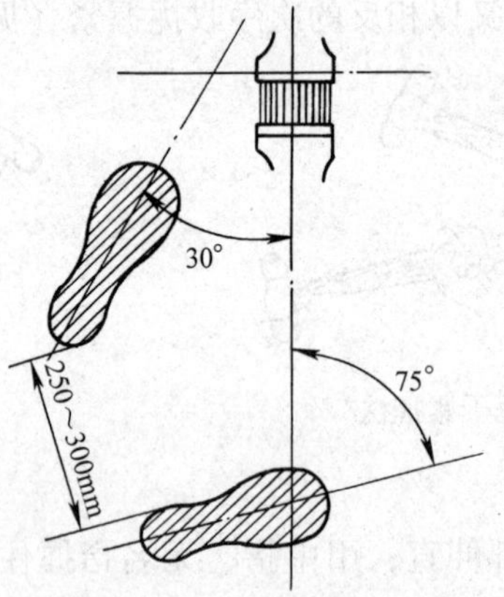 图4－5　錾削时的站立位置 （5）锤击要领 1）挥锤　肘收臂提，举锤过肩；手腕后弓，三指微松；锤面朝天，稍停瞬间。 2）锤击　目视錾刃，臂肘齐下；收紧三指，手腕加劲；锤錾一线，锤走弧形；左脚着力，右腿伸直。 3）要求　稳——节奏平稳；准——锤击准确；狠——锤击有力。

<table>
<tr><th>名称</th><th>操作要点及图解</th></tr>
<tr><td>錾子的刃磨与热处理</td><td>

(1) 刃磨方法

錾子楔角的刃磨方法如图4－6所示，双手握持錾子，在砂轮的轮缘上进行刃磨。

刃磨时，必须使切削刃高于砂轮水平中心线，在砂轮全宽上左右移动，并要控制錾子的方向、位置，保证磨出所需的楔角值。刃磨时，加在錾子上的压力不宜过大，左右移动要平稳、均匀，并且刃口要经常蘸水冷却，以防退火。

(2) 热处理方法

1）淬火　当錾子的材料为T7或T8钢时，可把錾子切削部分约20 mm长的一端，均匀加热到750～780℃（呈樱红色）后迅速取出，并把錾子垂直地放入冷水中冷却（见图4－7），浸入深度5～6 mm，即完成淬火过程。

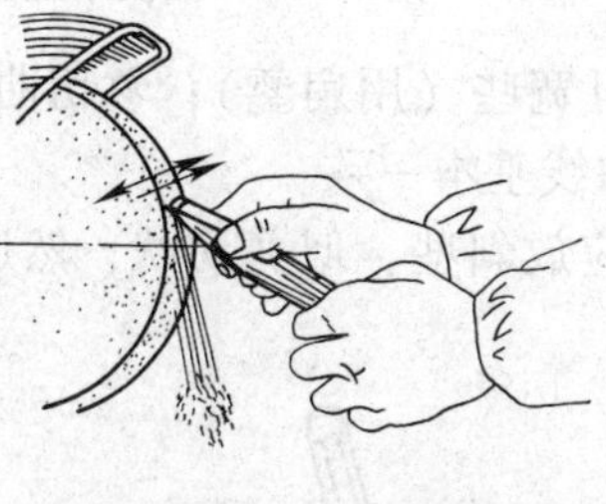

图4－6　錾子的刃磨

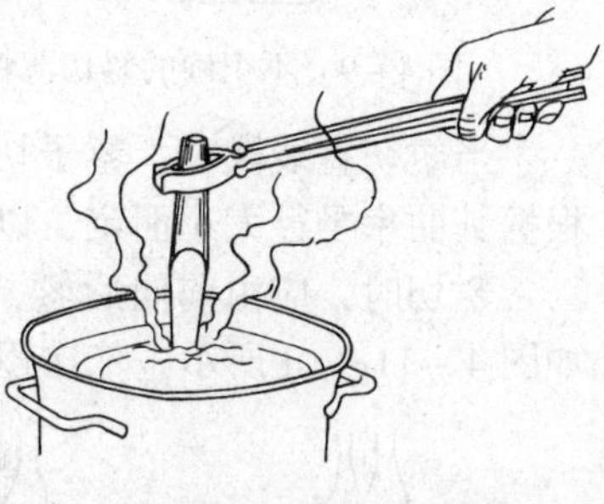

图4－7　錾子的淬火

2）回火　錾子的回火是利用本身的余热进行的。当錾子露出水面的部分变成黑色时，即将其由水中取出，此时其颜色是白色，待其由白色变为黄色时，再将錾子全部浸入水中冷却（这样的回火称为“黄火”）；若待其由黄色变为蓝色时，再把錾子全部放入水中冷却（这样的回火称为“蓝火”）。经“黄火”处理的錾子，比经“蓝火”处理的硬度要高些，不易磨损，但脆性较大。

</td></tr>
<tr><td>錾削方法</td><td>

(1) 錾切板料

1）工件夹在台虎钳上錾切　錾切时，板料按划线与钳口平齐，用扁錾沿着钳口并斜对着板料（约成45°角）自右向左錾切（见图4－8）。

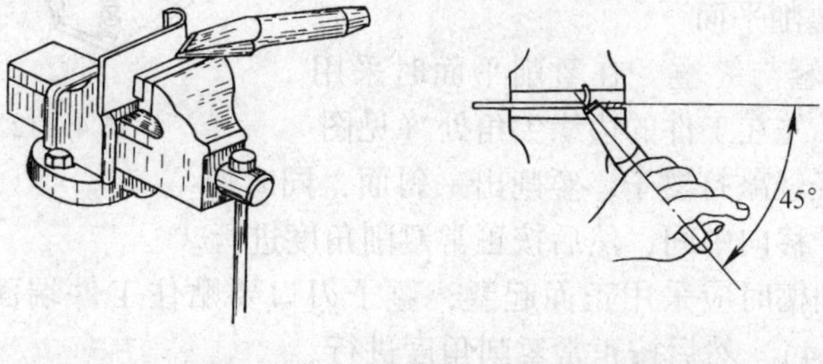

图4－8　在台虎钳上錾切板料

錾切时，錾子刃口不可正对板料錾切，否则由于板料的弹动和变形，易造成切断处不平整或出现裂缝（见图4－9）。

</td></tr>
</table>

<table>
<tr><th>名称</th><th>操作要点及图解</th></tr>
<tr><td>錾削方法</td><td>
2）在铁砧上或平板上錾切　对尺寸较大的板料或錾切线有曲线而不能在台虎钳上錾切时，可在铁砧（或旧平板）上进行（见图 4－10）。此时，切断用錾子的切削刃应磨成适当的弧形，以使前后錾痕连接齐整（见图 4－11a），否则錾痕容易错位（见图 4－11b）。
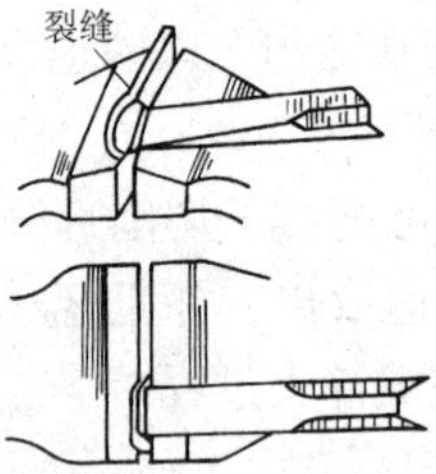

图 4－9　不正确的錾切薄料方法
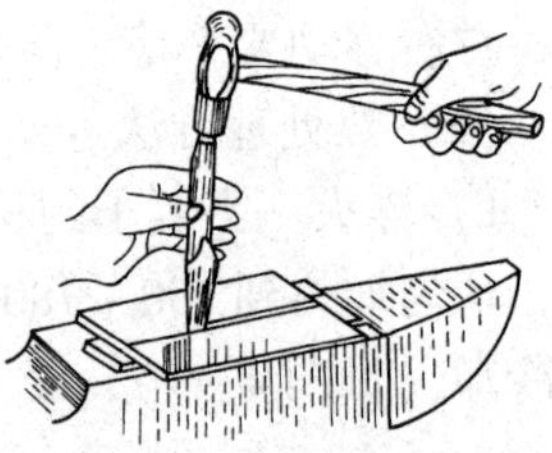
图 4－10　在铁砧上錾切板料
当錾切直线段时，錾子切削刃的宽度可宽些（用扁錾）；錾切曲线时，刃宽应根据其曲率半径大小而定，以使錾痕能与曲线基本一致。
錾切时，应由前向后錾，开始时錾子应放斜些，似剪切状，然后逐步放垂直，如图 4－11c、d 所示，依次逐步錾切。
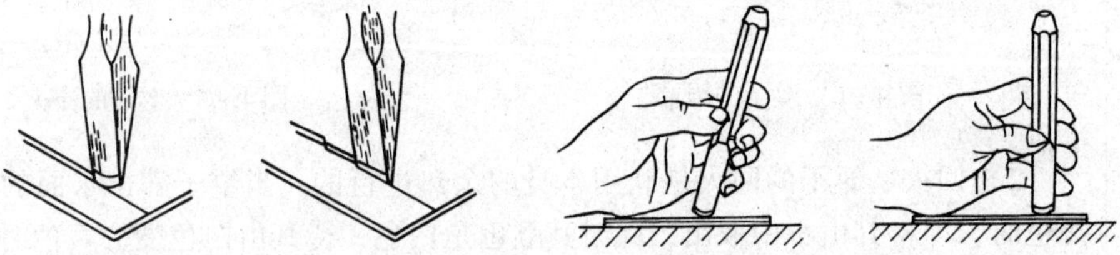
a)　b)　c)　d)
图 4－11　錾切板料方法
a）用圆弧刃錾錾痕易齐整　b）用平刃錾錾痕易错位　c）先倾斜錾切　d）后垂直錾切
3）用密集钻孔配合錾子錾切　当工件轮廓线较复杂的时候，为了减少工件变形，一般先按轮廓线钻出密集的排孔。然后再用扁錾、尖錾逐步錾切，如图 4－12 所示。
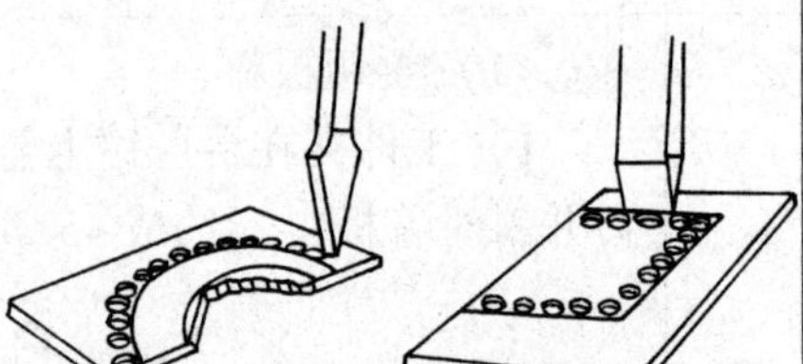
图 4－12　用密集钻孔配合錾切
（2）錾削平面
1）起錾与终錾　在錾削平面时采用斜角起錾。先在工件的边缘尖角处（见图 4－13），轻轻敲打錾子，錾削出一斜面，同时慢慢地把錾子移向中间，然后按正常錾削角度进行。
在錾削槽时应采用正面起錾，錾子刃口要贴住工件端面，先錾削出一个斜面（见图 4－14），然后按正常錾削角度进行。
终錾时，要防止工件边缘材料崩裂，当錾削接近尽头 10～15 mm 时，必须掉头錾去余下部分（见图 4－15a）。尤其是錾铸铁、青铜等脆性材料时更应如此，否则尽头处就会崩裂（见图 4－15b）。
</td></tr>
</table>

名称	操作要点及图解
錾削方法	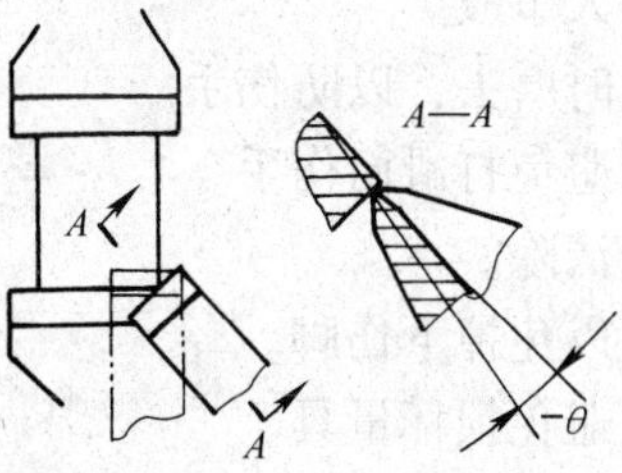 图 4－13　斜角起錾 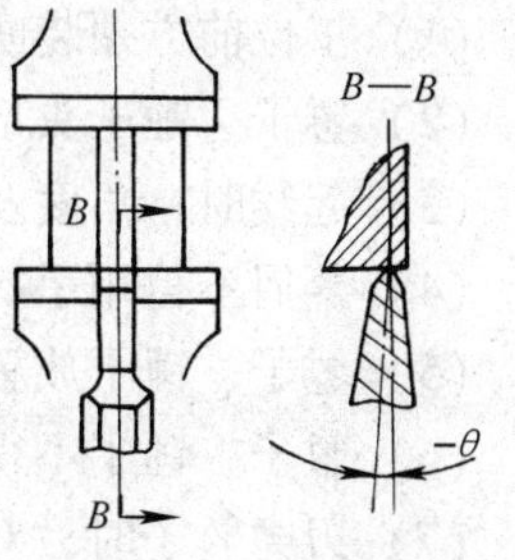 图 4－14　正面起錾  a)　b) 图 4－15　錾到尽头时的錾削方法 a）正确　b）错误 2）錾削平面　用扁錾每次錾削厚度 0.5～2 mm。在錾削较宽的平面时，一般先用尖錾以适当的间隔开出工艺直槽（见图 4－16），然后再用扁錾将槽间凸起部分錾平。 在錾削较窄的平面时，錾子切削刃与錾削前进方向倾斜一个角度（见图 4－17），使切削刃与工件有较多的接触面，这样錾削过程中易使錾子掌握平稳。 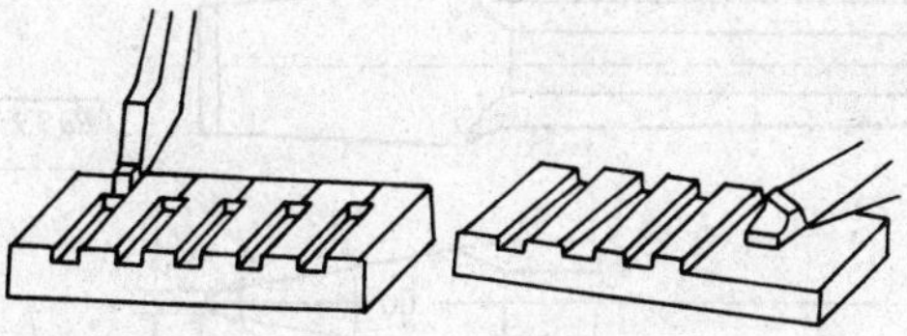 图 4－16　錾削较宽平面 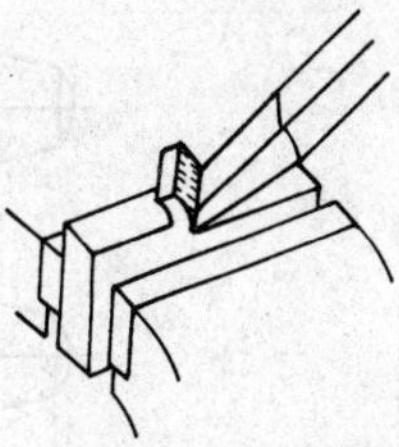 图 4－17　錾削较窄平面 （3）錾削油槽　油槽錾的切削部分应根据图样上油槽的断面形状、尺寸进行刃磨，同时在工件需錾削油槽部位划线。 起錾时，錾子要慢慢地加深尺寸要求，錾到尽头时刃口必须慢慢翘起，保证槽底圆滑过渡。如果在曲面上錾油槽（见图 4－18），錾子倾斜程度应随着曲面而变动，使錾削时的后角保持不变，保证錾削顺利进行。 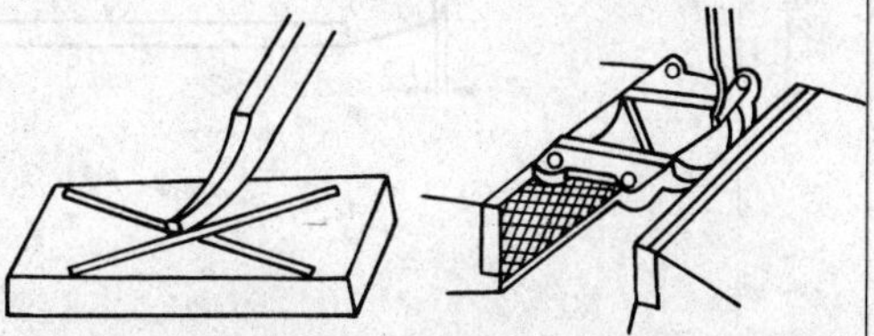 a)　b) 图 4－18　錾削油槽 a）在平面上錾削油槽　b）在曲面上錾削油槽

名称	操作要点及图解
安全文明生产	（1）工位前方须装防护网，防止发生伤人事故。 （2）錾子、锤子头部出现毛刺时，应及时磨去，以防伤手。 （3）起錾时，角度及力度应控制适当，避免打滑而伤手。 （4）錾屑不得用手擦或嘴吹，应用刷子清除。 （5）錾子、锤子放置时不得露出钳台，以免掉下伤脚。 （6）錾子、锤子不得与量具放置一处，避免损坏量具。 （7）刃磨錾子时，对砂轮施加力度不能过大。如发现砂轮表面跳动严重时，应及时检修，以免造成伤害。
维护与保养	（1）工作前须检查锤子的手柄是否松动，如有松动应及时修复牢固。 （2）尽量保持锤子手柄的清洁，沾上油污时应及时擦拭，以免使用时滑出伤人。 （3）刃磨錾子时不可戴手套或用棉纱等物裹住，以免引发事故。

三、錾削技能训练

作业1

技能训练名称	錾子的刃磨与热处理
操作技能要求	能正确刃磨錾子的几何角度。
工具、量具、刃具及材料	扁錾、尖錾、角度样板、4 mm 扁铁、水桶、钳子。
技能训练图	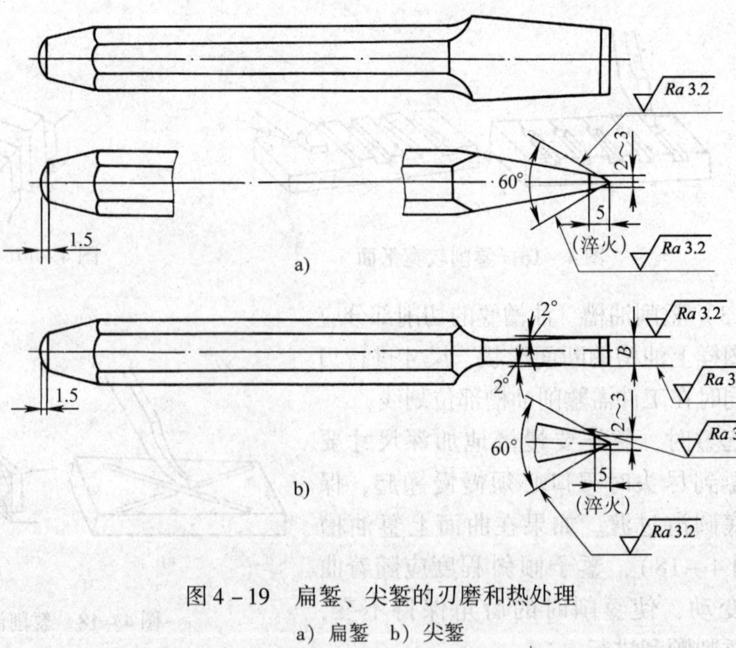

图 4－19　扁錾、尖錾的刃磨和热处理

a）扁錾　b）尖錾

名称	操作要点及图解
步骤	(1) 用4 mm扁铁进行楔角刃磨练习。 (2) 刃磨扁錾，其楔角可用角度样板检查，如图4－20所示。 (3) 刃磨尖錾，刃口宽度尺寸比加工槽的尺寸要小些。 (4) 热处理扁錾、尖錾。 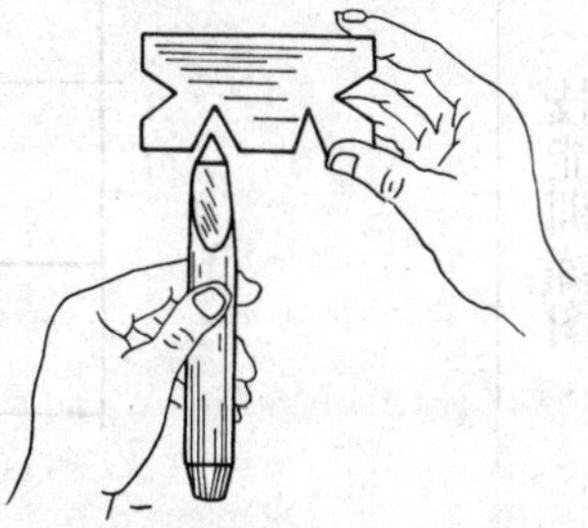 图4－20　用角度样板检查錾子楔角
注意事项	(1) 左右移动錾子刃磨时压力要均匀，防止刃口倾斜。 (2) 热处理时注意观察錾子的颜色变化，防止加热温度过高，达不到淬火要求。

成绩评定

工件号		座号		姓名		总得分	
项目	质量检测内容			配分	评分标准	实测结果	得分
扁錾、尖錾刃磨与热处理	刃磨姿势正确			15分	不符合要求不得分		
	楔角β			20分	样板检测不得超差，超差不得分		
	前、后面			20分	要求光滑平整，否则不得分		
	切削刃			20分	不符合要求不得分		
	热处理方法正确			15分	不符合要求不得分		
安全文明生产				10分	违者不得分		
现场记录							

作业2

技能训练名称	錾削姿势练习
操作技能要求	錾削姿势正确、协调、自然，工件夹持合理。
工具、量具、刃具及材料	工具、量具、刃具：呆錾子（材料Q235）、无刃口錾子（材料T7A或T8A）、锤子、木垫、长方铁。 材料：HT150，规格为80 mm×51 mm×50 mm长方铁件。

<table>
<tr><td>技能训练图</td><td>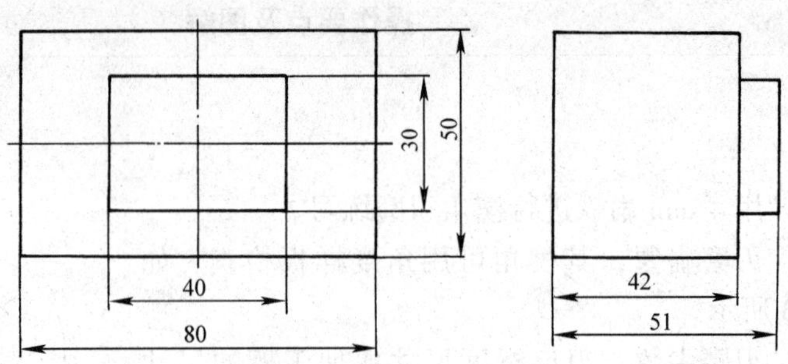

图 4－21　工件备料</td></tr>
<tr><td>名称</td><td>操作要点及图解</td></tr>
<tr><td>步骤</td><td>（1）呆錾子锤击练习
1）首先左手不握錾子进行 1 h 挥锤练习，然后再握住錾子进行 1 h 挥锤练习（见图 4－22a）。
2）采用松握法挥锤。
（2）模拟錾削姿势练习
1）将长方铁件夹持在台虎钳中，下面加木垫，用无刃口錾子对凸肩部分进行模拟錾削姿势练习（见图 4－22b）。
2）采用正握法握錾、松握法挥锤。
3）錾平凸台面练习。用已刃磨的扁錾将长方铁凸台面錾平（见图 4－23）。
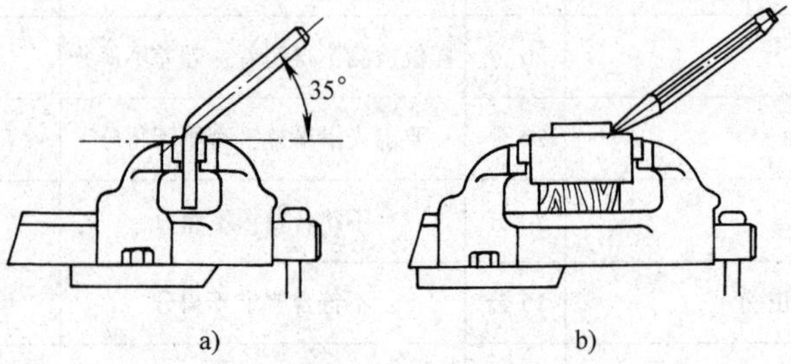

图 4－22　锤击錾子练习
a）用呆錾子进行锤击练习　b）用无刃口錾子进行模拟錾削姿势练习
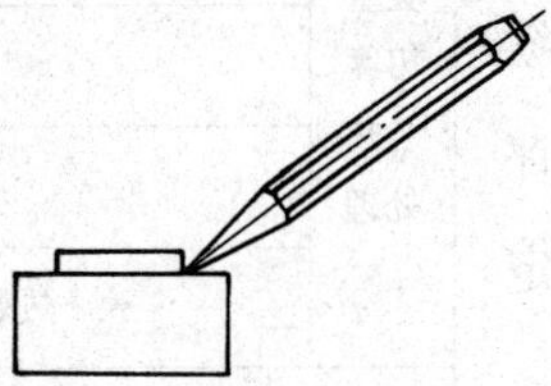
图 4－23　錾平凸台面练习</td></tr>
<tr><td>注意事项</td><td>（1）夹紧工件时不应在台虎钳手柄上加套管子扳紧或用锤子敲击台虎钳手柄，工件要夹在钳口中央。
（2）自然地将錾子握正、握稳，倾斜角保持在 35°左右，眼睛视线对着工件的錾削部位，不可对着錾子头部。
（3）左手握錾子时，前臂要平行于钳口，肘部不要下垂或抬高过多。
（4）锤子锤击力的作用方向与錾子轴线方向要一致，否则容易敲到手。
（5）挥锤时锤子应向上举而不是向后挥，挥动幅度要适当，锤击要有力。</td></tr>
</table>

成绩评定	工件号	座号	姓名		总得分	
	项目	质量检测内容	配分	评分标准	实测结果	得分
	錾削	锤击姿势正确	30 分	不符合要求不得分		
		錾削姿势及动作正确	30 分	不符合要求不得分		
		錾削凸台面	30 分	不符合要求不得分		
	安全文明生产		10 分	违者不得分		
	现场记录					

作业 3

技能训练名称	錾削长方体
操作技能要求	巩固錾削姿势，提高錾削平面技能，并达到一定的錾削精度。
工具、量具、刃具及材料	工具、量具、刃具：扁錾、尖錾、锤子、木垫块、软钳口、钢直尺。 材料：由作业 2 转来，尺寸 80 mm×42 mm×50 mm。

技能训练图

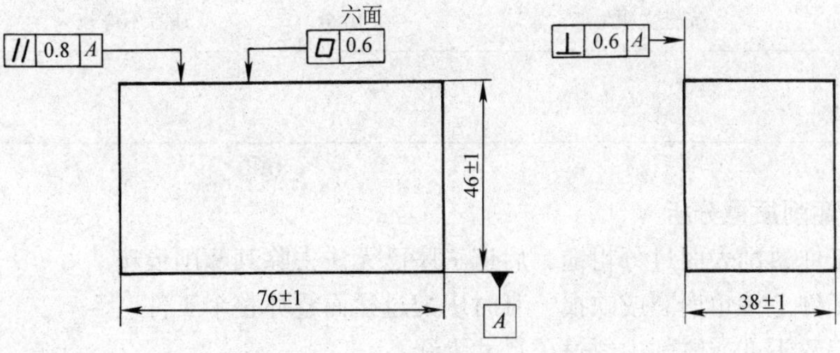

图 4－24　长方体

名称	操作要点及图解
步骤	（1）检查坯件尺寸。 （2）根据毛坯材料选择錾削面，作为第一加工面，即基准 A。粗錾后精錾，达到錾纹整齐，并用钢直尺检查錾削面，直至达到平面度 0.6 mm 要求后，即可作为六面体的加工基准面。 （3）按照图样要求，划线、錾削。按图 4－25 各面的编号顺序依次錾削，达到技术要求。 （4）复检，修整。 备注：錾削加工后的长方体用于课题六锉削作业 1 锉削长方体。

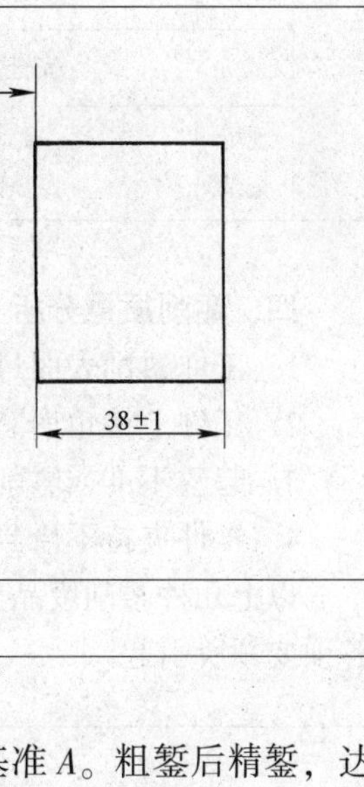

图 4－25　錾削顺序

名称	操作要点及图解
注意事项	（1）工件夹紧，伸出钳口高度一般以 10 ~ 15 mm 为宜。同时下面加木垫块，台虎钳加软钳口保护工件。 （2）一次錾削量不宜过大，錾子后角要适宜。 （3）錾削大平面须开槽。

成绩评定

工件号		座号		姓名		总得分	
项目	质量检测内容			配分	评分标准	实测结果	得分
錾削	（76 ± 1） mm			8 分	超差不得分		
錾削	（38 ± 1） mm			8 分	超差不得分		
錾削	（46 ± 1） mm			8 分	超差不得分		
錾削	▱ 0.6			24 分	每超差一处扣 4 分		
錾削	⊥ 0.6 A			18 分	每超差一处扣 6 分		
錾削	// 0.8 A			9 分	每超差一处扣 3 分		
錾削	錾削姿势			15 分	不正确不得分		
安全文明生产				10 分	违者不得分		
现场记录							

四、錾削质量分析

1. 工件錾削表面过分粗糙，后道工序已无法去除其錾削痕迹。
2. 工件上棱角崩裂或缺损，有时用力过猛而錾坏整个工件。
3. 起錾不准或錾削中錾过了尺寸界线。
4. 工件夹持不恰当，以致受錾削力作用后夹持表面损坏。

以上几种錾削废品主要是由于操作时不够认真、操作不熟练或未充分掌握錾削工作的各项要领所引起。

五、思考与练习

1. 简述錾削时的安全注意事项。
2. 起錾有几种方法？如何起錾？
3. 试述錾子的刃磨、热处理的方法和注意事项。
4. 试述錾削锤击要领。

课题五

锯　削

一、教学要求

1. 能根据不同材料正确选用锯条，并能正确装夹。
2. 能对各种型材进行正确的锯削，并达到一定的锯削精度。
3. 了解锯条损坏和产生废品的原因。
4. 操作时能遵守安全和文明生产要求。

二、锯削的基本操作

名称	操作要点及图解
锯削姿势	（1）握法　右手满握锯柄，左手轻扶锯弓前端（见图 5－1）。 （2）姿势　锯削的站立位置与錾削基本相似。 （3）锯削操作方法 1）直线式　用于有锯削尺寸要求的工件。 2）摆动式　在锯削时，身体与锯弓作协调性的上下小幅摆动。即当手锯推进时，身体略向前倾，双手随着压向手锯的同时，左手上翘，右手下托，回程时右手上抬，左手自然跟回。 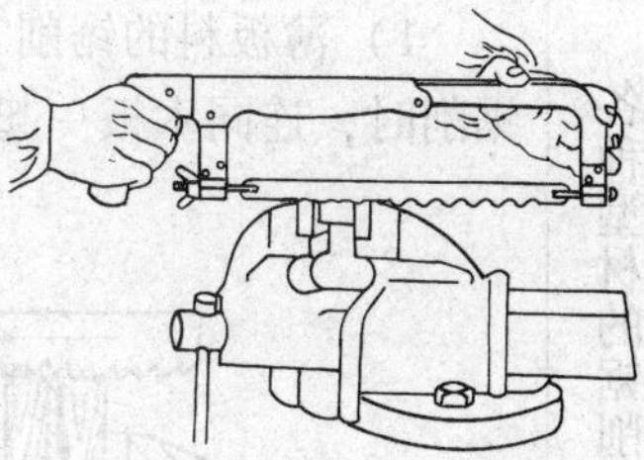 图 5－1　手锯的握法 3）速度　约为 40 次/min。 （4）起锯方法 1）远起锯　俯倾 15°为宜（见图 5－2a）。 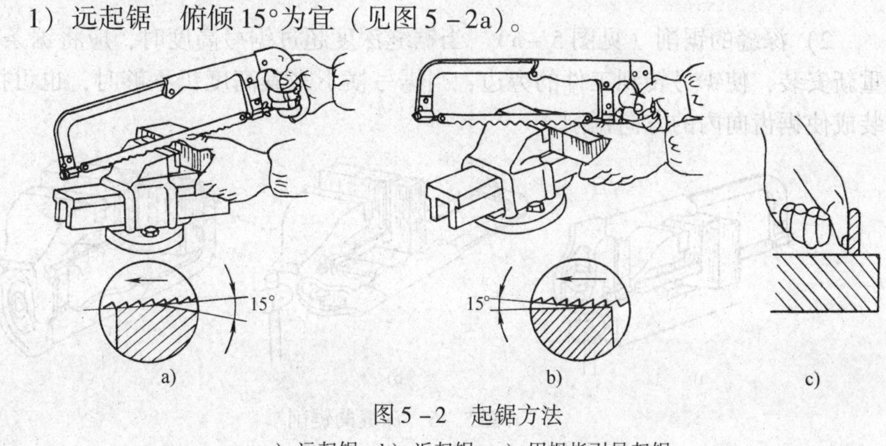 图 5－2　起锯方法 a）远起锯　b）近起锯　c）用拇指引导起锯

名称	操作要点及图解
锯削姿势	2）近起锯　仰倾15°为宜（见图5－2b）。 起锯的要求：压力要小，速度要慢。为了起锯顺利，可将锯片靠在左手拇指处引锯（见图5－2c），以防止锯条在工件表面打滑。
各种型材的锯削方法	（1）棒料的锯削　锯削断面要求平整的，应从起锯开始连续锯到结束。若锯削断面要求不高时，锯到一定深度后可将棒料转过一定角度再锯，由于锯削面变小而易锯入，可提高工作效率。 （2）管子的锯削　薄壁管子用V形木垫夹持（见图5－3a），以防夹扁或夹坏管子表面。锯削管子时要在锯透管壁时将管子向推锯方向转过一个角度再锯，否则容易造成锯齿的崩断。 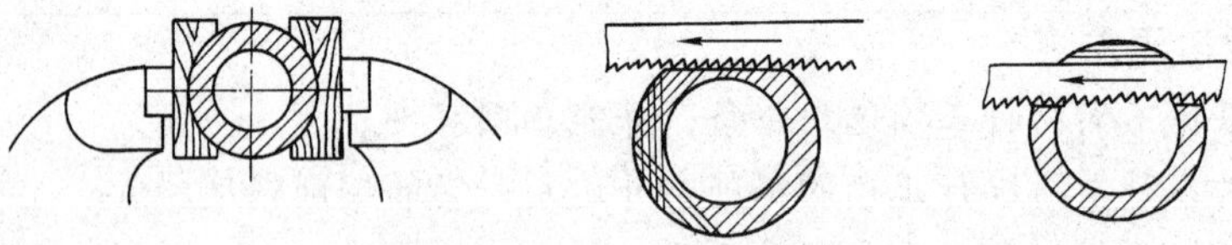 a)　b)　c) 图5－3　管子的夹持和锯削 a）管子的夹持　b）转位锯削　c）不正确的锯削 （3）板料的锯削　板料锯缝一般较长，工件装夹要有利于锯削操作。 1）薄板料的锯削（见图5－4）将薄板材夹持在两块木板之间，以增加刚度。锯削时，连同木板一起锯开或手锯作横向锯削。 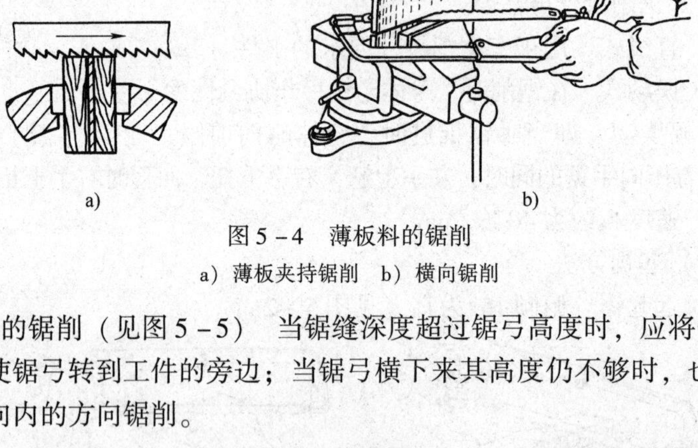 a)　b) 图5－4　薄板料的锯削 a）薄板夹持锯削　b）横向锯削 2）深缝的锯削（见图5－5）　当锯缝深度超过锯弓高度时，应将锯条转过90°重新安装，使锯弓转到工件的旁边；当锯弓横下来其高度仍不够时，也可把锯条安装成使锯齿向内的方向锯削。 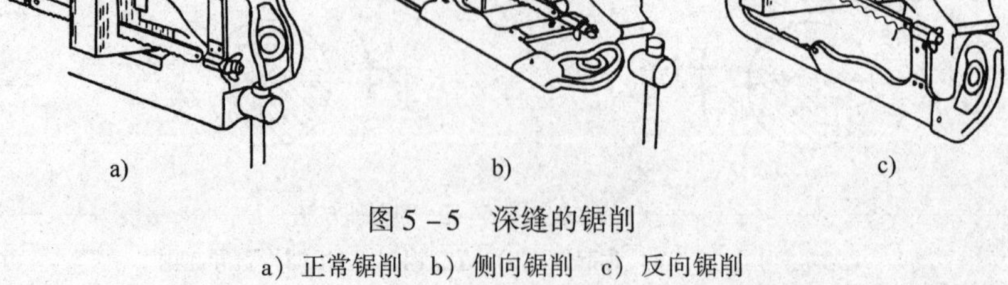 a)　b)　c) 图5－5　深缝的锯削 a）正常锯削　b）侧向锯削　c）反向锯削

名称	操作要点及图解
安全文明生产	（1）锯条要装得松紧适当，锯削时不要突然用力过猛，以免锯条折断后弹出伤人。 （2）工件装夹要牢固，在工件即将被锯断时要用左手扶住工件，防止断料掉下，砸伤脚。 （3）工件即将锯断时，应减小压力，避免使工件突然断开，造成身体前冲发生事故。 （4）操作时要避免用力过大，以防手撞到工件或台虎钳上受伤。 （5）锯削暂停时，须将手锯从工件上取下来，避免锯条意外折断。
维护与保养	（1）正确装夹工件，以免锯削时锯伤台虎钳。 （2）锯削速度不可过快，以免产生较大的切削热，降低锯条使用寿命。 （3）锯削后，应将锯弓上的张紧螺母适当放松，并妥善放好。

三、锯削技能训练

作业 1

技能训练名称	锯削直角块
操作技能要求	锯条安装合理；锯削姿势正确。
工具、量具、刃具及材料	工具、量具、刃具：划针、样冲、锯弓、锯条、钢直尺。 材料：HT200，规格为 100 mm×75 mm×75 mm。

技能训练图

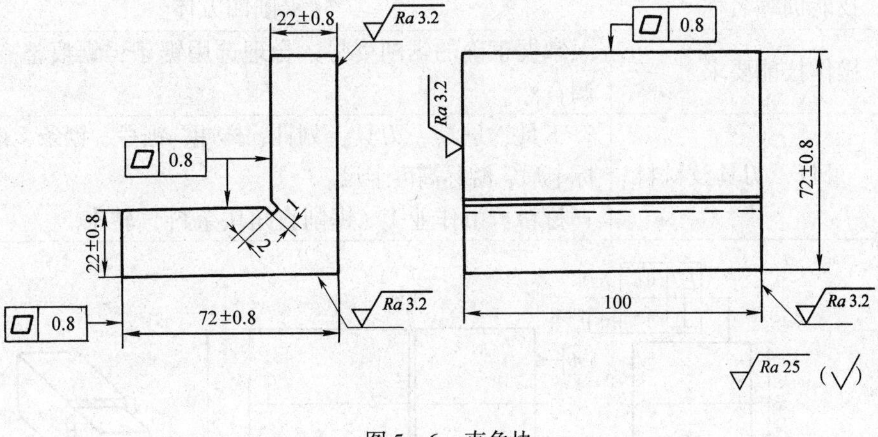

图 5－6　直角块

名称	操作要点
步骤	（1）检查来料尺寸。 （2）按图样要求，划两处 72 mm、22 mm 尺寸的锯削加工线。

名称	操作要点
步骤	（3）按所划加工线，依次锯削加工，保证 72 mm、22 mm 的尺寸精度。用钢直尺检测各表面平面度达到 0.80 mm。 （4）复检，去毛刺。 备注：锯削直角块的余料 100 mm ×（52 ±1）mm ×（52 ±1）mm 用于作业 2 锯削四方体。锯削加工后的直角块用于课题六锉削作业 2 锉削平行直角块。
注意事项	（1）锯削时两手运锯速度要适当。锯条安装松紧适度，以免锯条折断崩出伤人。 （2）锯断工件时，防止工件落下而砸伤脚。 （3）锯削时切削行程不宜过短，往复长度应不小于锯条全长的 2/3。

成绩评定

工件号		座号		姓名		总得分	
项目	质量检测内容			配分	评分标准	实测结果	得分
锯削	（22 ±0.8）mm			24 分	每超差一处扣 12 分		
锯削	（72 ±0.8）mm			24 分	每超差一处扣 12 分		
锯削	▱ 0.8			24 分	每超差一处扣 6 分		
锯削	锯削姿势正确			12 分	不正确不得分		
锯削	表面粗糙度值 *Ra*25 μm			6 分	每处每升高一级扣 1.5 分		
安全文明生产				10 分	违者不得分		
现场记录							

作业 2

技能训练名称	锯削四方体
操作技能要求	掌握正确的锯削姿势；合理选用锯条；锯痕整齐；动作协调自然。
工具、量具、刃具及材料	工具、量具、刃具：划针、样冲、锯弓、锯条、钢直尺、游标卡尺、游标高度卡尺。 材料：由作业 1（锯削直角块余料）转来。
技能训练图	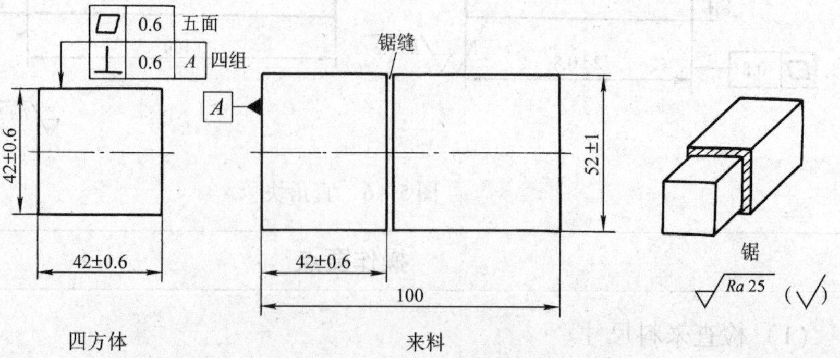

图 5－7　四方体及来料

名称	操作要点
步骤	（1）检查来料尺寸。 （2）按图样要求划线，锯削 42 mm×42 mm×42 mm 四方块，余下材料（57±1）mm×（52±1）mm×（52±1）mm 用于课题七综合技能训练制作 V 形架。 （3）复检，去毛刺。 备注：锯削加工后的四方体用于课题六锉削作业 3。长方体余料用于课题七综合技能训练（一）制作 V 形架。
注意事项	（1）锯削加工时切削速度不宜过快，否则会加剧锯条磨损。 （2）工件夹持牢固，锯削时起锯角不宜过大或过小，尽量采用远起锯。

成绩评定

工件号		座号	姓名		总得分	
项目	质量检测内容		配分	评分标准	实测结果	得分
锯削	（42±0.6）mm		30 分	每超差一处扣 10 分		
	▱ 0.6		30 分	每超差一处扣 6 分		
	⊥ 0.6 A		20 分	每超差一处扣 5 分		
	表面粗糙度值 $Ra25$ μm		10 分	每处每升高一级扣 2 分		
安全文明生产			10 分	违者不得分		
现场记录						

作业 3

技能训练名称	锯削圆钢
操作技能要求	巩固正确的锯削姿势，并达到一定的锯削精度。
工具、量具、刃具及材料	工具、量具、刃具：划针、样冲、锯弓、锯条、游标卡尺、刀口形直尺、钢直尺。 材料：45 钢，尺寸为 $\phi40$ mm×60 mm。

技能训练图

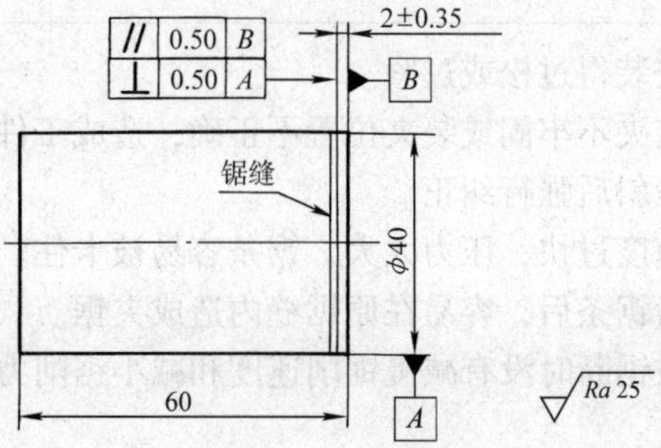

图 5－8　圆钢

名称	操作要点
步骤	（1）检查来料尺寸。 （2）按图样要求划第一锯削片 2 mm 尺寸加工线。 （3）按锯削棒料方法锯下第一片，并达到尺寸精度、垂直度和平行度的要求。 （4）按照第一片锯削方法依次锯削。 （5）复检各片尺寸。
注意事项	（1）必须在锯下一片后再划另一条锯削加工线，以确保每片厚(2 ±0.35）mm 的尺寸要求。 （2）锯削后的工件要去除毛刺，以免影响划线精度。 （3）在锯削钢件时，稍加机油，以减少摩擦，提高锯条的使用寿命。 （4）随时注意锯缝平直的情况，发现问题及时修正。

成绩评定

工件号		座号		姓名		总得分	
项目	质量检测内容			配分	评分标准	实测结果	得分
锯削	（2 ±0.35）mm			40 分	超差不得分		
	⊥ 0.50 A			20 分	超差不得分		
	// 0.50 B			20 分	超差不得分		
	表面粗糙度值 $Ra25$ μm			10 分	升高一级不得分		
安全文明生产				10 分	违者不得分		
现场记录							

四、造成锯条损坏和锯削废品的原因

造成锯齿崩裂的原因	（1）起锯角太大或起锯时用力过大。 （2）锯削时突然加大压力，被工件棱边钩住锯齿而崩裂。 （3）锯削薄板料和薄壁管子时锯条选择不当。
造成锯条折断的原因	（1）锯条安装得过松或过紧。 （2）工件装夹不牢固或装夹位置不正确，造成工件松动或抖动。 （3）锯缝歪斜后强行纠正。 （4）锯削速度过快，压力太大，锯条容易被卡住。 （5）更换新锯条后，容易在原锯缝内造成夹锯。 （6）工件被锯断时没有减慢锯削速度和减小锯削力，使手锯突然失去平衡而折断锯条。 （7）锯削暂停未将手锯取出而碰断。

造成锯缝歪斜或尺寸超差的原因	（1）装夹工件时，没有按要求放置锯缝线。 （2）锯条安装太松或相对于锯弓平面扭曲。 （3）锯削时用力不正确，使锯条左右偏摆。 （4）使用了磨损不均匀的锯条。 （5）起锯时起锯位置控制不准确或锯路歪斜。 （6）锯削过程中眼睛视线没有观察锯条是否与加工线重合。

五、思考与练习

1. 起锯的方法有哪几种？注意事项是什么？起锯角度应以多大为宜？
2. 锯削管子和薄板材料时为什么容易崩齿？
3. 锯削安全注意事项有哪些？
4. 造成锯条折断的原因有哪些？

课题六

锉 削

一、教学要求

1. 掌握锉削姿势、动作要领及基本操作技能。
2. 能使用相关量具准确测量工件。
3. 熟悉锉刀的保养和锉削时的安全知识。

二、锉削基本操作

名称	操作要点及图解
锉削姿势	（1）锉刀握法　大于250 mm板锉的握法如图6－1所示。右手紧握锉刀柄，柄端顶住掌心，拇指放在柄的上部，其余四指满握手柄；左手拇指根部压在锉刀头上，中指和无名指捏住前端，食指、小指自然收拢，以协同右手使锉刀保持平衡。 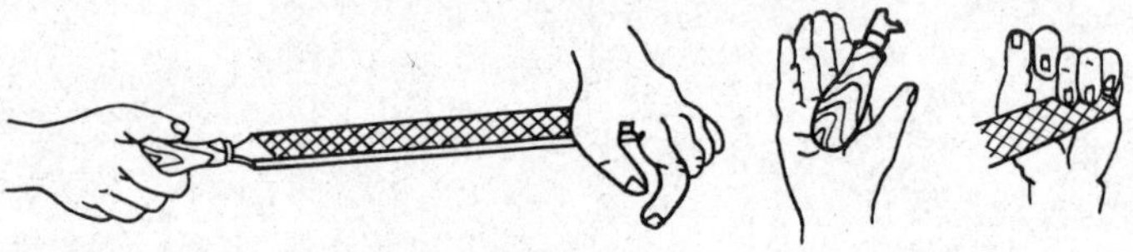 图6－1　较大锉刀的握法 （2）姿势　锉削时站立要自然，身体重心要落在左脚上；右膝伸直，左膝部呈弯曲状态，并随锉刀的往复运动而屈伸（见图6－2）。 （3）锉削动作（见图6－3） 1）开始时，身体向前倾斜10°左右，右肘尽量向后收缩（见图6－3a）。 2）锉刀长度推进1/3行程时，身体前倾15°左右，左膝稍有弯曲（见图6－3b）。 3）锉至2/3行程时，身体前倾至18°左右（见图6－3c）。 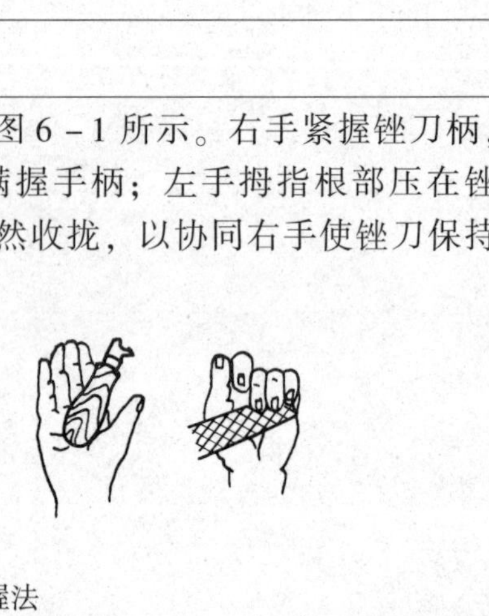 图6－2　锉削时的站立步位和姿势

名称	操作要点及图解
锉削姿势	4）锉最后 1/3 行程时，右肘继续推进锉刀，但身体则须自然地退回至 15°左右（见图 6－3d）。 5）锉削行程结束时，手和身体恢复到开始的姿势，同时将锉刀略微提起退回。 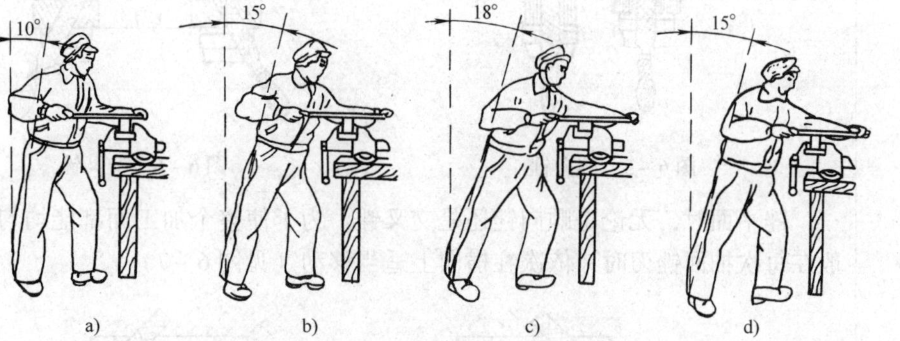 图 6－3　锉削动作 a）锉削开始　b）锉削至 1/3 行程　c）锉削至 2/3 行程　d）锉削至最后 1/3 行程
锉削力和锉削速度	（1）锉削力　要锉出平直的平面，必须使锉刀保持平直的锉削运动。为此，锉削时应以工件作为支点，掌握两端力矩的平衡，即右手的压力要随锉刀推动而逐渐增加，左手的压力要随锉刀推动而逐渐减小（见图 6－4）。回程时不加压力，以减少锉齿的磨损。 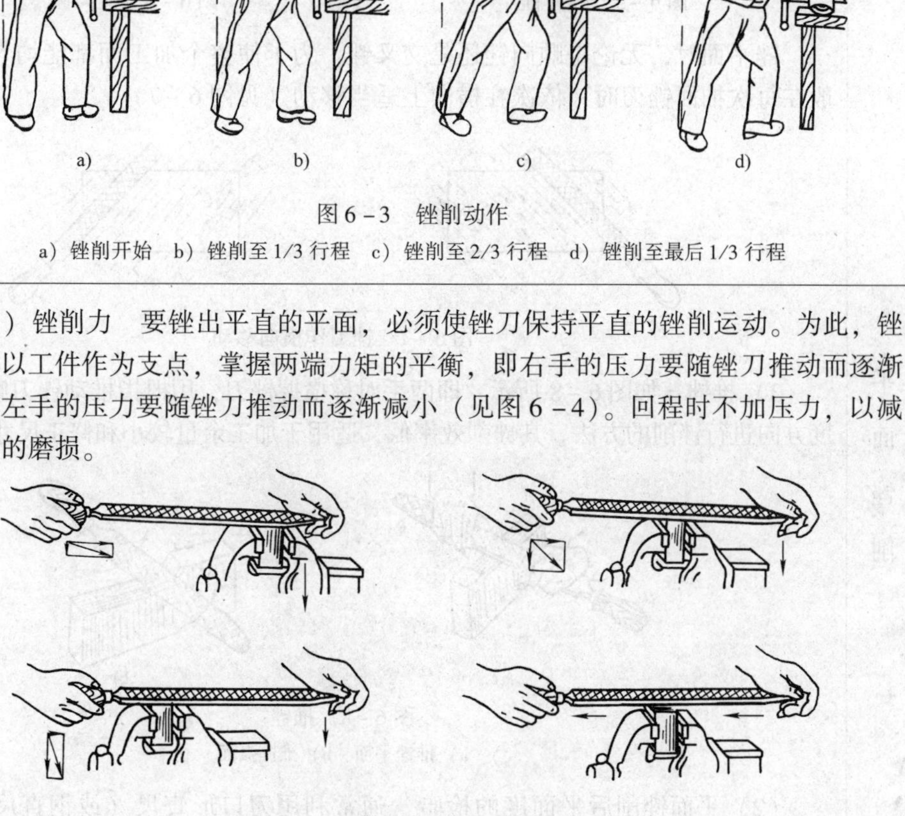 图 6－4　锉平面时两手的压力变化 （2）锉削速度　锉削速度一般约 40 次/min，推出时稍慢，回程时稍快，动作要自然协调。
平面锉削	（1）平面锉削方法 1）顺向锉　如图 6－5 所示，顺向锉是最普通的锉削方法。锉刀运动方向与工件夹持方向始终一致，面积不大的平面和最后的锉光大都采用这种方法。顺向锉可得到整齐一致的锉痕，比较美观，精锉时常常采用。 2）交叉锉　如图 6－6 所示，即从两个交叉的方向对工件表面进行锉削的方法。锉刀与工件接触面积大，锉刀容易掌握平稳。交叉锉一般用于粗锉。

<table>
<tr><th>名称</th><th>操作要点及图解</th></tr>
<tr><td>平
面
锉
削</td><td>
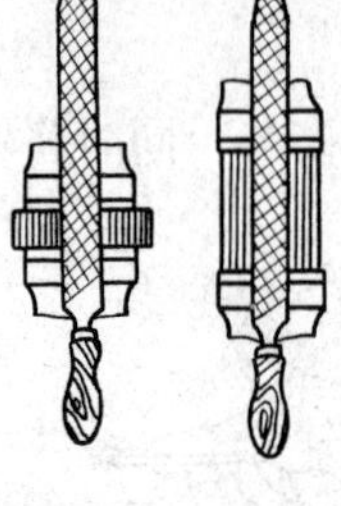
图 6－5　顺向锉
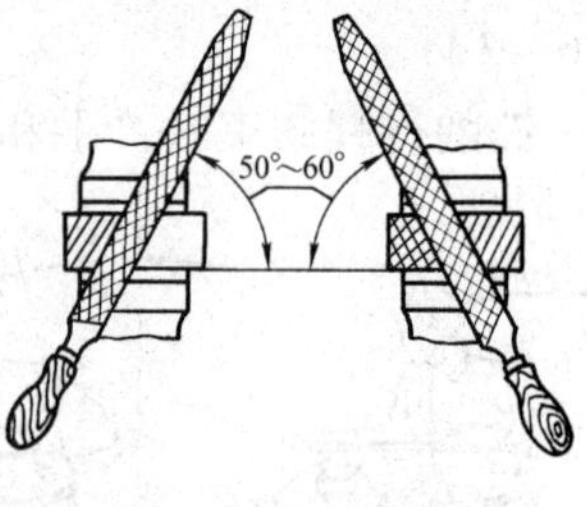

图 6－6　交叉锉

锉平面时，无论是顺向锉还是交叉锉，为了使整个加工面都能均匀地锉到，一般在每次抽回锉刀时，依次在横向上适当移动（见图 6－7）。

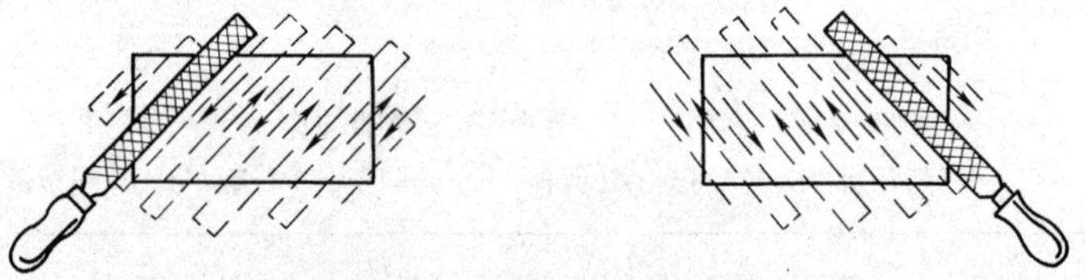
图 6－7　锉刀作横向移动

3）推锉　如图 6－8 所示，即两手对称横握锉刀，用拇指推动锉刀顺着工件的长度方向进行锉削的方法。其锉削效率低，适用于加工余量较小和修正尺寸时采用。

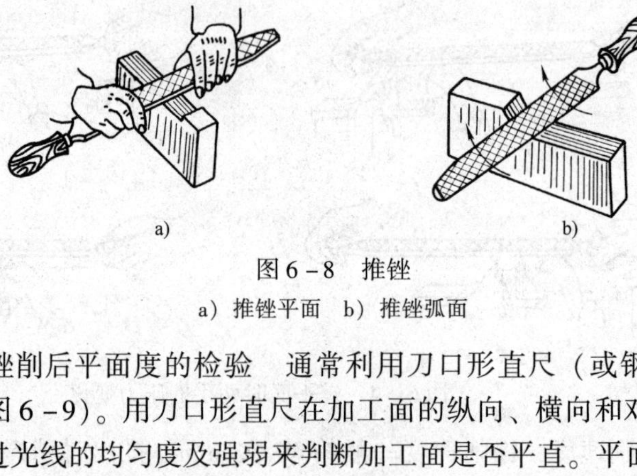
a)　b)
图 6－8　推锉
a）推锉平面　b）推锉弧面

（2）平面锉削后平面度的检验　通常利用刀口形直尺（或钢直尺）采用透光法来检验（见图 6－9）。用刀口形直尺在加工面的纵向、横向和对角线方向逐一进行检查，以透过光线的均匀度及强弱来判断加工面是否平直。平面度误差值可用塞尺来检查确定。

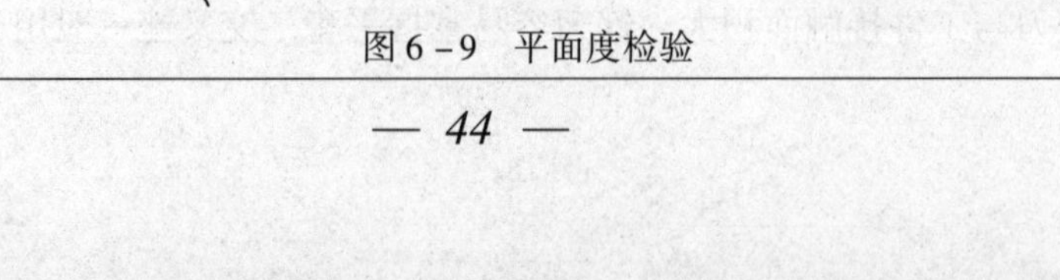

图 6－9　平面度检验
</td></tr>
</table>

<table>
<tr><th>名称</th><th>操作要点及图解</th></tr>
<tr><td>曲面锉削</td><td>

（1）外圆弧面锉削方法

1）顺着圆弧面锉削　如图 6－10a 所示，右手握锉刀柄往下压，左手自然将锉刀前端向上抬，这样锉出的圆弧面光洁圆滑，但锉削效率不高。适用于精锉外圆弧面。

2）对着圆弧面锉削　如图 6－10b 所示，锉刀向着图示方向直线推进，能较快地锉成接近圆弧但多棱的形状，最后精锉至光洁、圆滑。适用于圆弧面的粗加工。

图 6－10　外圆弧面锉削
a）顺着圆弧面锉削　b）对着圆弧面锉削

（2）内圆弧面锉削方法　如图 6－11 所示，采用圆锉或半圆锉锉削。锉削时锉刀要同时完成三个运动：前进运动、顺圆弧面向左或向右移动、绕锉刀中心线转动，才能使内圆弧面光滑、准确。

（3）球面锉削方法　球面锉削是顺向锉与横向锉同时进行的一种锉削方式（见图 6－12）。

（4）曲面轮廓度检查　在进行曲面锉削练习时，曲面轮廓度精度可用半径样板的透光方法进行检查（见图 6－13）。

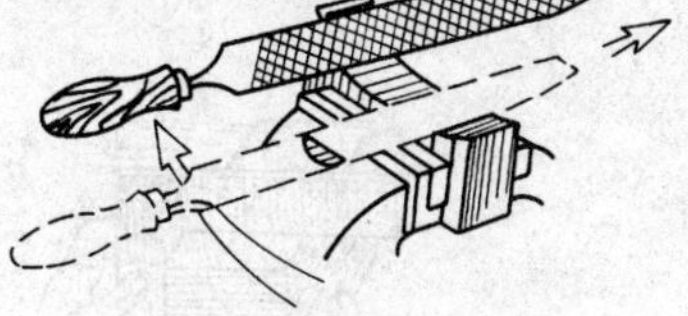

图 6－11　内圆弧面锉削

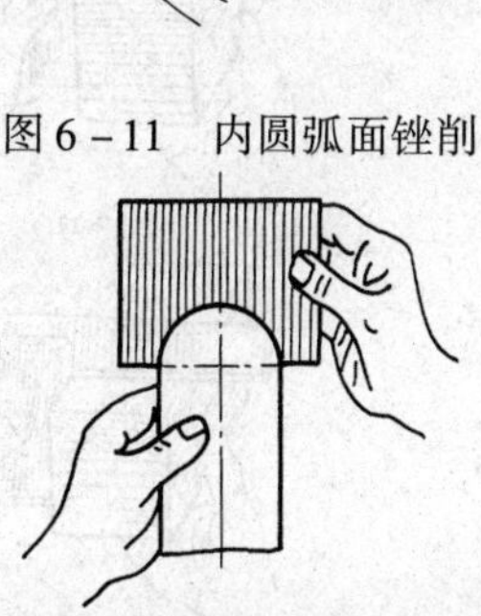

图 6－13　用样板检查曲面轮廓度

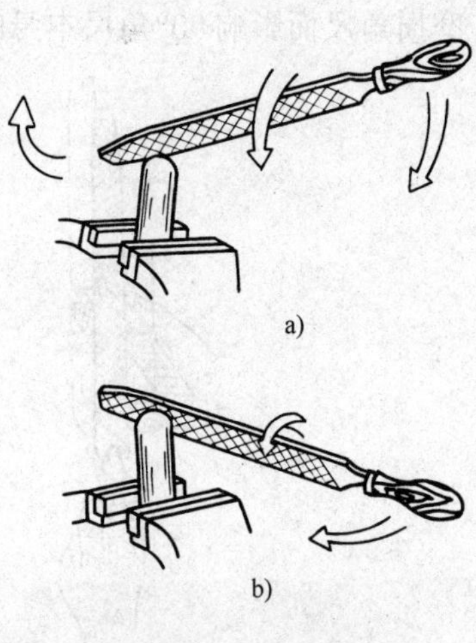

图 6－12　球面锉削
a）顺向锉运动　b）横向锉运动

</td></tr>
</table>

<table>
<tr><th>名称</th><th>操作要点及图解</th></tr>
<tr><td>游标卡尺测量方法</td><td>（1）测量前，校对零位，擦净量爪两测量面。
（2）测量时，固定量爪紧贴工件，轻轻地用力移动游标，使活动量爪的测量面也紧靠工件（见图 6 – 14），不可处于图 6 – 15 所示的歪斜位置。
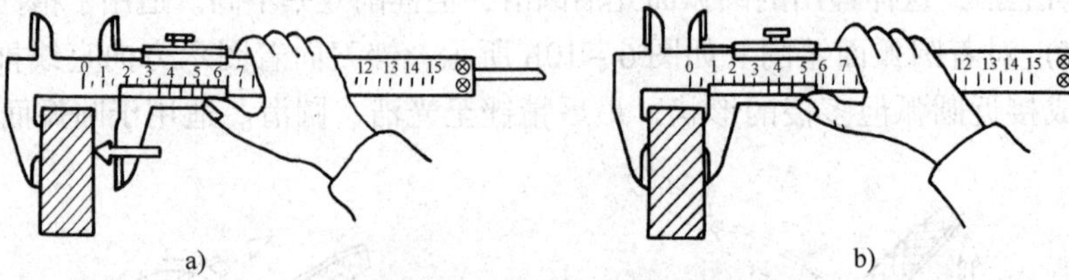
图 6 – 14　测量时的动作
a）向工件测量表面推动游标　b）量爪测量面紧贴工件表面
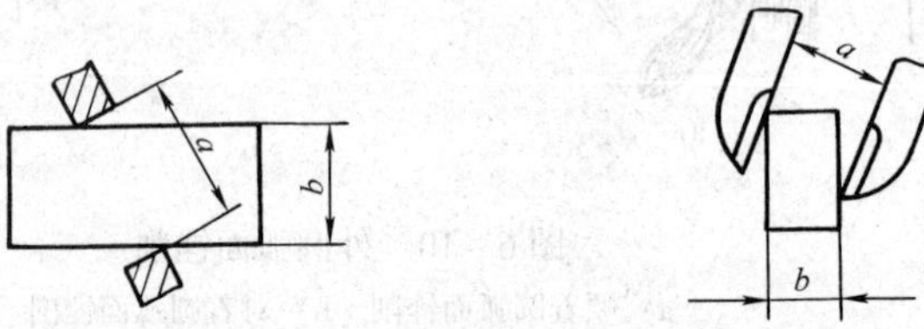

图 6 – 15　游标卡尺测量面与工件的错误接触
（3）读数时，应把卡尺水平拿着，在光线明亮的地方，视线垂直于刻线表面，避免由于斜视造成读数误差。</td></tr>
<tr><td>90°角尺检查方法</td><td>（1）用 90°角尺检查工件垂直度前，应先用锉刀将工件的锐边倒钝（见图 6 – 16）。
（2）先将 90°角尺尺座测量面紧贴工件基准面，然后逐步轻轻地向下移动，使 90°角尺尺瞄的测量面与工件的被测表面接触（见图 6 – 17a），眼睛平视观察透光情况，以此来判断工件被测面与基准面是否垂直。检查时，角尺不可倾斜（见图 6 – 17b）。
（3）在同一平面上改变不同的检查位置时，角尺不可在工件表面上拖动，以免磨损角尺而影响 90°角尺本身的精度。
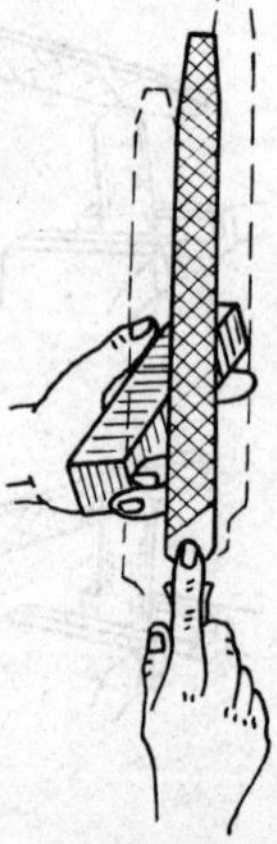
图 6 – 16　锐边倒钝方法
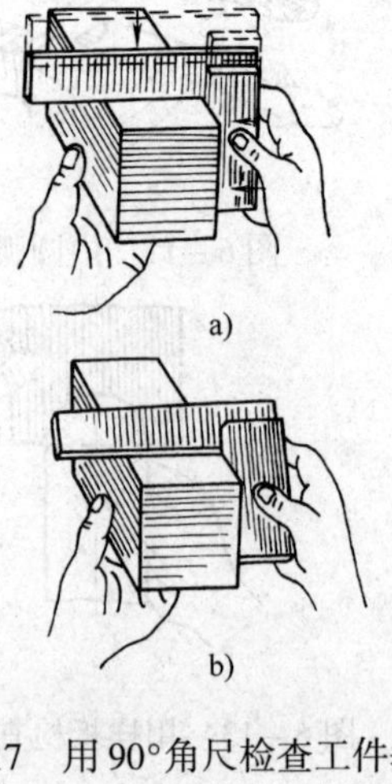
图 6 – 17　用 90°角尺检查工件垂直度
a）正确　b）不正确</td></tr>
</table>

名称	操作要点及图解
安全文明生产	（1）锉刀一般是右手握持的工具，应放在台虎钳的右面；放在钳台上时，锉刀柄不可露在钳桌外面，以免掉落地上砸伤脚或损坏锉刀。 （2）没有装柄的锉刀或锉刀柄已裂开或没有锉刀柄箍的锉刀不可使用。 （3）锉削时锉刀柄不能撞击到工件，以免锉刀柄脱落造成事故。 （4）不能用嘴吹锉屑，也不能用手擦摸锉削表面。 （5）锉刀不可用作撬棒或锤子。
维护与保养	（1）锉刀的保养 1）新锉刀要先使用一面，待用钝后再使用另一面。 2）在粗锉时，应充分使用锉刀的有效全长，既可提高锉削效率，又可避免锉齿局部的磨损。 3）锉刀上不可沾油或沾水。 4）若锉屑嵌入锉刀齿纹内，必须及时用钢丝刷或薄铁片剔除（见图 6－18）。  a）　　b） 图 6－18　清除锉齿内的锉屑 a）用薄铁片清除　b）用钢丝刷清除 5）不可锉毛坯件的硬皮及淬硬的工件。 6）铸铁件表面如有硬皮，应先用砂轮磨去或用旧锉刀或锉刀的有齿侧边锉去，然后再进行正常的锉削加工。 7）锉刀使用完毕后必须刷干净，以免生锈。 8）锉刀无论在使用过程中或放入工具箱时均应单独平放，不可与其他工具或工件堆放在一起，也不可与其他锉刀互相重叠堆放，以免损坏锉齿。 （2）工件夹持时应高出钳口 20 mm 左右，不可太低，以免锉伤钳口。

三、锉削技能训练

作业 1

技能训练名称	锉削长方体
操作技能要求	掌握正确的锉削姿势；提高平面锉削技能；正确使用量具。
工具、量具、刃具及材料	工具、量具、刃具：平锉、三角锉、钢直尺、刀口形直尺、90°角尺、游标高度卡尺、游标卡尺。 材料：由课题四錾削作业 3 转来。

技能训练图

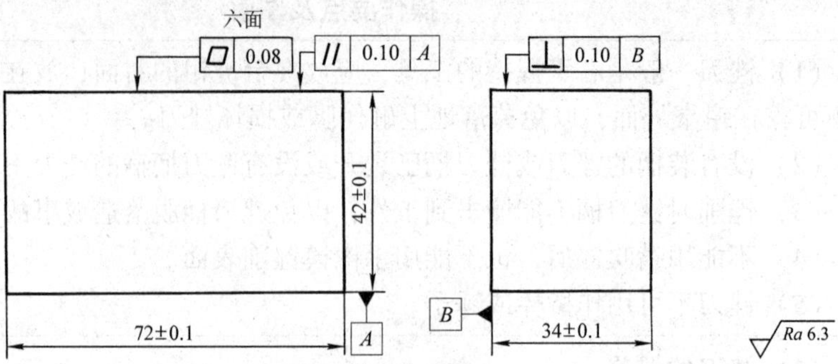

图 6－19　长方体

名称	操作要点及图解

步骤

（1）选择最大的平面 1 作为基准面进行粗、精锉削，同时检查平面度。符合技术要求后即可作为长方体的加工基准面（见图 6－20）。

（2）按长方体各面的编号顺序划线，依次对各面进行粗、精锉加工，用刀口形直尺、90°角尺、游标卡尺等测量控制平面度、垂直度和尺寸精度，直至符合技术要求为止。

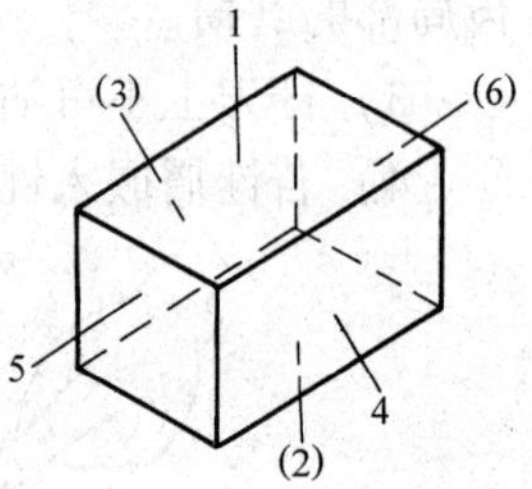

图 6－20　长方体加工顺序示意图

（3）复检、去毛刺。

备注：工件锉削加工后用于课题七综合技能训练（一）制作斜角垫块。

注意事项

（1）养成正确的锉削姿势，要求协调、自然。

（2）锉削长方体各表面时，要先选择最大的平面作为锉削基准面。按照“先锉平行面，后锉垂直面”的原则，才能减少累积误差，达到规定尺寸和相对位置精度的要求。

（3）在检查垂直度前，应先用锉刀将工件的钝边倒钝。检查时，90°角尺尺座要紧贴基准面，从上向下移动，角尺不可倾斜。

成绩评定

工件号		座号	姓名		总得分	
项目	质量检测内容		配分	评分标准	实测结果	得分
锉削	(72 ±0.10) mm		9 分	超差不得分		
	(34 ±0.10) mm		9 分	超差不得分		
	(42 ±0.10) mm		10 分	超差不得分		
	▱ 0.08		18 分	每超差一处扣 3 分		
	⊥ 0.10 B		16 分	每超差一处扣 4 分		
	// 0.10 A		12 分	每超差一处扣 4 分		
	锉削姿势正确		10 分	不正确不得分		
	表面粗糙度值 *Ra*6.3 μm		6 分	每处每升高一级扣 1 分		
安全文明生产			10 分	违者不得分		
现场记录						

作业 2

<table>
<tr><td>技能训练名称</td><td>锉削平行直角块</td></tr>
<tr><td>操作技能要求</td><td>要求锉削姿势正确；熟练使用量具；锉削表面粗糙度值不超过 Ra6. 3 μm。</td></tr>
<tr><td>工具、量具、刃具及材料</td><td>工具、量具、刃具：平锉、三角锉、软钳口、高度游标卡尺、游标卡尺、万能角度尺、90°角尺、刀口形直尺、钢直尺。
材料：由课题五锯削作业 1 转来。</td></tr>
<tr><td>技能训练图</td><td>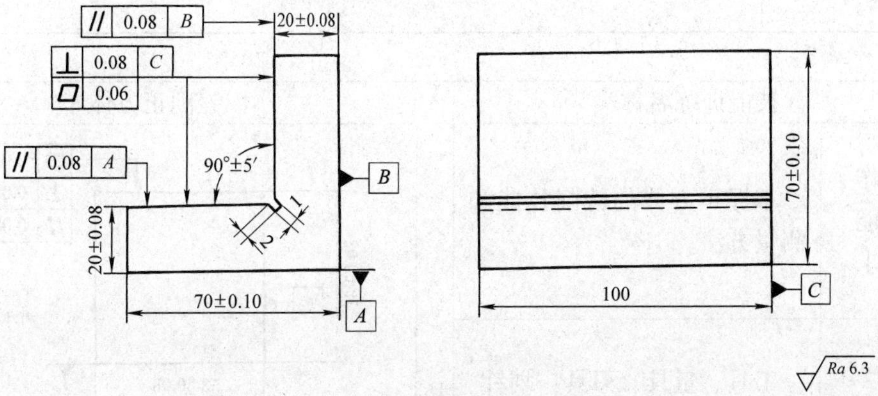

图 6－21　平行直角块</td></tr>
<tr><td>名称</td><td>操作要点</td></tr>
<tr><td>步骤</td><td>（1）检查工件尺寸，以 A、B 两面为划线基准，分别划出 70 mm（2 处）、20 mm（2 处）锉削加工线。
（2）粗、精锉一个内直角面，用刀口形直尺测量控制平面度，用 90°角尺测量控制垂直度，用游标卡尺测量控制 20 mm 尺寸精度，并达到表面粗糙度要求。
（3）用同样方法锉削加工另一个内直角面，用万能角度尺测量控制内直角 90°并达到角度精度、表面粗糙度要求；同时在内直角处按图锯一个小槽，注意清角。
（4）锉削加工 70 mm 尺寸面（2 处），用游标卡尺测量控制（70 ± 0. 10）mm 的尺寸精度，并达到表面粗糙度要求。
（5）复检、去毛刺、倒棱。
备注：锉削平行直角块材料加工后用于课题十二作业 2。</td></tr>
<tr><td>注意事项</td><td>（1）工件夹持时在台虎钳上加软钳口，避免夹伤工件表面。
（2）锉削时控制好加工余量，避免超差。
（3）采用顺向锉削方法，使用锉刀有效全长加工工件。
（4）测量垂直度时，锐边要去毛刺、倒钝，以保证测量准确性。</td></tr>
</table>

	工件号		座号		姓名		总得分	
	项目	质量检测内容			配分	评分标准	实测结果	得分
成绩评定	锉削	(70 ±0.10) mm			20 分	每超差一处扣 10 分		
		(20 ±0.08) mm			24 分	每超差一处扣 12 分		
		⏥ 0.06			12 分	每超差一处扣 6 分		
		⊥ 0.08 C			10 分	每超差一处扣 5 分		
		// 0.08			10 分	每超差一处扣 5 分		
		90° ±5′			6 分	超差不得分		
		表面粗糙度值 *Ra*6.3 μm			8 分	每处每升高一级扣 2 分		
	安全文明生产				10 分	违者不得分		
	现场记录							

作业 3

技能训练名称		锉削正方体	
操作技能要求	掌握正方体的锉削技能和测量方法。	技能训练图	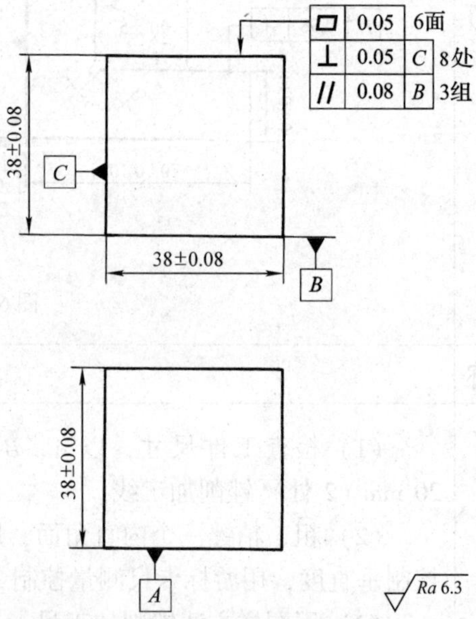 图 6－22　正方体
工具、量具、刃具及材料	工具、量具、刃具：划针、样冲、平锉、软钳口、锉刀刷、高度游标卡尺、25 ~ 50 mm 千分尺、游标卡尺、90°角尺、刀口形直尺、钢直尺。 材料：由课题五锯削作业 2 转来，规格为 42 mm × 42 mm × 42 mm。		
名称	操作要点		
步骤	（1）锉削基准面 *A*，达到平面度、表面粗糙度要求。 （2）锉 *A* 面的对应面，达到平面度、平行度、尺寸公差、表面粗糙度要求。 （3）锉削 *B* 面并与 *A* 面垂直，达到平面度、垂直度、表面粗糙度要求。 （4）锉削 *B* 面的对应面，达到平行度、平面度、尺寸公差、表面粗糙度要求。 （5）锉削 *C* 面，达到平面度、垂直度、表面粗糙度要求。 （6）锉削 *C* 面的对应面，达到平面度、平行度、尺寸公差、表面粗糙度要求。 （7）复检，并做必要的修整，去毛刺。 备注：锉削后的正方体转入课题十四的“二、锉配四方体和六角体”。		

名称	操作要点
注意事项	（1）基准面作为加工控制其余各面的尺寸、位置精度的基准，必须在达到规定的平面度要求后，才能加工其他面。 （2）用千分尺测量平面间的尺寸，应在工件四角和中间共测五点，读取工件测量尺寸，了解工件平面的平整情况，以便加工时控制尺寸，防止尺寸超差。

成绩评定

工件号		座号	姓名		总得分	
项目	质量检测内容		配分	评分标准	实测结果	得分
锉削	（38 ±0.08）mm （3 组）		24 分	每超差一处扣 8 分		
	⏥ 0.05		12 分	每超差一处扣 2 分		
	⊥ 0.05 *C*		24 分	每超差一处扣 3 分		
	// 0.08 *B*		18 分	每超差一处扣 6 分		
	表面粗糙度值 *Ra*6.3 μm		12 分	每处每升高一级扣 2 分		
	安全文明生产		10 分	违者不得分		
现场记录						

作业 4

技能训练名称		锉削六角体
操作技能要求	掌握六角体锉削与曲面锉削的技能；掌握量具的使用和保养方法。	技能训练图
工具、量具、刃具及材料	工具、量具、刃具：划针、划规、平锉、锉刀刷、毛刷、高度游标卡尺、游标卡尺、90°角尺、刀口形直尺、万能角度尺。 材料：45 钢，规格为 ϕ45 mm × 38 mm。	

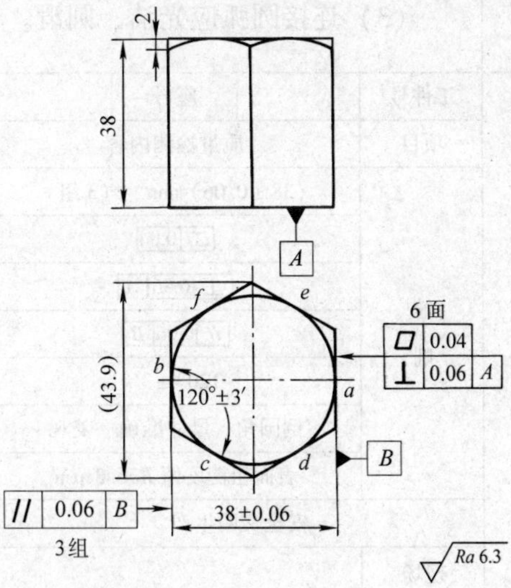

图 6－23 六角体

名称	操作要点及图解
步骤	（1）检查用料余量，修整基准面 *A*。 （2）锉 *a* 面并达到平面度、垂直度、表面粗糙度要求。 （3）锉 *b* 面并达到平面度、平行度、表面粗糙度和尺寸公差要求。

名称	操作要点及图解
步骤	(4) 锉 *c* 面并达到平面度、角度、表面粗糙度要求。 (5) 锉 *d* 面并达到平面度、角度、表面粗糙度要求，*c* 面和 *d* 面边长要求基本相等。 (6) 分别锉 *c*、*d* 面的对应面 *e*、*f*，并达到尺寸公差、平行度、平面度和表面粗糙度要求。 (7) 倒圆角。 (8) 自检，修整。 图 6－24 所示为六角体的加工步骤示意图。 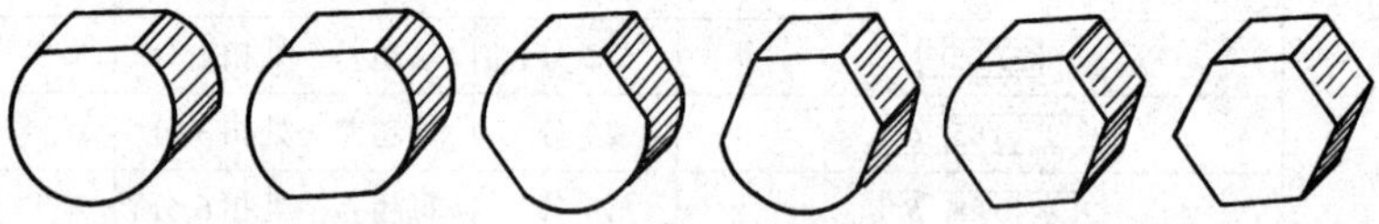 a)　b)　c)　d)　e)　f) 图 6－24　六角体加工步骤示意图 a) 锉 *a* 面　b) 锉 *a* 面的对应面 *b* 面　c) 锉 *c* 面　d) 锉 *d* 面　e) 锉 *e* 面　f) 锉 *f* 面
注意事项	(1) 锉削姿势要正确。 (2) 锉削钢件材料时要常用锉刀刷清除嵌入锉刀齿纹内的锉屑，并在齿面上涂抹粉笔灰，以降低加工表面的表面粗糙度值。 (3) 连接圆弧应光洁、圆滑。

成绩评定	工件号	座号	姓名		总得分	
	项目	质量检测内容	配分	评分标准	实测结果	得分
	锉削	(38 ±0.06) mm　(3 组)	27 分	每超差一处扣 9 分		
		⏥ 0.04	12 分	每超差一处扣 2 分		
		⊥ 0.06 A	12 分	每超差一处扣 2 分		
		// 0.06 B	15 分	每超差一处扣 5 分		
		120° ±3′	12 分	每超差一处扣 2 分		
		倒圆角，尺寸准确、美观	6 分	按正确、美观程度评分		
		表面粗糙度值 *Ra*6. 3 μm	6 分	每处每升高一级扣 2 分		
	安全文明生产		10 分	违者不得分		
	现场记录					

四、锉削质量分析

1. 工件夹坏

(1) 已加工表面被台虎钳口夹出伤痕　其原因大多是台虎钳口没有加保护片（钳口垫或木块等较软材料）。或者虽然加了保护片，但是工件较软而夹紧力过大，也会使工件表面夹坏。

（2）空心工件被夹扁　其原因是夹紧力太大或直接用台虎钳口夹紧而变形。例如，夹空心的圆柱形零件时，钳口两面应衬以 V 形铁或弧形木块，否则由于夹紧力作用于工件表面的极小面积上，局部压力太大，就会产生变形。

2．尺寸和形状不准确

锉削时，尺寸和形状要求尚未达到，而加工余量已经没有了。其原因除了划线不正确或锉削时检查测量有误差外，多半是由于未及时检查而锉过了尺寸界限。此外，由于操作技术不高或选用了中间凹陷的再生锉刀，使锉削的平面产生中间凸起，有时也会造成废品。锉削角度面时，如果不细心，也可能把已锉好的相邻面锉坏。

3．表面粗糙度超差

其原因有以下几种：

（1）精锉时仍采用粗齿锉刀。

（2）粗锉时锉痕太深，以致在精锉时也无法去除锉痕。

（3）铁屑嵌在锉纹中未及时清除而把表面拉毛。

五、思考与练习

1．锉削有几种基本方法？

2．如何对锉刀进行保养？

3．简述锉削姿势及动作要领。

4．简述锉削时两手用力的方法。

课题七

综合技能训练（一）

一、制作 V 形架	
技能训练名称	制作双面 V 形架
操作技能要求	巩固正确的錾削、锯削和锉削操作姿势；提高按图样要求加工工件的能力。
工具、量具、刃具及材料	工具、量具、刃具：窄錾、锤子、锯弓、锯条、平锉、三角锉、整形锉、软钳口、木垫块、毛刷、千分尺、高度游标卡尺、游标卡尺、万能角度尺、刀口形直尺、90°角尺。 材料：由课题五锯削作业 2 余料转来。
技能训练图	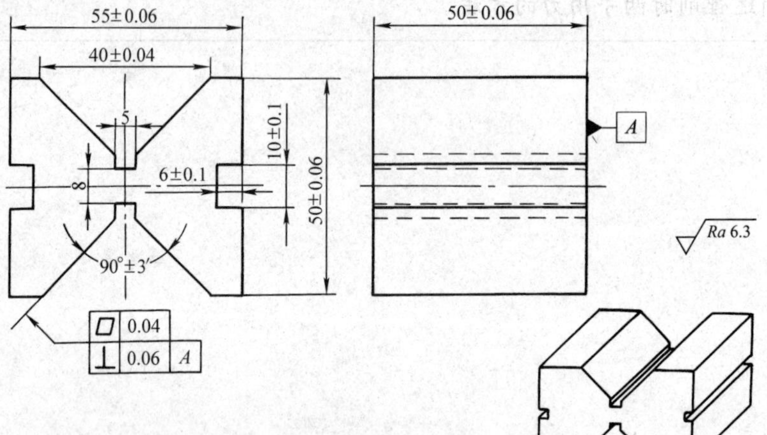 图 7－1　双面 V 形架
名称	**操作要点**
步骤	(1) 加工外形尺寸，达到 (55 ±0.06) mm×(50 ±0.06) mm×(50 ±0.06) mm 要求。 (2) 按图样要求划出加工线。 (3) 锯削两侧直槽、两处 90°V 形槽及两处直方槽。 (4) 用窄錾去除两侧直槽及两处直方槽余料，留锉削加工余量。 (5) 根据图样要求锉削各加工表面。 (6) 各边棱角去毛刺，复检。

名称	操作要点
注意事项	（1）为防止工件中部断裂，錾削时应先加工两侧直槽，再加工两处直方槽。 （2）錾削时应采用正确的起錾方法，錾削接近尽头 10～15 mm 时，必须掉头錾去余下部分，避免工件损坏。 （3）90°V 形面加工时注意控制角度不可倾斜。

成绩评定

工件号		座号	姓名		总得分	
项目		质量检测内容	配分	评分标准	实测结果	得分
锉削		（55 ±0.06）mm	8 分	超差不得分		
		（50 ±0.06）mm　（2 组）	16 分	每超差一处扣 8 分		
		▱ 0.04	12 分	每超差一处扣 3 分		
		⊥ 0.06 *A*	20 分	每超差一处扣 5 分		
		90° ±3′	12 分	每超差一处扣 6 分		
		（10 ±0.1）mm×（6 ±0.1）mm 两处侧槽	12 分	每超差一处扣 6 分		
		表面粗糙度值 *Ra*6.3 μm	10 分	每处每升高一级扣 1 分		
安全文明生产			10 分	违者不得分		
现场记录						

二、制作 T 形体

技能训练名称	制作 T 形体
操作技能要求	巩固锯削、锉削技能，并达到一定精度的要求；正确使用工具、量具并做好保养。
工具、量具、刃具及材料	工具、量具、刃具：锯弓、锯条、平锉、三角锉、软钳口、钢直尺、高度游标卡尺、游标卡尺、千分尺、刀口形直尺、90°角尺。 材料：HT200，规格为 52 mm×52 mm×22 mm。

技能训练图

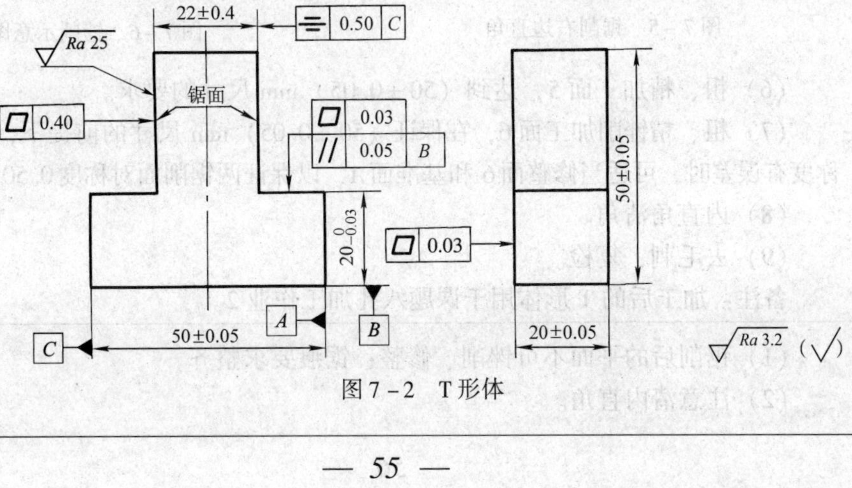

图 7－2　T 形体

<table>
<tr><th>名称</th><th>操作要点及图解</th></tr>
<tr><td>步骤</td><td>

（1）粗、精加工两端面 1 和面 2，达到平面度 0.03 mm 和尺寸（20±0.05）mm 的要求（见图 7-3）。

（2）加工 A、B 两面，达到面 A 垂直面 B 的同时与面 1 垂直。以 A、B 两面为划线基准，按图样要求划出所需加工线。

（3）锯削左边直角（见图 7-4），保证锯削面与基准面 A 的距离为（36±0.5）mm 尺寸，达到平面度 0.40 mm 的要求。同时锉削面留 0.8～1.2 mm 的加工余量。

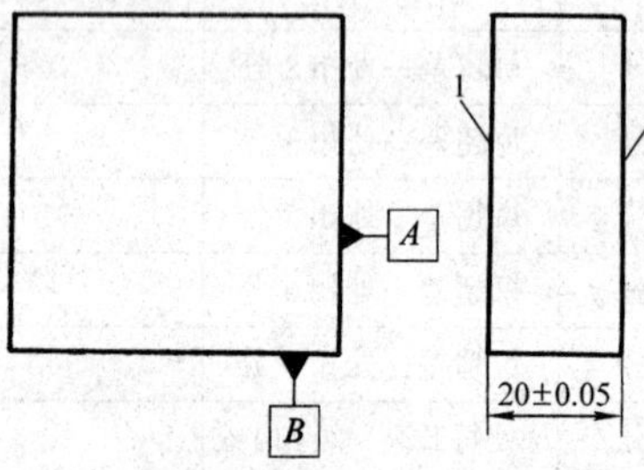

图 7-3　加工端面

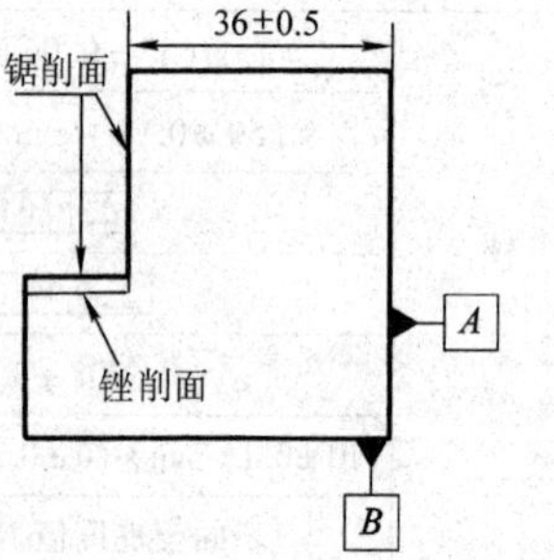

图 7-4　锯削左边直角

（4）以同样方法锯削右边直角，保证锯削尺寸（22±0.4）mm、平面度 0.40 mm 的要求（见图 7-5）。

（5）粗、精锉削加工面 3 和面 4，达到 $20_{-0.03}^{0}$ mm 的尺寸公差、平面度 0.03 mm 及与基准面 B 的平行度为 0.05 mm 的要求（见图 7-6）。

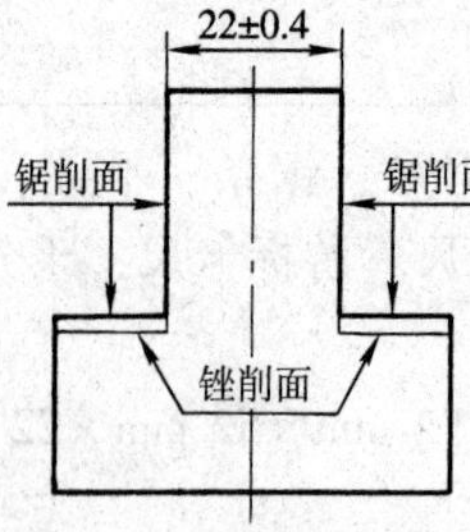

图 7-5　锯削右边直角

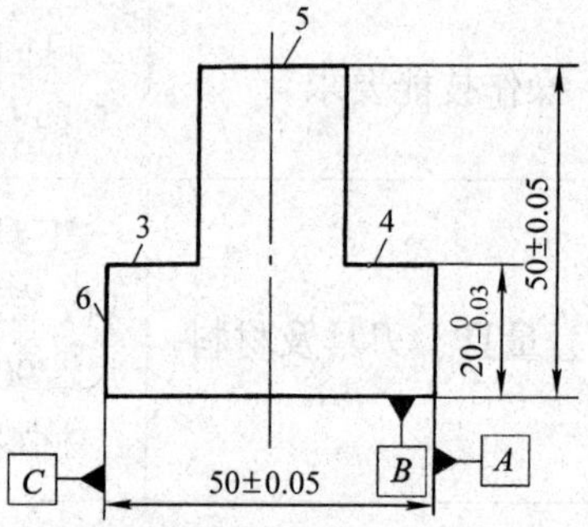

图 7-6　锉削示意图

（6）粗、精加工面 5，达到（50±0.05）mm 尺寸的要求。

（7）粗、精锉削加工面 6，在保证（50±0.05）mm 尺寸的前提下，如果锯削对称度有误差时，可适当修整面 6 和基准面 A，以保证两锯削面对称度 0.50 mm 的要求。

（8）内直角清角。

（9）去毛刺，复检。

备注：加工后的 T 形体用于课题八孔加工作业 2。

</td></tr>
<tr><td>注意事项</td><td>

（1）锯削后的平面不可锉削、修整；锯痕要求整齐。

（2）注意清内直角。

</td></tr>
</table>

<table>
<tr><td rowspan="17">成绩评定</td><td>工件号</td><td></td><td>座号</td><td></td><td>姓名</td><td></td><td>总得分</td><td></td></tr>
<tr><td>项目</td><td colspan="4">质量检测内容</td><td>配分</td><td>评分标准</td><td>实测结果</td><td>得分</td></tr>
<tr><td rowspan="6">锉削</td><td colspan="4">(50 ±0.05) mm</td><td>10 分</td><td>每超差一处扣 5 分</td><td></td><td></td></tr>
<tr><td colspan="4">$20_{-0.03}^{\ 0}$ mm</td><td>12 分</td><td>每超差一处扣 6 分</td><td></td><td></td></tr>
<tr><td colspan="4">(20 ±0.05) mm</td><td>10 分</td><td>超差不得分</td><td></td><td></td></tr>
<tr><td colspan="4">▱ 0.03</td><td>12 分</td><td>每超差一处扣 1.5 分</td><td></td><td></td></tr>
<tr><td colspan="4">// 0.05 B</td><td>6 分</td><td>每超差一处扣 3 分</td><td></td><td></td></tr>
<tr><td colspan="4">表面粗糙度值 Ra3.2 μm</td><td>12 分</td><td>每处每升高一级
扣 1.5 分</td><td></td><td></td></tr>
<tr><td rowspan="4">锯削</td><td colspan="4">(22 ±0.4) mm</td><td>8 分</td><td>超差不得分</td><td></td><td></td></tr>
<tr><td colspan="4">▱ 0.40</td><td>10 分</td><td>每超差一处扣 5 分</td><td></td><td></td></tr>
<tr><td colspan="4">⌯ 0.50 C</td><td>5 分</td><td>超差不得分</td><td></td><td></td></tr>
<tr><td colspan="4">表面粗糙度值 Ra25 μm</td><td>5 分</td><td>每处每升高一级
扣 2.5 分</td><td></td><td></td></tr>
<tr><td colspan="5">安全文明生产</td><td>10 分</td><td>违者不得分</td><td></td><td></td></tr>
<tr><td>现场
记录</td><td colspan="7"></td></tr>
</table>

三、制作角度样板

<table>
<tr><td colspan="2">技能训练名称</td><td>制作角度样板</td></tr>
<tr><td colspan="2">操作技能要求</td><td>巩固推锉及平面划线的技能；进一步掌握角度面的锉削方法。</td></tr>
<tr><td colspan="2">工具、量具、刃具及材料</td><td>工具、量具、刃具：划针、样冲、锯弓、锯条、平锉、三角锉、软钳口、高度游标卡尺、游标卡尺、万能角度尺、刀口形直尺、90°角尺、$\phi 2$ mm 钻头。
材料：45 钢，规格为 70 mm × 85 mm × 3 mm。</td></tr>
<tr><td>技能训练图</td><td colspan="2">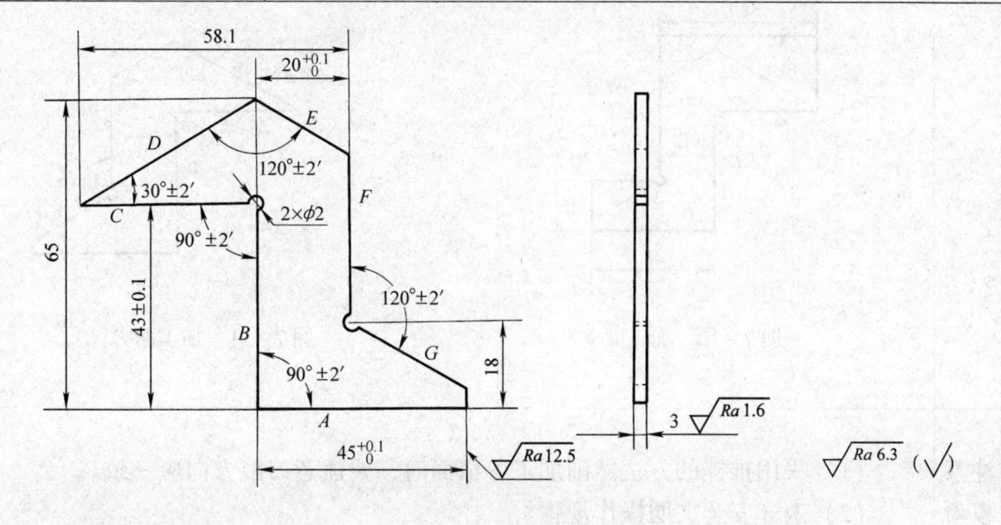

图 7－7　角度样板</td></tr>
</table>

名称	操作要点及图解
步骤	（1）检查来料尺寸，各边缘修整去毛刺。 （2）采用推锉法，加工外形面 A 与面 A'。以面 A、面 A' 为划线基准，按图样要求划出所有加工线，并打上样冲眼；钻 $2\times\phi2$ mm 工艺孔（见图 7-8）。 （3）加工面 B 和面 C（见图 7-9）。锯削去除余料，并留 0.8～1.2 mm 加工余量。锉削加工面 B 和面 C，达到 $45^{+0.1}_{0}$ mm、（43 ± 0.1）mm 尺寸及 $B\perp C$ 和 $B\perp A$（$90°\pm2'$、2 处）的要求。 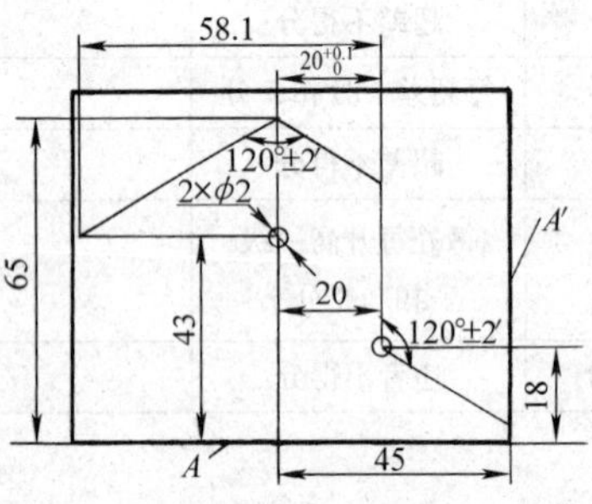 图 7-8　推锉面 A 和面 A' 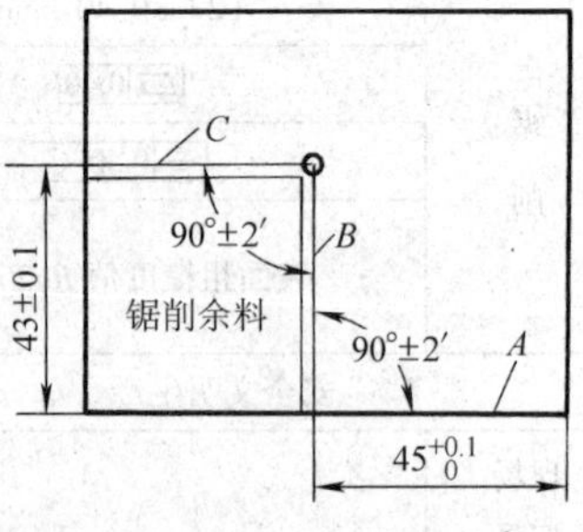 图 7-9　加工面 B、面 C （4）加工面 F（见图 7-10）。以面 B 为基准，根据划线进行锯削、锉削加工面 F，达到 $20^{+0.1}_{0}$ mm 尺寸的要求。 （5）加工面 E、D、G（见图 7-11）。根据划线进行锯削、锉削加工，达到 $120°\pm2'$（2 处）和 $30°\pm2'$ 角度的要求。 （6）复检，倒棱，去毛刺。 备注：加工后的角度样板用于课题十三研磨作业 2。 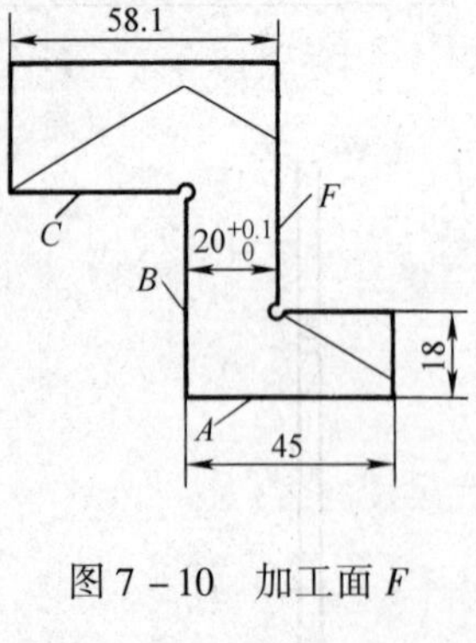 图 7-10　加工面 F 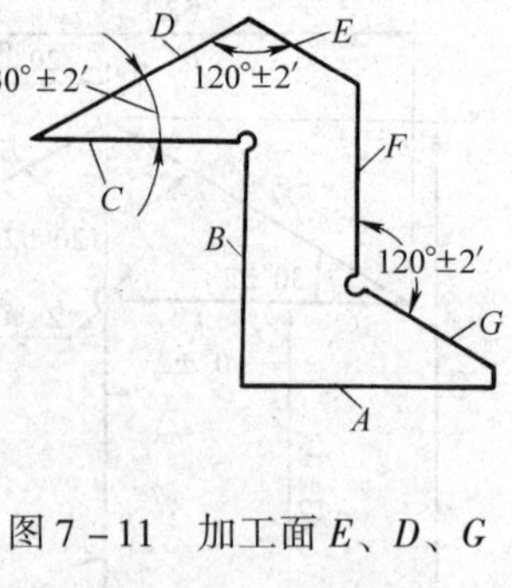 图 7-11　加工面 E、D、G
注意事项	（1）采用推锉的方法锉削加工各窄面时，要注意刀痕方向应一致。 （2）遵守安全文明操作规程。

<table>
<tr><td rowspan="11">成绩评定</td><td>工件号</td><td></td><td>座号</td><td></td><td>姓名</td><td></td><td>总得分</td><td></td></tr>
<tr><td>项目</td><td colspan="3">质量检测内容</td><td>配分</td><td>评分标准</td><td>实测结果</td><td>得分</td></tr>
<tr><td rowspan="7">锉削</td><td colspan="3">90° ±2′（2 处）</td><td>20 分</td><td>每超差一处扣 10 分</td><td></td><td></td></tr>
<tr><td colspan="3">120° ±2′（2 处）</td><td>20 分</td><td>每超差一处扣 10 分</td><td></td><td></td></tr>
<tr><td colspan="3">30° ±2′</td><td>10 分</td><td>超差不得分</td><td></td><td></td></tr>
<tr><td colspan="3">$20^{+0.1}_{0}$ mm</td><td>8 分</td><td>超差不得分</td><td></td><td></td></tr>
<tr><td colspan="3">43 ±0.1 mm</td><td>8 分</td><td>超差不得分</td><td></td><td></td></tr>
<tr><td colspan="3">$45^{+0.1}_{0}$ mm</td><td>10 分</td><td>超差不得分</td><td></td><td></td></tr>
<tr><td colspan="3">表面粗糙度值 *Ra*6.3 μm</td><td>14 分</td><td>每处每升高一级扣 2 分</td><td></td><td></td></tr>
<tr><td colspan="4">安全文明生产</td><td>10 分</td><td>违者不得分</td><td></td><td></td></tr>
<tr><td>现场记录</td><td colspan="7"></td></tr>
</table>

四、制作斜角垫块

<table>
<tr><td>技能训练名称</td><td>制作斜角垫块</td></tr>
<tr><td>操作技能要求</td><td>巩固正确的錾削、锯削和锉削基本技能；学会编制加工步骤；分析加工过程存在的问题并给予解决。</td></tr>
<tr><td>工具、量具、刃具及材料</td><td>工具、量具、刃具：锤子、扁錾、锯弓、锯条、平锉、软钳口、游标高度卡尺、游标卡尺、刀口形直尺、90°角尺。
材料：由课题六锉削作业 1 转来。</td></tr>
<tr><td>技能训练图</td><td>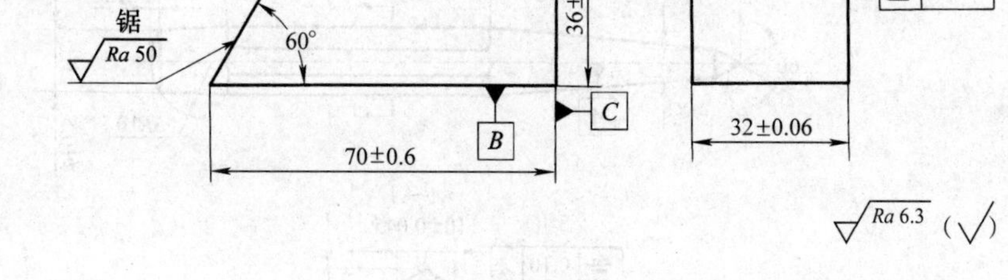
技术要求
1. 面 *A*、*B*、*C* 均为基准面，不允许再加工。
2. 锯削面一次成型，不允许反向接锯和修整。
3. 錾削面可最后成型。
图 7－12　斜角垫块</td></tr>
</table>

成绩评定	工件号		座号		姓名		总得分	
	项目	质量检测内容			配分	评分标准	实测结果	得分
	锉削	（32 ±0.06）mm			15 分	超差不得分		
		▱ 0.05			12 分	超差不得分		
		表面粗糙度值 *Ra*6.3 μm			8 分	升高一级不得分		
	锯削	（70 ±0.60）mm			6 分	超差不得分		
		▱ 0.40			5 分	超差不得分		
		⊥ 0.50 *A*			5 分	超差不得分		
		∠ 0.50 *B*			5 分	超差不得分		
		表面粗糙度值 *Ra*50 μm			4 分	升高一级不得分		
	錾削	（36 ±0.40）mm			5 分	超差不得分		
		▱ 0.20			5 分	超差不得分		
		⊥ 0.30 *A*			5 分	超差不得分		
		表面粗糙度值 *Ra*25 μm			5 分	升高一级不得分		
	安全文明生产				10 分	违者不得分		
	自编加工步骤卡片				10 分	实习教师审核评分		
	现场记录							

五、制作划线工具——样冲、划针

技能训练名称	制作样冲、划针
操作技能要求	提高读图和制作简单手工工具的能力。
工具、量具、刃具及材料	工具、量具、刃具：扁锉、半圆锉、钢直尺、游标卡尺、万能角度尺、半径规、千分尺等。 材料：件 1：T10，规格为 ϕ12 mm × 102 mm；件 2：T8，规格为 ϕ4 mm × 215 mm。

技能训练图

件 1

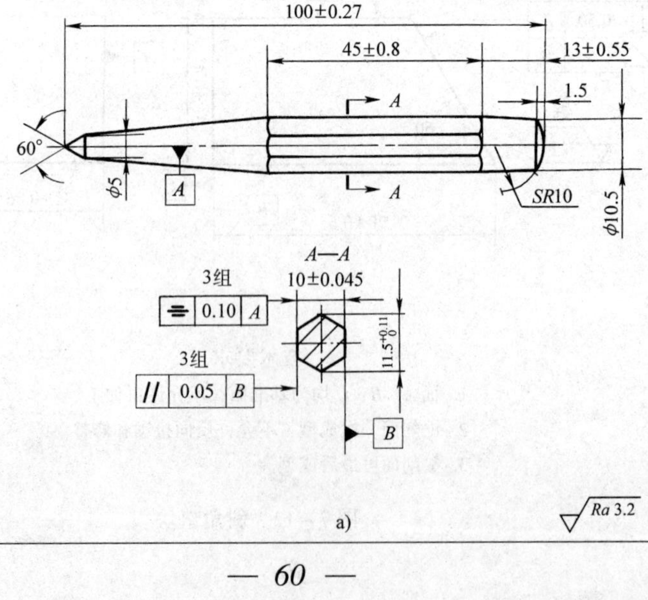

a)

技能训练图

件 2

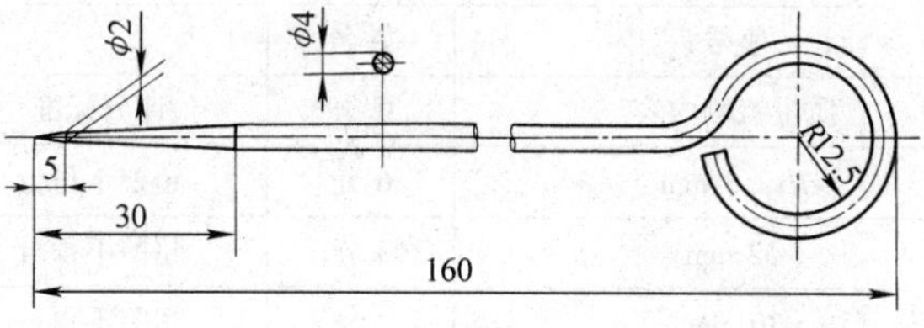

b)

技术要求

1. 样冲尖部淬火，硬度为 55～60HRC。
2. 划针尖部淬火，硬度为 55～60HRC。

图 7－13　制作划线工具

a）样冲　b）划针

名称	操作要点
步骤	（1）检查来料尺寸。 （2）加工件 1 1）将 ϕ12 mm×102 mm 的 T10 材料加工成图样要求的六边形（见图 7－13a）。 2）加工 *SR*10 mm 球面体部分。 3）加工 60°锥角及圆台部分。 （3）加工件 2 1）尾部用 ϕ25 mm 圆管套弯成型。 2）在砂轮机上刃磨头部尖角及圆台部分。 （4）根据技术要求，将件 1、件 2 的尖部进行淬火。
注意事项	（1）加工时注意各部位的尺寸要求。 （2）各表面粗糙度值达到 *Ra*3.2 μm。 （3）加工时注意保证尖部不受损。

成绩评定

工件号		座号	姓名		总得分	
项目	质量检测内容		配分	评分标准	实测结果	得分
样冲	（10±0.045）mm（3 组）		18 分	每超差一处扣 6 分		
	⌯ 0.10 *A*（3 处）		9 分	每超差一处扣 3 分		
	// 0.05 *B*（3 处）		9 分	每超差一处扣 3 分		
	（100±0.27）mm		4 分	超差不得分		
	60°		4 分	超差 1°不得分		
	（45±0.8）mm		4 分	超差不得分		
	（13±0.55）mm		4 分	超差不得分		
	ϕ5 mm		3 分	超差不得分		
	ϕ10.5 mm		3 分	超差不得分		
	*SR*10 mm 球面光滑		4 分	超差不得分		
	表面粗糙度值 *Ra*3.2 μm		10 分	每处每升高一级扣1分		

续表

成绩评定	工件号		座号	姓名		总得分	
	项目	质量检测内容		配分	评分标准	实测结果	得分
	划针	$R12.5$ mm		6 分	超差不得分		
		$\phi 2$ mm		3 分	超差不得分		
		30 mm		3 分	超差不得分		
		5 mm		3 分	超差不得分		
		表面粗糙度值 $Ra3.2$ μm		3 分	每处每升高一级扣 1.5 分		
	安全文明生产			10 分	违者不得分		
	现场记录						

课题八

孔　加　工

一、教学要求

1. 能对标准麻花钻按要求进行刃磨。
2. 掌握划线钻孔的方法，并能对一般的孔进行钻削加工。
3. 掌握扩孔、锪孔和铰孔的方法。
4. 能够正确分析孔加工出现的问题及产生的原因和解决方法。

二、孔加工的基本操作

名称	操作要点及图解
钻头刃磨	麻花钻的刃磨步骤： 1）刃磨两主后面　右手握住钻头头部，左手握住柄部（见图 8－1a），将钻头主切削刃放平，使钻头轴线在水平面内与砂轮轴线的夹角等于顶角（2φ 为 118°±2°）的一半。将后面轻靠上砂轮圆周（见图 8－1b），同时控制钻头绕轴心线作缓慢转动，两动作同时进行，且两后面轮换刃磨，按此反复，磨出两主切削刃和两主后面。 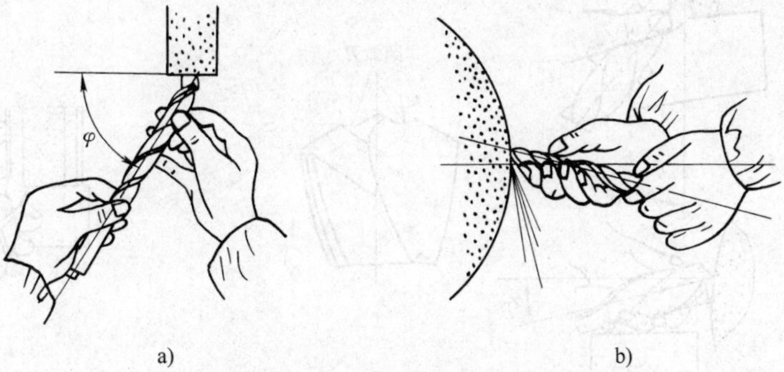 a)　　b) 图 8－1　钻头刃磨时与砂轮的相对位置 a）在水平面内的夹角　b）略高于砂轮中心 2）刃磨检验　如图 8－2 所示，用样板检验钻头的几何角度及两主切削刃的对称性。通过观察横刃斜角是否约为 55°来判断钻头后角。横刃斜角大，则后角小；横刃斜角小，则后角大。 3）修磨横刃　如图 8－3 所示，直径在 5 mm 以上的钻头，必须修短横刃。选择边缘清角的砂轮修磨，增大靠近横刃处的前角，将钻头向上倾斜约 55°，主切削

名称	操作要点及图解
钻头刃磨	刃与砂轮侧面平行。右手持钻头头部，左手握钻头柄部，并随钻头修磨作逆时针方向旋转 15°左右，以形成内刃，修磨后的横刃为原长的 1/5 ~ 1/3。 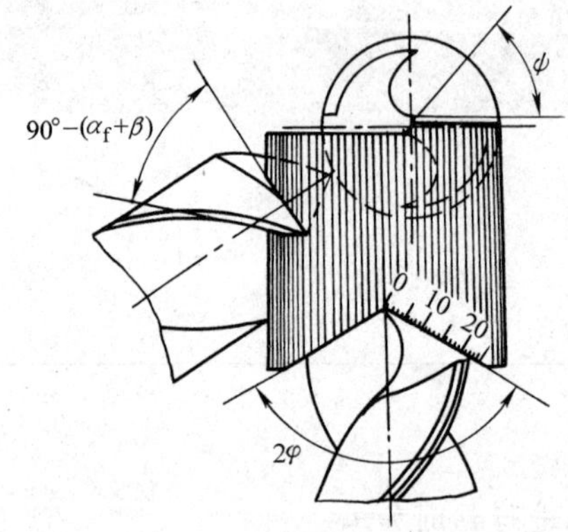 图 8 – 2　用样板检验钻头刃磨角度 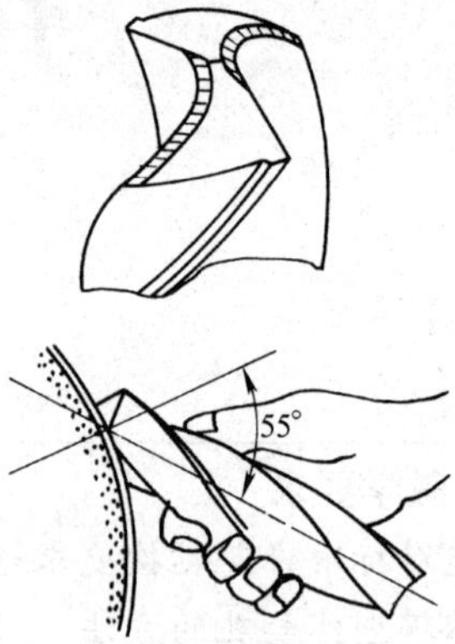 图 8 – 3　横刃修磨方法 4）修磨圆弧刃　如图 8 – 4 所示，将钻头主切削刃水平放置，钻头轴线与砂轮侧面夹角约为内刃顶角的一半（67. 5°），钻尾向下与水平面的夹角约等于圆弧刃后角 15°。将钻头缓慢而平稳地推向前磨削，并作微量摆动。 5）修磨分屑槽　一般直径大于 15 mm 的钻头，应在主后面上磨出几条错开的分屑槽（见图 8 – 5）。选用小型片状砂轮，用右手食指在砂轮机罩壳侧面定位，使钻头的外直刃与砂轮侧面相垂直，分屑槽开在外直刃间。 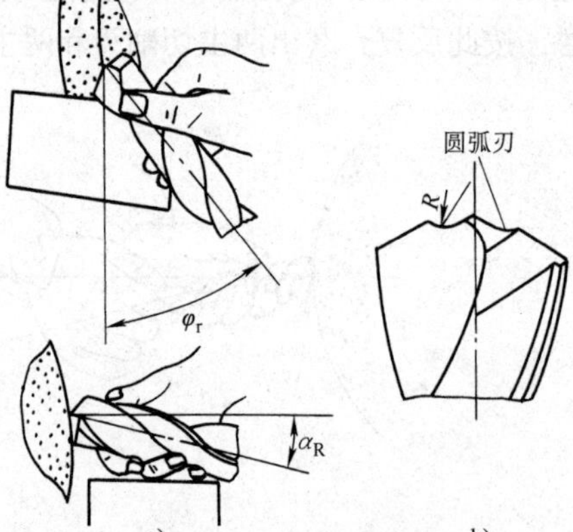 图 8 – 4　修磨圆弧刃 a）修磨方法　b）修磨后的圆弧刃 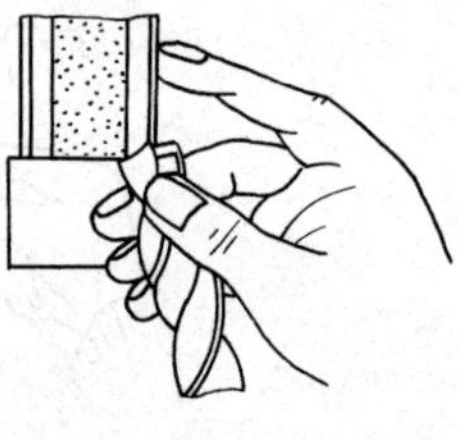 图 8 – 5　修磨分屑槽
钻孔前准备	（1）钻孔时的工件划线　按钻孔位置尺寸要求，划出孔的中心线，并打上中心样冲眼，再按孔的大小划出孔的圆周线。 钻削直径较大的孔，应划出几个大小不等的检查圆（见图 8 – 6a），以便钻孔时检查并校正钻孔位置。

<table>
<tr><th>名称</th><th>操作要点及图解</th></tr>
<tr><td>钻孔前准备</td><td>
当钻孔的位置精度要求较高时，可直接划出以孔中心线为对称中心的几个大小不等的方格（见图 8－6b），作为钻孔时的检查线。然后将中心样冲眼冲大，以便准确落钻定心（见图 8－7）。
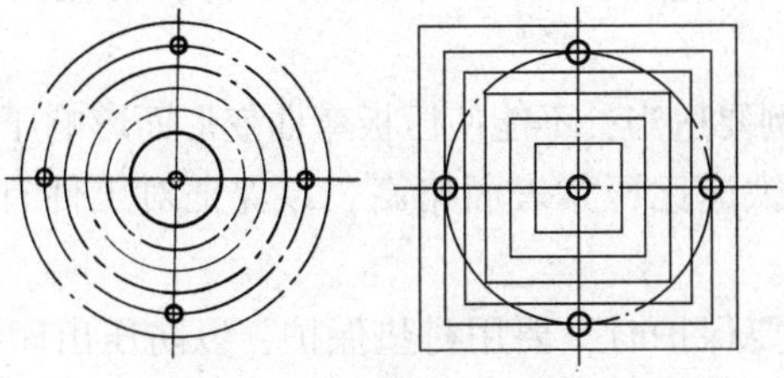
a）　b）
图 8－6　孔位检查形式
a）检查圆　b）检查方格
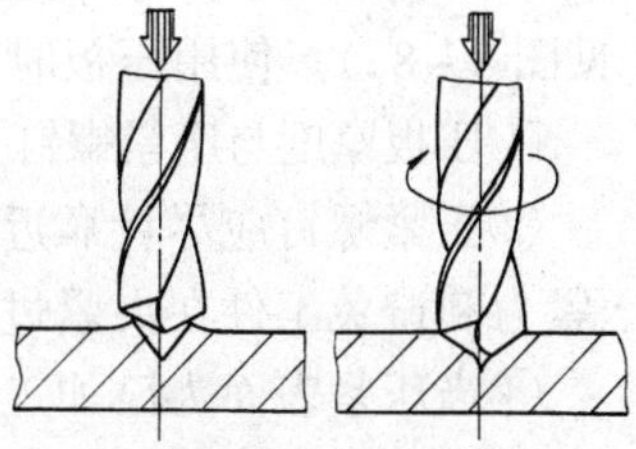
a）　b）
图 8－7　样冲眼准确落钻定心
a）样冲眼领钻　b）钻孔中心准确
（2）工件的装夹
1）平整的工件用平口钳装夹　装夹时，应使工件表面与钻头垂直。钻直径大于 8 mm 的孔时，平口钳须用螺栓、压板固定。钻通孔时工件底部应垫上垫铁，空出落钻部位，以免钻伤钳身（见图 8－8a）。
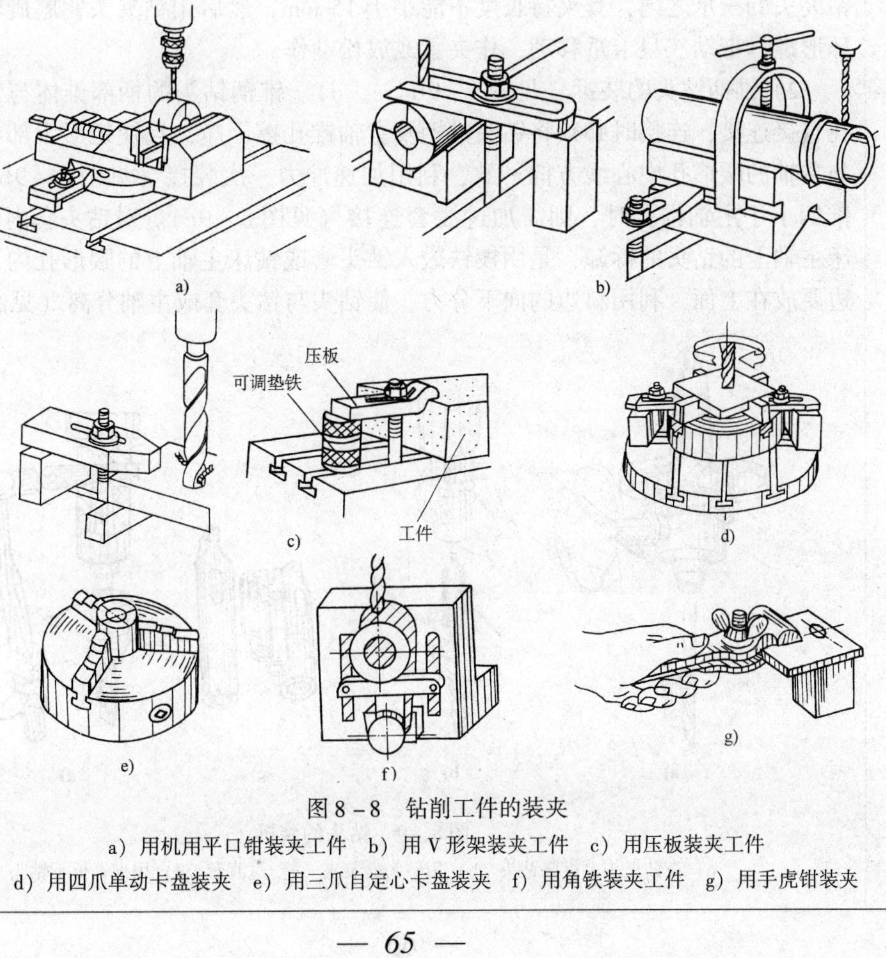

a）　b）　c）　d）　e）　f）　g）
图 8－8　钻削工件的装夹
a）用机用平口钳装夹工件　b）用 V 形架装夹工件　c）用压板装夹工件
d）用四爪单动卡盘装夹　e）用三爪自定心卡盘装夹　f）用角铁装夹工件　g）用手虎钳装夹
</td></tr>
</table>

名称	操作要点及图解
钻孔前准备	2）圆柱形的工件用V形架装夹　钻孔时应使钻头轴心线位于V形架的对称中心，按工件划线位置进行钻孔（见图8－8b）。 3）压板装夹　对钻孔直径较大或不便用平口钳装夹的工件，可用压板夹持（见图8－8c）。使用压板时应注意： ①压板厚度与压紧螺钉直径的比例要适当，不能使压板弯曲变形而影响压紧力。 ②压紧螺钉应尽量靠近工件，垫铁应比压紧表面略高，以保证对工件有较大的压紧力和避免工件在夹紧过程中移位。 ③当压紧表面为已加工表面且需要保护时，要用衬垫保护，以防压出印痕。 4）卡盘装夹　方形工件钻孔，用四爪单动卡盘装夹（见图8－8d）；圆形工件端面钻孔，用三爪自定心卡盘装夹（见图8－8e）。 5）角铁装夹　底面不平或加工基准在侧面的工件用角铁装夹（见图8－8f）。由于钻孔时的轴向力作用在角铁安装平面之外，因此角铁必须用压板固定在钻床工作台上。 6）手虎钳装夹　在小型工件或薄板件上钻小孔时，用手虎钳装夹（见图8－8g）。 （3）钻头的装拆 1）直柄钻头的装拆（见图8－9a）。直柄钻头用钻夹头夹持。先将钻头柄塞入钻夹头的三爪之内，其夹持长度不能小于15 mm，然后用钻夹头钥匙旋转外套，使环形螺母带动三只卡爪移动，作夹紧或放松动作。 2）锥柄钻头的装拆（见图8－9b、c、d）。锥柄钻头的柄部锥体与钻床主轴锥孔直接连接，连接时必须将钻头锥柄及主轴锥孔擦干净，且使矩形舌部的长度方向与主轴的腰形孔中心线方向一致，利用加速冲力一次装接（见图8－9b）。当钻头锥柄小于主轴锥孔时，则需加过渡套连接（见图8－9c）。对钻头套内的钻头和钻床主轴上的钻头的拆卸，是用楔铁敲入钻头套或钻床主轴上的腰形孔内，楔铁的直边要放在上面，利用斜边的向下分力，使钻头与钻头套或主轴分离（见图8－9d）。 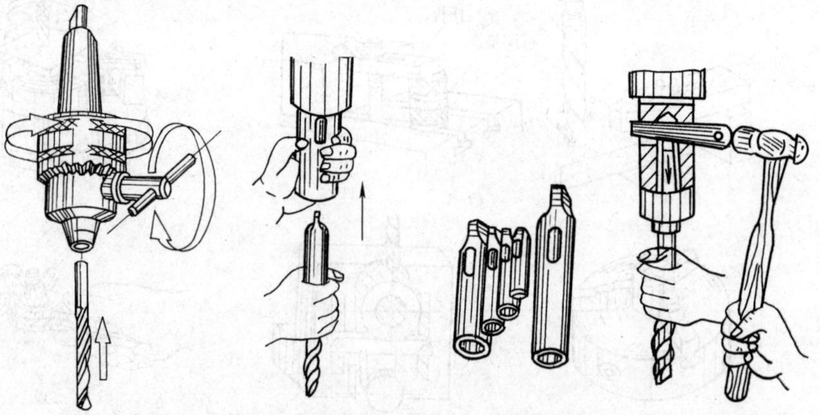 a)　b)　c)　d) 图8－9　钻头的装拆 a）在钻夹头上拆装钻头　b）用钻头套装夹　c）过渡套　d）用楔铁拆下钻头

名称	操作要点及图解
钻孔	（1）试钻　钻孔时，先使钻头对准划线中心，钻出浅坑，观察是否与划线圆同心，准确无误后，继续完成钻削。如钻出的浅坑与划线圆发生偏位，偏位较少的可在试钻同时用力将工件向偏位的反方向推移，逐步借正；如偏位较多，可在借正方向上打上几个样冲眼（见图 8－10a），或用油槽錾錾出几条小槽（见图 8－10b），以减少此处的钻削阻力，达到借正目的。但无论何种方法，都必须在外圆小于钻头直径之前完成。如钻削孔距要求较高的孔时，两孔要边试钻、边测量、边借正，不可先钻好一个孔再来借正第二孔的位置。 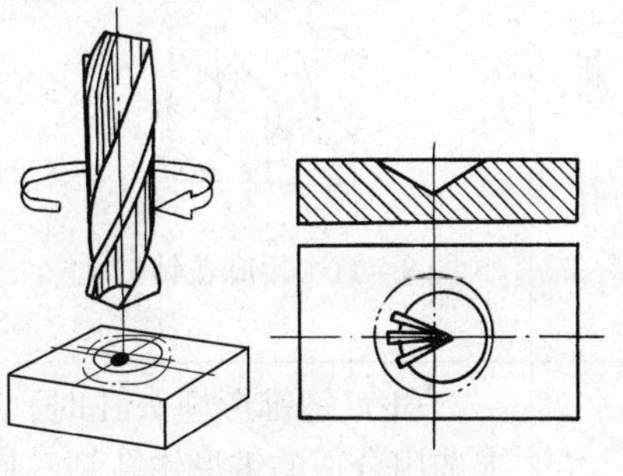 a)　　b) 图 8－10　用样冲眼、錾槽来借正钻偏的孔 a）打样冲眼　b）錾槽 （2）钻孔操作 1）钻削通孔时，当孔快要钻穿时，应减小进给力，以免发生"啃刀"，影响加工质量和折断钻头。 2）钻不通孔时，应按钻孔深度调整好钻床上的挡块、深度标尺或采用其他控制措施，以免钻削过深或过浅，并注意退屑。 3）一般钻削深孔时，钻削深度达到钻头直径 3 倍时，钻头应退出排屑，并注意冷却、润滑。 4）钻 ϕ30 mm 以上的大孔，一般分成两次进行：第一次用 50%～70% 孔径钻头，第二次用所需直径的钻头钻削。 5）钻 ϕ1 mm 以下的小孔时，转速可选在 2 000～3 000 r/min 以上，进给力小且平稳，不宜过大过快，防止钻头弯曲和滑移。应经常退出钻头排屑，并加注切削液。 6）在斜面上钻孔时，可采用中心钻先钻底孔，或用铣刀在钻孔处铣削出小平面，或用钻套导向等方法进行。
扩孔	（1）用麻花钻扩孔（见图 8－11）　扩孔前的钻削直径为孔径的 50%～70%。扩孔时切削速度约为钻孔的一半，进给量约为钻孔的 1.5～2 倍。 （2）用扩孔钻扩孔 1）钻孔后，在不改变工件和机床主轴相互位置的情况下，立即换上扩孔钻进行扩孔，这样可使扩孔钻与钻孔的中心重合，使切削均匀平稳，保证加工质量。 2）扩孔前先用镗刀镗出一段直径与扩孔钻相同的导向孔（见图 8－12），这样可使扩孔钻在一开始就有较好的导向，扩出的孔不会偏斜。这种方法多用于在铸件、锻件上进行扩孔。 3）采用钻套引导进行扩孔。

名称	操作要点及图解
扩孔	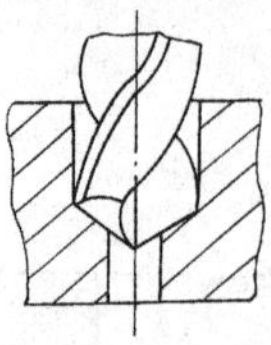 图 8－11　用麻花钻扩孔 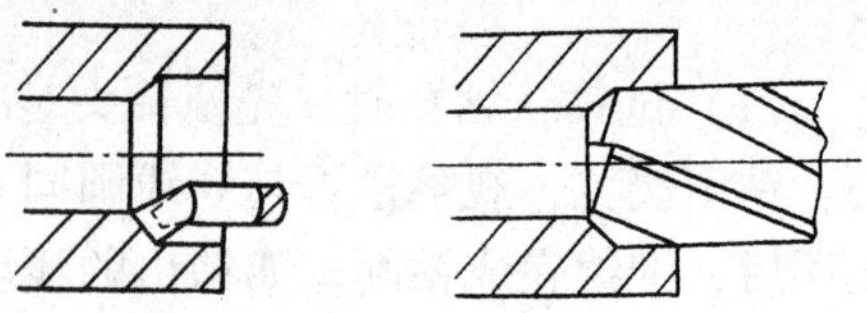 a)　b) 图 8－12　扩孔 a）镗孔　b）用扩孔钻扩孔
锪孔	（1）锪锥形埋头孔时，应按图样中对锥角的要求选用合适的锥形锪孔钻。锪深一般控制在埋头螺钉装入后低于工件表面约 0.5 mm，加工表面应无振痕。 （2）锪柱形埋头孔时，底面要平整并与底孔轴线垂直，加工表面无振痕。如果用麻花钻改制的不带导柱的锪钻锪柱形埋头孔时，必须用标准麻花钻扩出一个台阶孔作导向，然后用平底钻锪至深度尺寸（见图 8－13）。 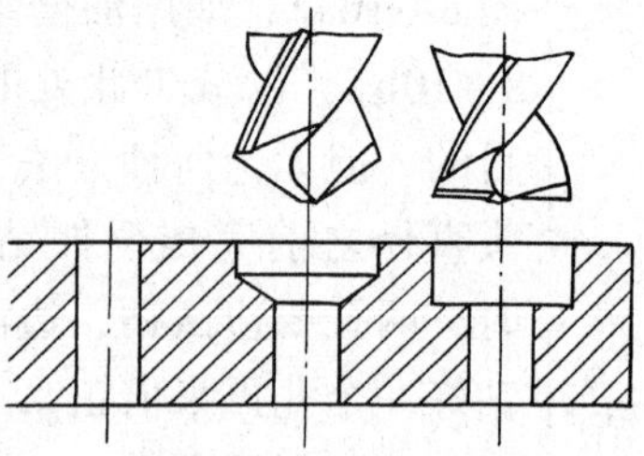 图 8－13　先扩孔后锪平 （3）锪孔时的切削速度一般是钻孔速度的1/2～1/3。精锪时甚至可以利用钻床停止时主轴的运动惯性来锪孔。
铰孔	铰孔操作方法： （1）在手铰起铰时，可用右手通过铰孔轴线施加进刀压力，左手转动铰刀。正常铰削时，两手用力要均匀、平稳地按顺时针方向旋转，同时适当向下加压，不得有侧向压力，使铰刀均匀地进给，以保证铰刀正确引进和获得较好的表面质量，并避免孔口成喇叭状或将孔径扩大。 （2）铰刀铰孔或退出铰刀时，铰刀均不能反转，以防止刃口磨钝以及切屑嵌入刀具后面与孔壁间，将已铰好的孔壁划伤。 （3）机铰时，应使工件一次装夹进行钻、铰工作，以保证铰刀中心线与钻孔中心线一致。铰完后，先退出铰刀再停止钻床，以防孔壁拉出痕迹。 （4）铰尺寸较小的圆锥孔，可先按小端直径并留取圆柱孔精铰余量钻出圆柱孔，然后用锥铰刀铰削即可。对尺寸和深度较大的锥孔，为减少铰削余量，铰孔前可先钻出阶梯孔（见图 8－14），然后再用铰刀铰削。铰削过程中要经常用相配的锥销来检查铰孔尺寸（见图 8－15）。 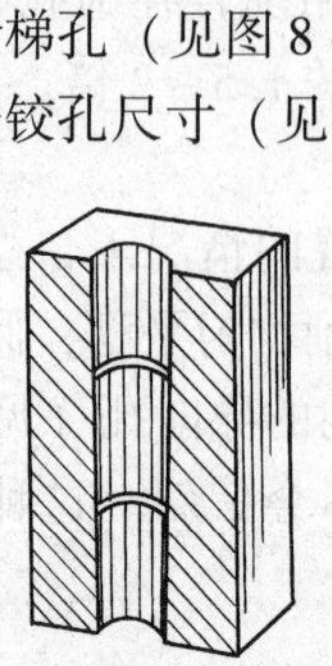 图 8－14　钻出阶梯孔 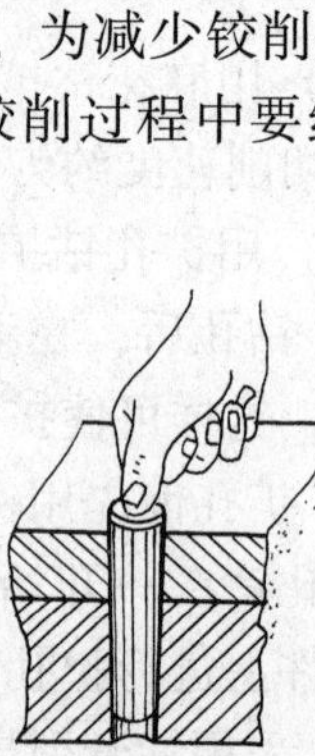 图 8－15　用锥销检查铰孔尺寸

<table>
<tr><th>名称</th><th>操作要点及图解</th></tr>
<tr><td>安全文明生产</td><td>
（1）操作钻床时不可戴手套，袖口必须扎紧；头发较长的操作者必须戴工作帽，并将头发束起整理到工作帽内。
（2）工件必须夹紧，特别是在小工件上钻较大直径孔时装夹必须牢固。孔将钻穿时，要尽量减小进给力。
（3）开动钻床前，应检查是否有钻夹头钥匙或楔铁插在钻床主轴上。
（4）钻孔时不可用手和棉纱头或用嘴吹清除切屑，必须用毛刷清除。钻出长条切屑时，要用钩子钩断后除去。
（5）操作者的头部不准与旋转着的主轴靠得太近，停止钻床时应让主轴自然停止，不可用手刹住，也不能用反转制动。
（6）严禁在钻床运转状态下装拆工件。检验工件和变换主轴转速，必须在钻床停止状态下进行。
（7）钻通孔时，工件下面必须垫上垫铁或使麻花钻对准工作台的槽，以免钻坏工作台。
</td></tr>
<tr><td>维护与保养</td><td>
（1）工具、量具、刃具不得混放，以防止降低量具的精度和造成刃具的切削刃损坏。
（2）工作前，对所用的钻床和工具、夹具、量具进行全面检查。
（3）使用后，钻床应及时擦洗上油，并定期保养。
当立式钻床使用一段时间后，应进行一级保养。一级保养的内容及要求见表8－1。
表8－1　　立式钻床一级保养
<table>
<tr><th>保养部位</th><th>保养内容及要求</th></tr>
<tr><td>机床外表</td><td>（1）清洗机床外表面及死角，拆洗各罩盖，要求罩盖内无锈蚀、无污渍，做到“漆见本色，铁见亮”
（2）清除导轨面及工作台面上的磕碰痕迹、毛刺
（3）检查并补齐螺钉、手柄和手球
（4）清洗工作台、丝杠、齿条和圆锥齿轮，要求无油垢</td></tr>
<tr><td>主轴和进给箱</td><td>（1）检查油质、油量是否符合要求
（2）清除主轴锥孔的毛刺
（3）检查、调整电动机的传动带，使松紧适当
（4）检查各手柄是否灵活，各工作位置是否可靠</td></tr>
<tr><td>润滑</td><td>要求油杯齐全、油路畅通、油窗明亮、油毡洁净</td></tr>
<tr><td>冷却</td><td>（1）清洗冷却泵、过滤器及冷却油槽
（2）检查切削液管路，保证无渗漏现象</td></tr>
<tr><td>电器</td><td>清洁电动机及电器箱（必要时配合电工进行）</td></tr>
</table>
</td></tr>
</table>

三、孔加工技能训练

作业 1

技能训练名称	钻孔练习
操作技能要求	掌握标准麻花钻的刃磨方法；能对一般的孔进行划线、钻孔。
工具、量具、刃具及材料	工具、量具、刃具：划针、划规、划线盘、样冲、小锤子、平锉、钻头（ϕ6 mm、ϕ8 mm）、钢直尺、游标卡尺。 材料：HT200，规格为 85 mm × 65 mm × 25 mm（2 件）。
技能训练图	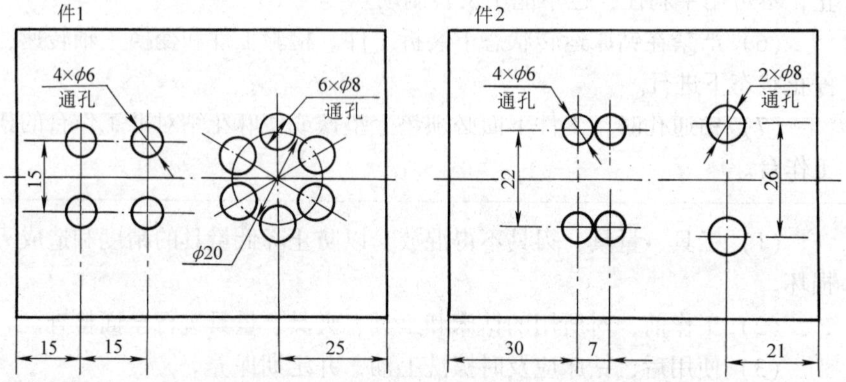 各孔表面粗糙度值不大于 *Ra*12. 5μm 图 8－16　钻孔
名称	**操作要点**
步骤	（1）钻头刃磨练习（用 ϕ15 mm 麻花钻或废钻头进行刃磨练习）。 （2）根据图样要求选用钻头进行刃磨钻头练习。主切削刃外缘边的后角磨成 8°～12°，顶角 2φ 磨成 118° ±2°，顶角被钻头轴线平分，两主切削刃长度一致。 （3）按图样要求划线，打样冲眼，划观察圆，然后钻孔，并达到图样要求。 （4）复检各尺寸。
注意事项	（1）接通开关待砂轮转动正常后，方可开始进行刃磨。 （2）钻头刃磨姿势正确，并达到要求的几何形状和角度。 （3）用钻夹头装夹钻头时要用钻夹头钥匙，不可用扁铁和锤子敲击，以免损坏钻夹头和影响钻床主轴精度，同时必须做好装夹面的清洁工作。 （4）钻孔时手进给力要适当，即将钻穿时应减小进给力，不可用力过猛，以免影响钻削质量。 （5）钻头用钝后及时修磨锋利。 （6）注意操作安全。

<table>
<tr><td rowspan="8">成绩评定</td><td>工件号</td><td></td><td>座号</td><td></td><td>姓名</td><td></td><td>总得分</td><td></td></tr>
<tr><td>项目</td><td colspan="3">质量检测内容</td><td>配分</td><td>评分标准</td><td>实测结果</td><td>得分</td></tr>
<tr><td rowspan="4">钻孔</td><td colspan="3">钻头刃磨姿势</td><td>18 分</td><td>不正确不得分</td><td></td><td></td></tr>
<tr><td colspan="3">表面粗糙度值 Ra12. 5 μm</td><td>16 分</td><td>每处升高一级扣 1 分</td><td></td><td></td></tr>
<tr><td colspan="3">ϕ6 mm 孔</td><td>24 分</td><td>每孔不正确扣 3 分</td><td></td><td></td></tr>
<tr><td colspan="3">ϕ8 mm 孔</td><td>32 分</td><td>每孔不正确扣 4 分</td><td></td><td></td></tr>
<tr><td colspan="4">安全文明生产</td><td>10 分</td><td>违者不得分</td><td></td><td></td></tr>
<tr><td>现场记录</td><td colspan="7"></td></tr>
</table>

作业 2

<table>
<tr><td colspan="2">技能训练名称</td><td colspan="2">钻削与孔加工练习</td></tr>
<tr><td>操作技能要求</td><td>提高钻削精度；掌握钻孔、扩孔、锪孔、铰孔多工序的加工方法。</td><td rowspan="2">技能训练图</td><td rowspan="2">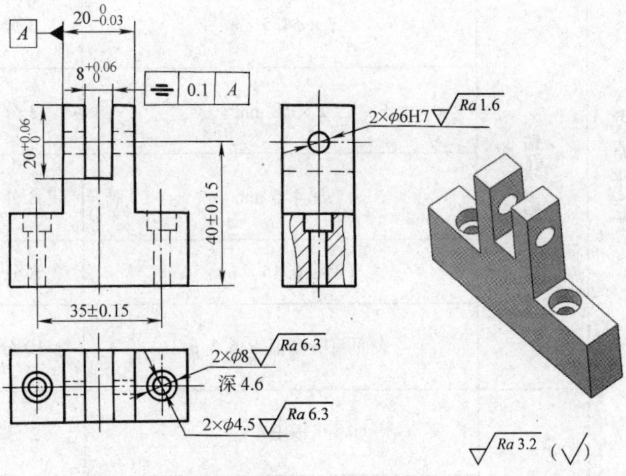

图 8－17　钻削与孔加工</td></tr>
<tr><td>工具、量具、刃具及材料</td><td>工具、量具、刃具：划规、样冲、尖錾、锤子、锯弓、锯条、平锉、三角锉、钻头、手用铰刀、铰杠、钢直尺、游标高度卡尺、游标卡尺。
材料：由课题七综合技能训练（一）的“制作 T 形体”转来。</td></tr>
<tr><td>名称</td><td colspan="3">操作要点</td></tr>
<tr><td>步骤</td><td colspan="3">（1）将课题七综合技能训练（一）T 形体材料中的两个锯削面锉削加工成 $20_{-0.03}^{0}$ mm 尺寸（见图 8－17）。
（2）按图样划槽线，加工达到图样要求。
（3）按图样划线、钻孔、铰孔、锪孔，并达到图样要求。
（4）去毛刺，全面精度检查，修整。</td></tr>
</table>

名称	操作要点
注意事项	（1）防止工件磕碰、拉毛。 （2）手铰削时用力要均衡，铰刀退出时必须正转不得反转。

成绩评定

工件号	座号	姓名		总得分	
项目	质量检测内容	配分	评分标准	实测结果	得分
锉削	$20_{-0.03}^{0}$ mm	10分	超差不得分		
	$8_{0}^{+0.06}$ mm	8分	超差不得分		
	$20_{0}^{+0.06}$ mm	8分	超差不得分		
	⌯ 0.1 *A*	10分	超差不得分		
	表面粗糙度值 *Ra*3.2 μm（5处）	10分	每处每升高一级扣2分		
钻孔、锪孔	2×ϕ4.5 mm	3分	每超差一处扣1.5分		
	2×ϕ8 mm	3分	每超差一处扣1.5分		
	深4.6 mm	8分	每超差一处扣4分		
	（35±0.15）mm	8分	超差不得分		
	表面粗糙度值 *Ra*6.3 μm	10分	每处每升高一级扣2.5分		
铰孔	ϕ6H7	2分	每超差一处扣1分		
	（40±0.15）mm	8分	超差不得分		
	表面粗糙度值 *Ra*1.6 μm	2分	每处每升高一级扣1分		
	安全文明生产	10分	违者不得分		
现场记录					

四、孔加工质量分析

钻孔时产生废品的原因是钻头刃磨不准确，钻头或工件装夹不妥当，切削用量选择不适当或操作不正确等。具体的原因见表8-2。

表 8－2　　孔加工质量分析

废品形式	产生原因
孔径大于规定尺寸	（1）钻头两主切削刃长度不等，角度不对称 （2）钻头摆动（钻头弯曲、钻床主轴摆动、钻头在钻夹头中未装好和钻头套表面不清洁等引起）
孔壁粗糙	（1）钻头不锋利 （2）进给量太大 （3）后角太大 （4）冷却润滑不充分
钻孔偏移	（1）划线或样冲眼中心不准 （2）工件装夹不稳固 （3）钻头横刃太长 （4）钻孔开始阶段未借正
钻孔歪斜	（1）钻头与工件表面不垂直（工件表面不平整或工件底面有切屑等污物造成） （2）进给量太大，使钻头弯曲 （3）横刃太长，定心不良

五、钻头损坏的原因

钻孔时钻头损坏的原因是钻头磨损、切削用量太大、排屑不畅、工件装夹不妥或操作不正确等。具体的原因见表 8－3。

表 8－3　　钻头损坏的形式及其原因

损坏形式	产生原因
钻头工作部分折断	（1）用不锋利的钻头钻孔 （2）进给量太大 （3）切屑在钻头螺旋槽中塞住 （4）孔刚钻穿时，进给量突然增大 （5）工件松动 （6）钻薄板或铜料时钻头未修磨 （7）工件孔已歪斜仍继续钻削
切削刃迅速磨损或崩裂	（1）切削速度太高，而切削液又不充分 （2）钻头刃磨未适应工件的材料 （3）进给量过大 （4）工件表面或内部局部硬度高，或有砂眼

六、思考与练习

1. 使用钻床的安全注意事项是什么？
2. 常用的扩孔方法有哪些？
3. 铰孔时铰刀为什么不能反转？
4. 铰孔时应注意哪些问题？

课题九

螺 纹 加 工

一、教学要求
1. 掌握攻螺纹底孔直径和套螺纹圆杆直径的确定方法。 2. 掌握攻、套螺纹的方法。 3. 熟悉丝锥折断和攻、套螺纹中常见问题的产生原因和防止方法。

二、螺纹加工的基本操作

名称	操作要点及图解
攻螺纹	（1）攻螺纹的方法 1）钻孔后，孔口须倒角，且倒角处的直径应略大于螺纹大径，这样可使丝锥开始切削时容易切入材料，并可防止孔口被挤压出凸边。 2）工件的装夹位置应尽量使螺孔中心线置于竖直或水平位置，使攻螺纹时易于判断丝锥是否垂直于工件平面。 3）起攻时，要把丝锥放正，然后用手压住丝锥并转动铰杠（见图9－1a）。当丝锥切入1~2圈后，应及时检查并校正丝锥的位置（见图9－1b）。检查应在丝锥的前后、左右方向上进行。 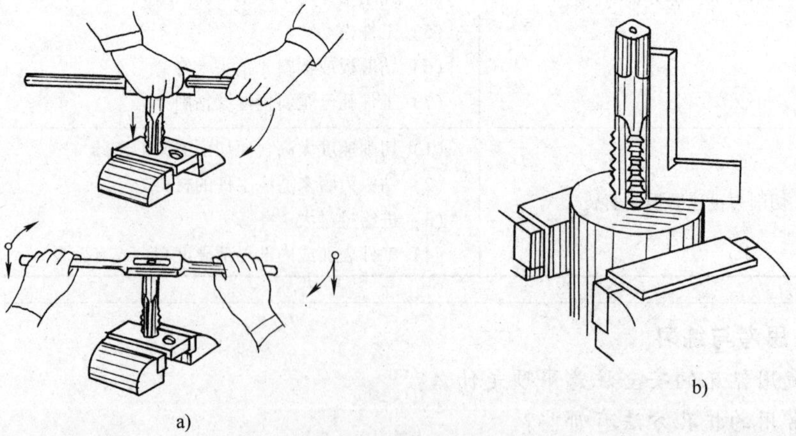 图9－1 攻螺纹方法 a）起攻 b）检查攻螺纹垂直度

<table>
<tr><th>名称</th><th>操作要点及图解</th></tr>
<tr><td>攻螺纹</td><td>
为了起攻时丝锥保持正确的位置，可在丝锥上旋上同样直径的螺母（见图 9－2a），或将丝锥插入导向套孔中（见图 9－2b），就容易使丝锥按正确的位置切入工件孔中。

4）当丝锥的切削部分全部进入工件孔时，只需均匀转动铰杠即可，应停止对丝锥施加压力，否则螺纹牙型将被破坏。攻螺纹时，每扳转铰杠 1/2～1 圈，要倒转 1/4～1/2 圈，使切屑断碎后容易排除，避免因切屑阻塞而使丝锥卡死。

5）攻不通孔时，要经常退出丝锥，清除孔内的切屑，以免丝锥折断或被轧住。当工件不便倒向时，可用磁性棒吸出切屑。

6）攻韧性材料的螺孔时，要加注切削液，以减小切削阻力，改善螺孔的表面质量，延长丝锥寿命。攻钢件时加机油；攻铸铁件时加煤油；螺纹质量要求较高时加工业植物油。

7）攻螺纹时，必须以头锥、二锥、三锥的顺序攻削至标准尺寸。在较硬的材料上攻螺纹时，可用各丝锥轮换交替进行，以减小切削刃部的负荷，防止丝锥折断。

8）丝锥退出时，先用铰杠平稳反向转动，当能用手旋动丝锥时，停止使用铰杠，防止铰杠带动丝锥退出，产生摇摆、振动并损坏螺纹表面。

（2）丝锥的修磨　当丝锥的切削部分磨损时，可以适量修磨其后面（见图 9－3a）。修磨时要注意保持各刃瓣的半锥角 φ 及切削部分长度的准确性和一致性。转动丝锥时，不要使另一刃瓣的刀齿碰到砂轮而磨坏。

当丝锥校准部分磨损时，可用棱角修圆的片状砂轮修磨前面（见图 9－3b），并控制好前角 γ_o 的大小。

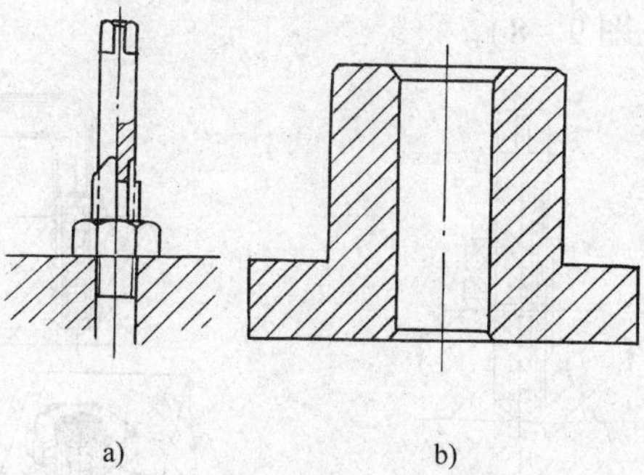

图 9－2　保证丝锥正确位置的工具
a）用螺母　b）用导向套

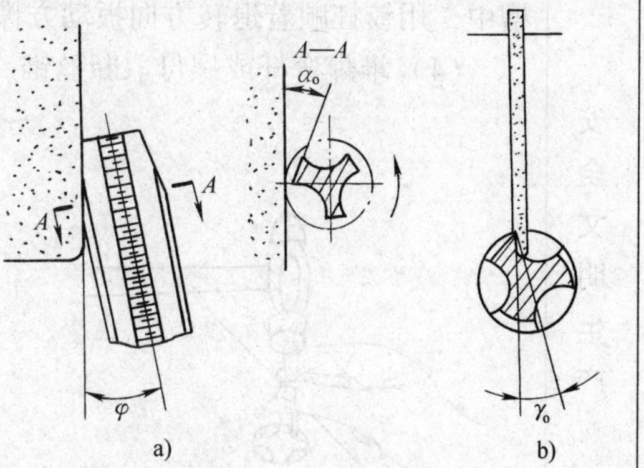

图 9－3　修磨丝锥
a）修磨丝锥后面　b）修磨丝锥前面
</td></tr>
<tr><td>套螺纹</td><td>
（1）为了使板牙容易切入材料，圆杆端部要倒成锥角（见图 9－4）。

（2）套螺纹时切削力矩较大，圆杆类工件要用 V 形钳口或厚铜板作衬垫，才能牢固地夹持（见图 9－5）。

（3）起套时，要使板牙的端面与圆杆垂直。在转动板牙时要施加轴向压力，转动要慢，压力要大。当板牙切入材料 2～3 圈时，要及时检查并校正板牙端面与圆杆是
</td></tr>
</table>

名称	操作要点及图解
套螺纹	否垂直，否则切出的螺纹牙型一面深一面浅，甚至出现乱牙。 （4）进入正常套螺纹状态时，不要再加压，让板牙自然引进，以免损坏螺纹和板牙，并要经常倒转断屑。 （5）在钢件上套螺纹要加切削液，以提高螺纹表面质量和延长板牙寿命。切削液一般选用较浓的乳化液。 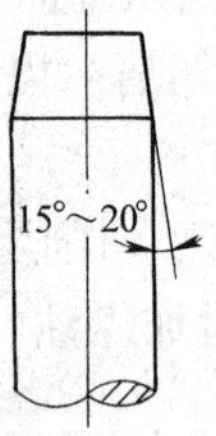 图 9－4　套螺纹时圆杆的倒锥角 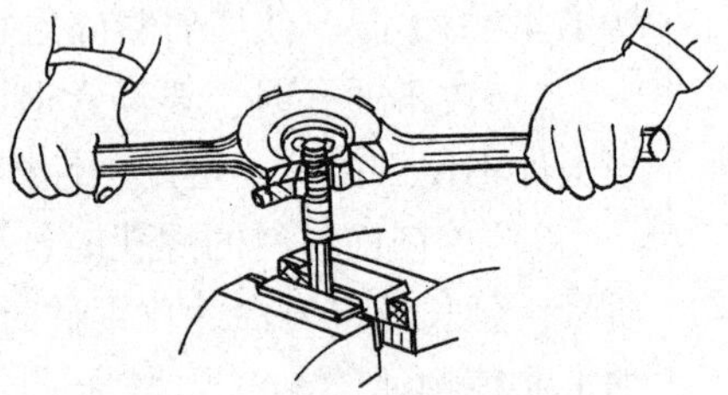 图 9－5　圆杆的夹持方法
安全文明生产	在攻螺纹时，常因操作不当造成丝锥断在孔内，不易取出，此时若盲目敲打强取将会损坏螺孔，甚至将工件报废。应该先清除螺孔内切屑及丝锥碎屑，加入适当的润滑油，根据折断情况采取不同的方法： （1）当丝锥折断部分露出孔外时，可直接用钳子拧出。 （2）用冲头或尖錾子抵在丝锥容屑槽内，轻轻地正反方向反复敲打，使之松动后用工具旋取（见图 9－6）。 （3）在带方榫的一段断丝锥上旋上两只螺母，用钢丝插入断丝锥和螺母间的空槽中，用铰杠顺着退转方向扳动方榫，旋出断丝锥（见图 9－7）。 （4）堆焊弯杆或螺母取断丝锥（见图 9－8）。 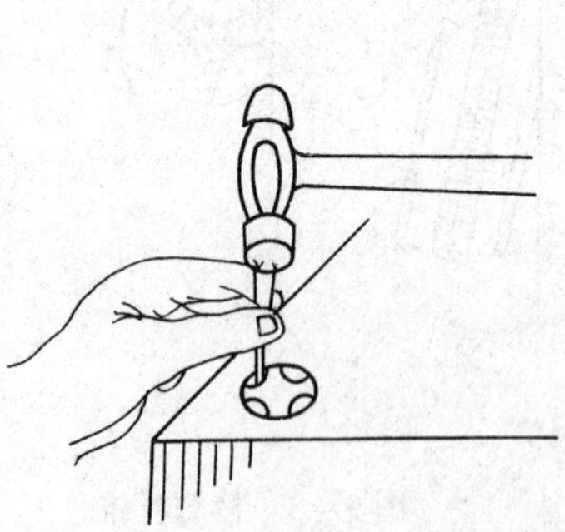 图 9－6　用冲头取出断丝锥 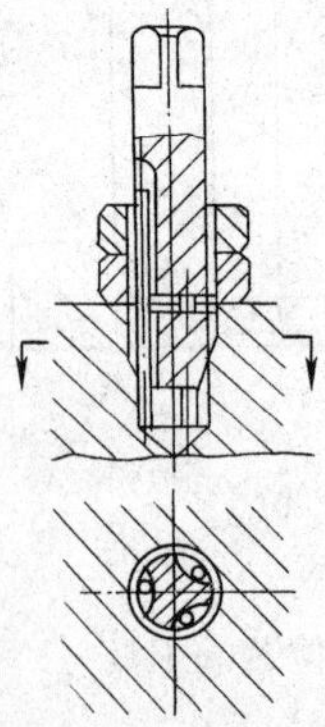 图 9－7　用双螺母插钢丝取出断丝锥 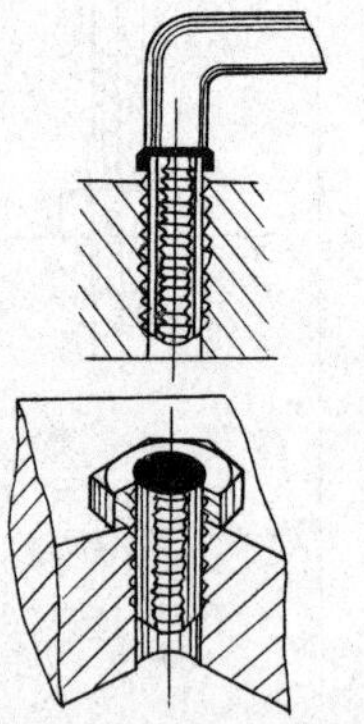 图 9－8　堆焊法取出断丝锥 （5）用乙炔火焰或喷灯将丝锥退火后用钻头钻掉。 （6）断丝锥在不锈钢中可以用硝酸腐蚀。 （7）在形状复杂的工件中处理断丝锥时，可用电火花将断丝锥熔蚀掉。

名称	操作要点
维护与保养	（1）工件材料过硬或丝锥用钝后要及时修磨，防止丝锥断在孔中。 （2）使用后的丝锥、板牙要及时去除积屑瘤，并上油，妥善保管。

三、螺纹加工技能训练

作业1

技能训练名称	攻、套螺纹
操作技能要求	提高钻孔的操作技能，掌握攻、套螺纹的方法。
工具、量具、刃具及材料	工具、量具、刃具：划针、划规、样冲、平锉刀、钻头、丝锥、圆板牙、铰杠、钢直尺、游标卡尺、游标高度卡尺。 件1：材料 HT200，规格为 82 mm × 60 mm × 25 mm；件2：由课题六锉削作业4转来；件3：材料45钢，规格为 ϕ8 mm × 100 mm、ϕ10 mm × 150 mm、ϕ12 mm × 200 mm。

技能训练图

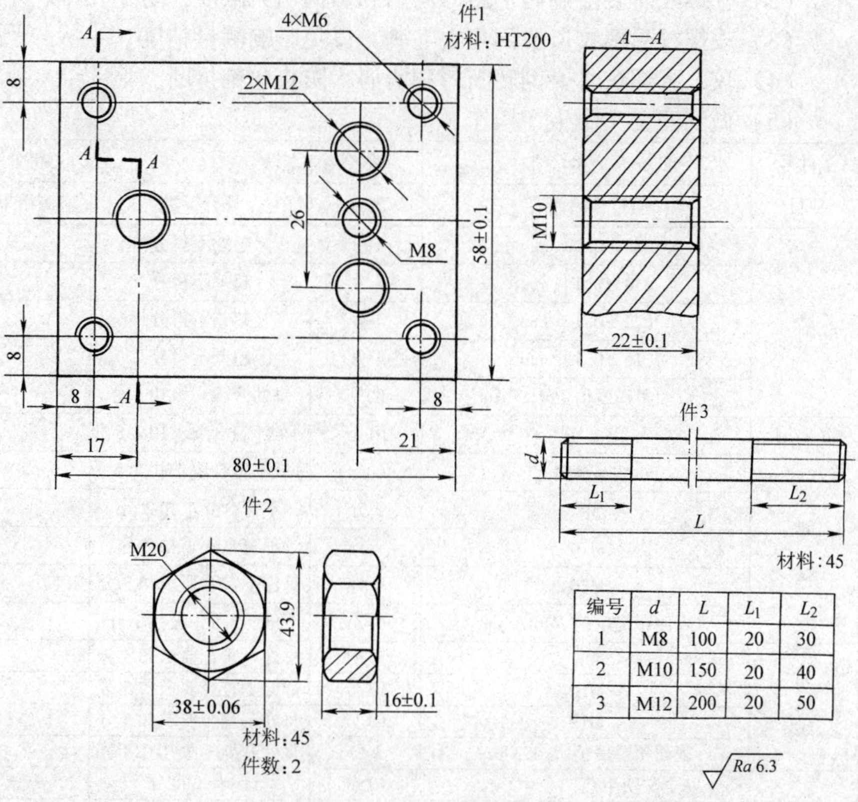

图9－9　攻、套螺纹

<table>
<tr><th>名称</th><th colspan="8">操作要点</th></tr>
<tr><td>步骤</td><td colspan="8">（1）先在废料上进行钻孔、攻螺纹和套螺纹姿势练习。
（2）将件 1 材料锉削加工成图样尺寸（80 ± 0.1）mm ×（58 ± 0.1）mm ×（22 ± 0.1）mm。
（3）将件 2 材料锯削、锉削加工成如图 9 – 9 所示的六角螺母，加工数量为 2 件。
（4）攻螺纹
1）按图 9 – 9 所示尺寸要求划出各螺纹的加工位置线，钻各螺纹底孔，并对孔口进行倒角。
2）依次攻制 4 × M6、M8、M10、2 × M12（件 1）以及 M20（件 2）螺纹，并用相应的螺杆进行配检。
（5）套螺纹
1）分别加工 ϕ8 mm、ϕ10 mm、ϕ12 mm 圆杆直径达到 ϕ7.8 mm、ϕ9.75 mm、ϕ11.75 mm，圆杆端部倒锥角。
2）按图样尺寸要求分别套制 M8、M10、M12 三件双头螺栓的螺纹，并用相应的螺母进行配检。</td></tr>
<tr><td>注意事项</td><td colspan="8">（1）起攻、起套时，要从两个方向对垂直度进行及时矫正，以保证攻、套螺纹质量。
（2）套螺纹时要控制两手用力均匀和掌握用力限度，防止孔口烂牙。
（3）攻螺纹后螺纹口要倒角去毛刺，以免影响测量精度。
（4）攻、套螺纹时要倒转断屑和清屑，防止丝锥折断。
（5）做到安全文明生产操作。</td></tr>
<tr><td rowspan="20">成绩评定</td><td>工件号</td><td></td><td>座号</td><td></td><td>姓名</td><td></td><td>总得分</td><td></td></tr>
<tr><td>项目</td><td colspan="3">质量检测内容</td><td>配分</td><td>评分标准</td><td>实测结果</td><td>得分</td></tr>
<tr><td rowspan="5">锉削</td><td colspan="3">（80 ±0.1）mm</td><td>4 分</td><td>超差不得分</td><td></td><td></td></tr>
<tr><td colspan="3">（58 ±0.1）mm</td><td>4 分</td><td>超差不得分</td><td></td><td></td></tr>
<tr><td colspan="3">（22 ±0.1）mm</td><td>4 分</td><td>超差不得分</td><td></td><td></td></tr>
<tr><td colspan="3">（16 ±0.1）mm</td><td>4 分</td><td>超差不得分</td><td></td><td></td></tr>
<tr><td colspan="3">表面粗糙度值 Ra6.3 μm</td><td>8 分</td><td>每处升高一级扣 1 分</td><td></td><td></td></tr>
<tr><td rowspan="6">攻螺纹</td><td colspan="3">4 × M6</td><td>10 分</td><td>每处不符合要求扣 2.5 分</td><td></td><td></td></tr>
<tr><td colspan="3">2 × M12</td><td>5 分</td><td>每处不符合要求扣 2.5 分</td><td></td><td></td></tr>
<tr><td colspan="3">M8</td><td>2 分</td><td>不符合要求扣 2 分</td><td></td><td></td></tr>
<tr><td colspan="3">M10</td><td>2 分</td><td>不符合要求扣 2 分</td><td></td><td></td></tr>
<tr><td colspan="3">M20</td><td>4 分</td><td>每件不符合要求扣 2 分</td><td></td><td></td></tr>
<tr><td colspan="3">表面粗糙度值 Ra6.3 μm</td><td>10 分</td><td>每处升高一级扣 1 分</td><td></td><td></td></tr>
<tr><td rowspan="4">套螺纹</td><td colspan="3">M8</td><td>10 分</td><td>每处不符合要求扣 5 分</td><td></td><td></td></tr>
<tr><td colspan="3">M10</td><td>10 分</td><td>每处不符合要求扣 5 分</td><td></td><td></td></tr>
<tr><td colspan="3">M12</td><td>10 分</td><td>每处不符合要求扣 5 分</td><td></td><td></td></tr>
<tr><td colspan="3">表面粗糙度值 Ra6.3 μm</td><td>3 分</td><td>每处升高一级扣 0.5 分</td><td></td><td></td></tr>
<tr><td colspan="4">安全文明生产</td><td>10 分</td><td>违者不得分</td><td></td><td></td></tr>
<tr><td>现场记录</td><td colspan="7"></td></tr>
</table>

作业 2

技能训练名称	钻孔、锪孔、铰孔和攻螺纹
操作技能要求	巩固钻孔、锪孔、铰孔、攻螺纹等基本技能，提高钻头刃磨技能；按划线钻孔能达到一定的位置精度要求。
工具、量具、刃具及材料	工具、量具、刃具：划规、样冲、平锉、丝锥（M4、M10）、麻花钻（$\phi3.3$ mm、$\phi6$ mm、$\phi7.8$ mm、$\phi8.5$ mm）、$\phi14$ mm 锪钻、$\phi8H8$ 手用铰刀、钢直尺、高度游标卡尺、游标卡尺。 材料：HT200，规格为 81 mm × 71 mm × 20 mm。

技能训练图

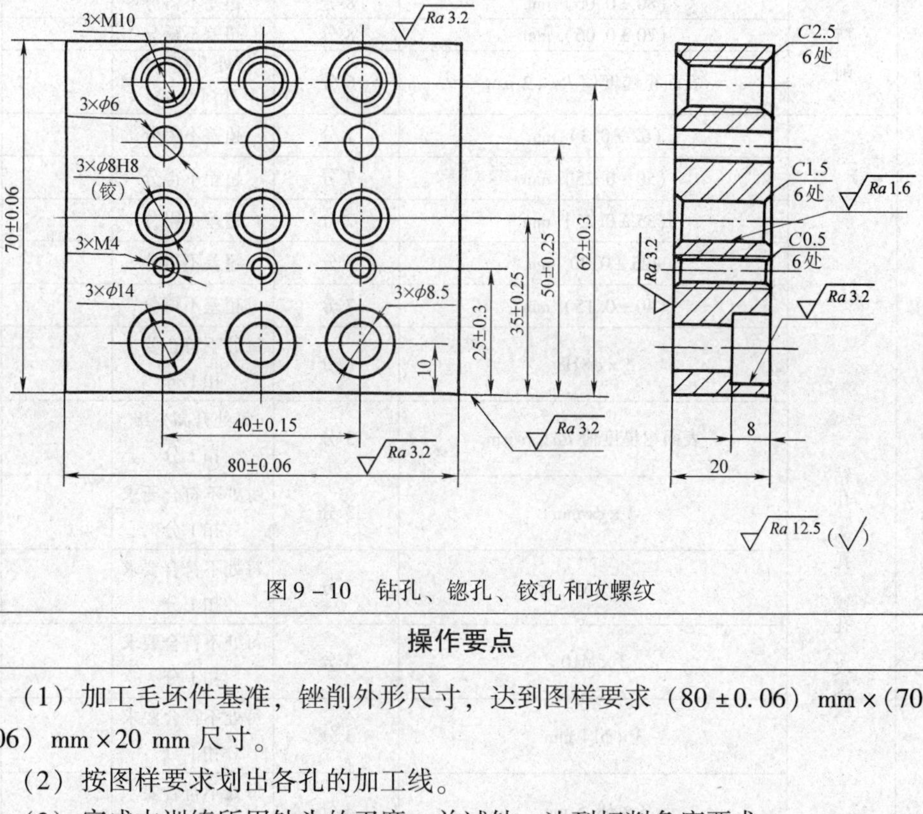

图 9－10　钻孔、锪孔、铰孔和攻螺纹

名称	操作要点
步骤	（1）加工毛坯件基准，锉削外形尺寸，达到图样要求（80 ±0.06）mm ×（70 ±0.06）mm ×20 mm 尺寸。 （2）按图样要求划出各孔的加工线。 （3）完成本训练所用钻头的刃磨，并试钻，达到切削角度要求。 （4）用平口钳装夹工件，按划线钻 3 × $\phi6$ mm 孔、3 × $\phi3.3$ mm 孔、3 × $\phi7.8$ mm 孔、6 × $\phi8.5$ mm 的孔，达到位置精度要求。 （5）在 3 × $\phi3.3$ mm 孔口倒角，分别在 3 × $\phi7.8$ mm 和第一排 3 × $\phi8.5$ mm 的孔口锪 45°锥形埋头孔，深度按图样要求。在第五排 3 × $\phi8.5$ mm 的孔口用柱形锪钻锪出 $\phi14$ mm、深 8 mm 沉孔。 （6）攻制 3 × M4、3 × M10 螺纹，达到垂直度要求。 （7）铰削 3 × $\phi8H8$ 的孔，达到垂直度要求。 （8）去毛刺，复检。

名称	操作要点
注意事项	（1）划线后在各孔中心处打样冲眼，落点要准确。 （2）用小钻头钻孔，进给力不能太大，以免钻头弯曲或折断。 （3）钻头起钻定中心时，平口钳可不固定，待起钻的浅坑位置正确后再压紧，并保证落钻时钻头无弯曲现象。 （4）起攻时，两手压力均匀。攻入 1 ~ 2 圈后，要矫正垂直度。正常攻制后，每攻入一圈要反转半圈，牙型要攻制完整。 （5）做到安全文明生产操作。

成绩评定

工件号	座号	姓名		总得分	
项目	质量检测内容	配分	评分标准	实测结果	得分
锉削	（80 ±0.06） mm	8 分	超差不得分		
	（70 ±0.06） mm	8 分	超差不得分		
	表面粗糙度值 *Ra*3.2 μm	6 分	每处升高一级扣 1.5 分		
钻孔、锪孔、铰孔、攻螺纹	（62 ±0.3） mm	7 分	超差不得分		
	（50 ±0.25） mm	7 分	超差不得分		
	（35 ±0.25） mm	7 分	超差不得分		
	（25 ±0.3） mm	5 分	超差不得分		
	（40 ±0.15） mm	7 分	超差不得分		
	3 × ϕ8H8	3 分	每处不符合要求扣 1 分		
	表面粗糙度值 *Ra*1.6 μm	3 分	每处升高一级扣 1 分		
	3 × ϕ6mm	3 分	每处不符合要求扣 1 分		
	3 × M4	3 分	每处不符合要求扣 1 分		
	3 × M10	3 分	每处不符合要求扣 1 分		
	3 × ϕ14 mm	3 分	每处不符合要求扣 1 分		
	3 × ϕ8.5 mm	3 分	每处不符合要求扣 1 分		
	8 mm	3 分	每处不符合要求扣 1 分		
	表面粗糙度值 *Ra*12.5 μm	3 分	每处升高一级扣 1 分		
	倒角	9 分	每超差 1 处扣 0.5 分		
安全文明生产		9 分	违者不得分		
现场记录					

作业3

技能训练名称	定板距
操作技能要点	提高锯、錾、锉、钻孔、铰孔、攻螺纹综合操作技能。
工具、量具、刃具及材料	工具、量具、刃具：划规、样冲、錾子、锤子、锯弓、锯条、平锉、直柄麻花钻（ϕ5 mm、ϕ8 mm、ϕ9.8 mm、ϕ12 mm）、ϕ10H7 手用铰刀、M6 手用丝锥、钢直尺、游标卡尺、90°角尺、刀口形直尺、高度游标卡尺。 材料：45 钢，规格为 60 mm × 60 mm × 12 mm。

名称	操作要点
技能训练图	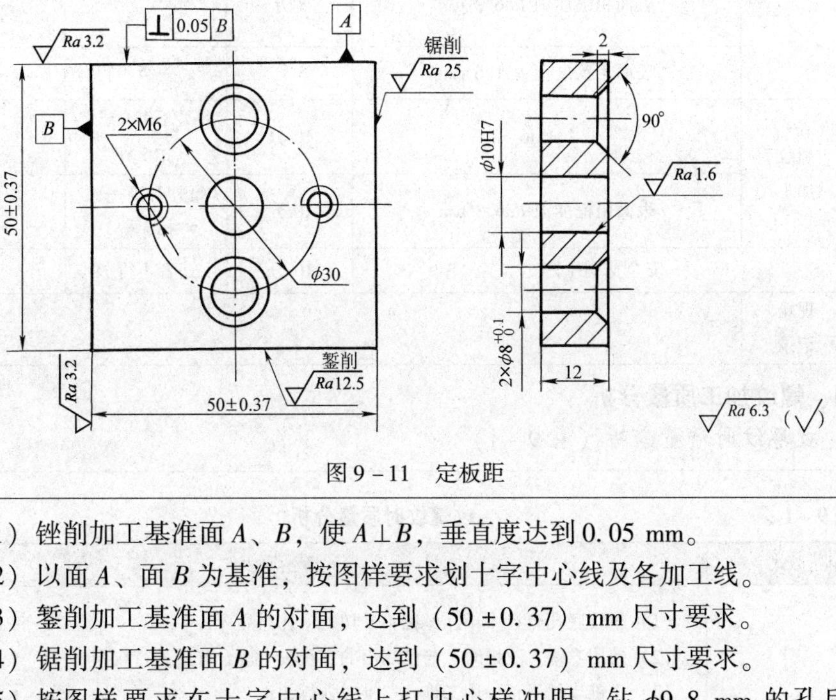 图 9－11　定板距
步骤	（1）锉削加工基准面 A、B，使 $A \perp B$，垂直度达到 0.05 mm。 （2）以面 A、面 B 为基准，按图样要求划十字中心线及各加工线。 （3）錾削加工基准面 A 的对面，达到（50 ± 0.37）mm 尺寸要求。 （4）锯削加工基准面 B 的对面，达到（50 ± 0.37）mm 尺寸要求。 （5）按图样要求在十字中心线上打中心样冲眼，钻 ϕ9.8 mm 的孔后，用 ϕ10 mm手用铰刀铰孔，达到 ϕ10H7。将 ϕ30 mm 圆周四等分，分别在四等分处打上样冲眼，按图样位置钻 2 × ϕ5 mm 后，再用 M6 手用丝锥攻 2 × M6 螺纹孔。钻 2 × ϕ8 mm 孔，孔口处用 ϕ12 mm 直柄麻花钻改制的 90°锪钻锪孔，孔口深 2 mm。 （6）去毛刺，复检。

<table>
<tr><td rowspan="4">成绩评定</td><td>工件号</td><td></td><td>座号</td><td></td><td>姓名</td><td></td><td>总得分</td><td></td></tr>
<tr><td>项目</td><td colspan="3">质量检测内容</td><td>配分</td><td>评分标准</td><td>实测结果</td><td>得分</td></tr>
<tr><td rowspan="2">锉削</td><td colspan="3">⊥ 0.05 B</td><td>6 分</td><td>超差不得分</td><td></td><td></td></tr>
<tr><td colspan="3">表面粗糙度值 Ra3.2 μm</td><td>4 分</td><td>每处升高一级扣 2 分</td><td></td><td></td></tr>
</table>

续表

<table>
<tr><td rowspan="15">成
绩
评
定</td><td>工件号</td><td></td><td>座号</td><td></td><td>姓名</td><td></td><td>总得分</td><td></td></tr>
<tr><td>项目</td><td colspan="3">质量检测内容</td><td>配分</td><td>评分标准</td><td>实测结果</td><td>得分</td></tr>
<tr><td rowspan="2">錾削</td><td colspan="3">(50 ±0.37) mm</td><td>10 分</td><td>超差不得分</td><td></td><td></td></tr>
<tr><td colspan="3">表面粗糙度值 $Ra12.5\ \mu m$</td><td>4 分</td><td>升高一级不得分</td><td></td><td></td></tr>
<tr><td rowspan="2">锯削</td><td colspan="3">(50 ±0.37) mm</td><td>10 分</td><td>超差不得分</td><td></td><td></td></tr>
<tr><td colspan="3">表面粗糙度值 $Ra25\ \mu m$</td><td>4 分</td><td>升高一级不得分</td><td></td><td></td></tr>
<tr><td rowspan="4">孔加工</td><td colspan="3">$2\times\phi8^{+0.10}_{0}$ mm</td><td>10 分</td><td>每处不符合要求扣 5 分</td><td></td><td></td></tr>
<tr><td colspan="3">$\phi10H7$</td><td>8 分</td><td>不符合要求不得分</td><td></td><td></td></tr>
<tr><td colspan="3">表面粗糙度值 $Ra6.3\ \mu m$</td><td>8 分</td><td>每处升高一级扣 4 分</td><td></td><td></td></tr>
<tr><td colspan="3">表面粗糙度值 $Ra1.6\ \mu m$</td><td>6 分</td><td>升高一级不得分</td><td></td><td></td></tr>
<tr><td rowspan="2">螺纹加工</td><td colspan="3">2 × M6</td><td>10 分</td><td>每处不符合要求扣 5 分</td><td></td><td></td></tr>
<tr><td colspan="3">表面粗糙度值 $Ra6.3\ \mu m$</td><td>10 分</td><td>每处升高一级扣 5 分</td><td></td><td></td></tr>
<tr><td colspan="4">安全文明生产</td><td>10 分</td><td>违者不得分</td><td></td><td></td></tr>
<tr><td>现场记录</td><td colspan="7"></td></tr>
</table>

四、螺纹加工质量分析

1. 攻螺纹时质量分析（表 9－1）

表 9－1　　攻螺纹时质量分析

废品形式	产生原因
烂牙	（1）螺纹底孔直径太小，丝锥不易切入，孔口烂牙 （2）换用二锥、三锥时，与已切出的螺纹没有旋合好就强行攻削 （3）头锥攻丝不正，用二锥、三锥时强行纠正 （4）对塑性材料未加润滑、冷却液，或丝锥没有经常倒转，把已切出的螺纹啃伤 （5）丝锥磨钝或刀刃有粘屑 （6）丝锥铰杠掌握不稳，攻铝合金等强度较低的材料时，容易被切烂
滑牙	（1）攻不通孔螺纹时，丝锥已到底仍继续扳转 （2）在强度较低的材料上攻较小螺纹孔时，丝锥已切出螺纹但仍继续加压力
螺纹孔歪	（1）丝锥位置不正 （2）机攻时丝锥与螺纹孔不同心
螺纹牙深不够	（1）攻丝前底孔直径太大 （2）丝锥磨损

2. 套螺纹时质量分析（表9－2）

表9－2　　套螺纹时质量分析

废品形式	产生原因
烂牙	（1）未进行必要的润滑，板牙把工件上的螺纹粘去了一部分 （2）板牙一直不倒转，切屑堵塞，把螺纹啃坏 （3）圆杆直径太大 （4）板牙歪斜太大，借正时造成烂牙
螺纹歪斜	（1）圆杆端部倒角不良，使板牙位置不易放准，切入时歪斜 （2）两手用力不均，使板牙位置发生歪斜
螺纹中径小（齿形瘦小）	（1）板牙铰杠经常摆动和借正位置，使螺纹被切去过多 （2）板牙已切入，但仍继续加压力
螺纹太浅	（1）圆杆直径太小 （2）板牙调节得直径过大

五、思考与练习

1. 手攻螺纹时，为什么铰杠要每扳转一圈倒转1/2圈？
2. 为什么攻螺纹之前的底孔直径应稍大于螺纹小径？

课题十

综合技能训练（二）

一、制作 V 形架	
技能训练名称	制作 V 形架
操作技能要求	提高按图划线加工工件的能力。
工具、量具、刃具及材料	工具、量具、刃具：划规、样冲、锯弓、锯条、平锉、三角锉、直柄麻花钻（ϕ3 mm、ϕ9. 8 mm）、ϕ10H7 手用圆柱铰刀、铰杠、软钳口、钢直尺、高度游标卡尺、游标卡尺、90°角尺、刀口形直尺、万能角度尺。 材料：Q235，规格为 60 mm × 60 mm × 20 mm。
技能训练图	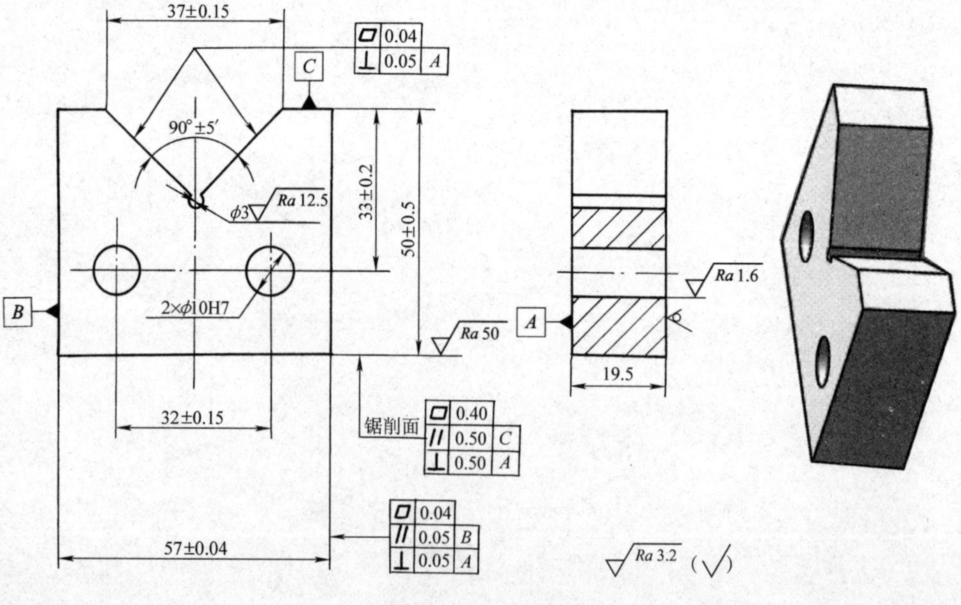 图 10－1　V 形架

<table>
<tr><th>名称</th><th>操作要点及图解</th></tr>
<tr><td>步
骤</td><td>（1）如图 10－2 所示，根据材料加工基准面 A、B、C，使 $A \perp B \perp C$，达到垂直度 0. 05 mm、平面度 0. 04 mm、表面粗糙度值 Ra3. 2 μm。
（2）加工工件外形（见图 10－3）
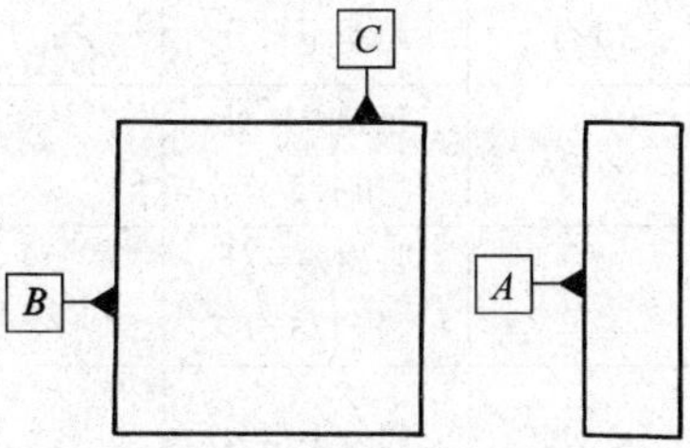
图 10－2　加工基准面
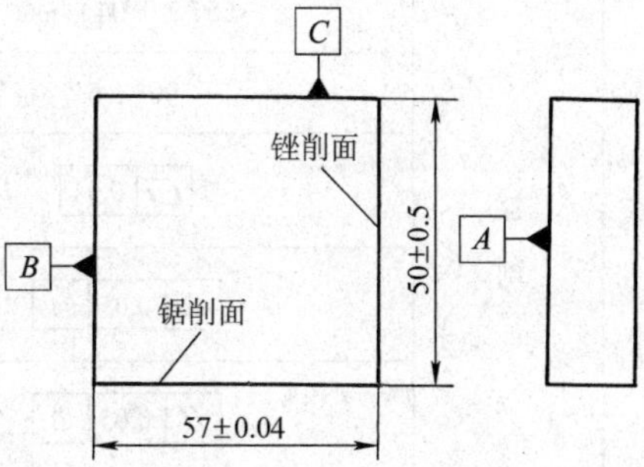
图 10－3　加工工件外形
1）采用双面划线，分别划出锯削和锉削的加工线。
2）锯削加工采用远起锯法，锯削（50 ± 0. 50）mm 尺寸，并达到平面度 0. 40 mm 的要求。
3）锉削加工基准面 B 的对应面，达到尺寸公差、平面度、平行度和垂直度的要求。
（3）锉削 V 形槽。以 B 面、C 面为划线基准，划出 V 形槽加工线（见图 10－4）。钻 ϕ3 mm 工艺孔，锯削 V 形槽，并留一定的余量，粗、精锉削 V 形面，达到平面度 0. 04 mm、垂直度 0. 05 mm 和 V 形面角度 90° ±5′的要求。
（4）如图 10－5 所示，以 B 面、C 面为基准，划出 $2 \times \phi$10H7 孔中心线后，按划线钻孔、铰孔，达到位置精度（32 ±0. 15）mm、（33 ±0. 2）mm。
（5）全部锐边倒棱，复检。
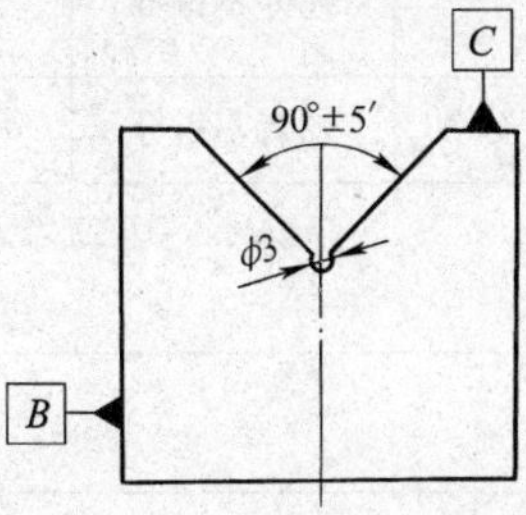
图 10－4　锉削 V 形槽
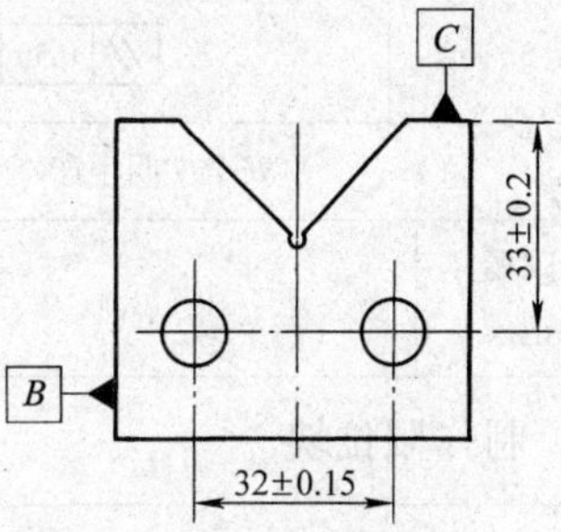
图 10－5　划孔线</td></tr>
<tr><td>注意事项</td><td>（1）采用远起锯水平锯削加工时，锯弓摆动幅度不可太大，一次锯削成型，不得修整。
（2）锉削 V 形面时，注意 90°角的控制，包括尺寸和角度及对称度几个方面，要及时检查纠正，不得歪斜。</td></tr>
</table>

成绩评定	工件号	座号		姓名		总得分	
	项目	质量检测内容		配分	评分标准	实测结果	得分
	锉削	(37 ±0.15) mm		6 分	超差不得分		
		(57 ±0.04) mm		6 分	超差不得分		
		90° ±5′		15 分	超差不得分		
		▱ 0.04		9 分	每超差一处扣 1.5 分		
		⊥ 0.05 A		9 分	每超差一处扣 1.5 分		
		// 0.05 B		3 分	超差不得分		
		表面粗糙度值 *Ra*3.2 μm		6 分	每处升高一级扣 1 分		
	铰孔	2 × ϕ10H7		8 分	每处不符合要求扣 4 分		
		(32 ±0.15) mm		4 分	超差不得分		
		(33 ±0.2) mm		4 分	超差不得分		
		表面粗糙度值 *Ra*1.6 μm		4 分	每处升高一级扣 2 分		
	锯削	(50 ±0.50) mm		8 分	超差不得分		
		▱ 0.40		3 分	超差不得分		
		⊥ 0.50 A		2 分	超差不得分		
		// 0.50 C		3 分	超差不得分		
	安全文明生产			10 分	违者不得分		
	现场记录						

二、制作限位块

技能训练名称	制作限位块
操作技能要求	提高划线、加工工件及锉削、钻孔、攻螺纹的综合技能。
工具、量具、刃具及材料	工具、量具、刃具：划规、样冲、锯弓、锯条、麻花钻、丝锥、铰杠、软钳口、平锉、方锉、钢直尺、游标高度卡尺、游标卡尺、千分尺、90°角尺、刀口形直尺、万能角度尺。 材料：Q235，规格为 62 mm × 62 mm × 18 mm。

名称	操作要点及图解
技能训练图	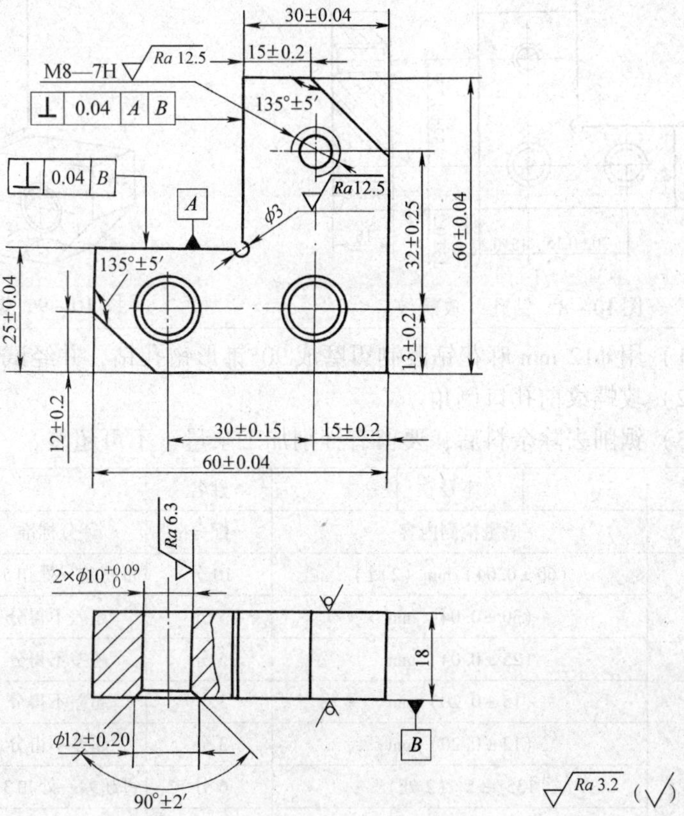 图 10－6　限位块
步骤	（1）加工外形尺寸（60 ±0. 04）mm ×（60 ±0. 04）mm ×18 mm。 （2）如图 10－7 所示，划出锉削及孔加工线（定位尺寸见图 10－6），钻 φ3 mm 工艺孔。 （3）锯削直角面，并留余量，粗、精锉削加工，保证（30 ± 0. 04）mm 和（25 ± 0. 04）mm 尺寸及垂直度 0. 04 mm 的要求。 （4）按划线钻孔 2 × φ10 mm，再用 φ12 mm 锪钻锪 90°锥形埋头孔。 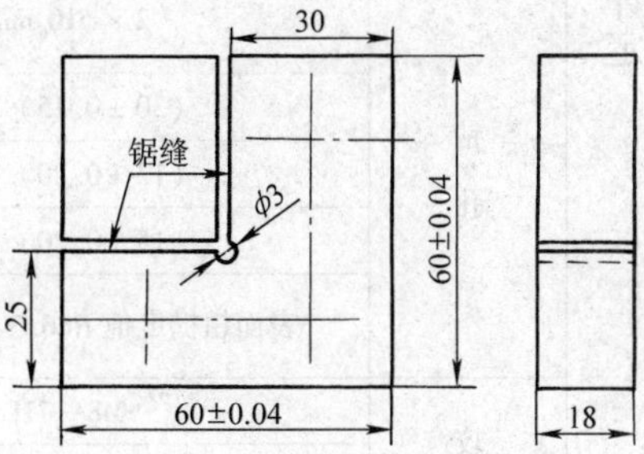 图 10－7　划线、钻孔示意图 （5）按图样要求，选择 φ6. 7 mm 钻头钻底孔后，攻制 M8—7H 螺纹，达到垂直度要求（见图 10－8）。 （6）锯削两个 135°斜角，留余量锉削加工，达到图样要求（见图 10－9）。 （7）全部锐边倒棱，复检。

<table>
<tr><th>名称</th><th>操作要点及图解</th></tr>
<tr><td>步骤</td><td>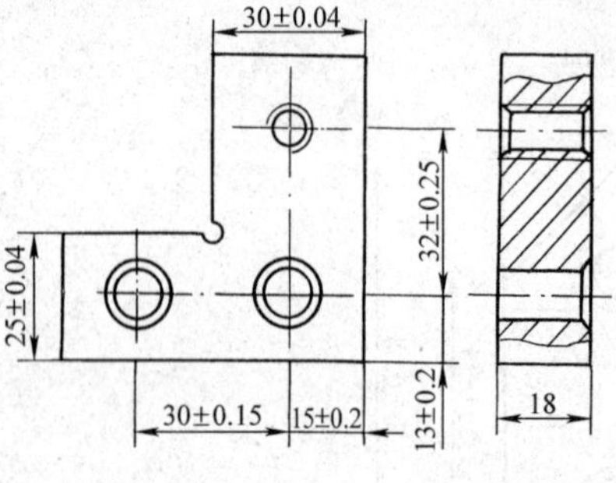

图 10－8　钻孔、攻螺纹
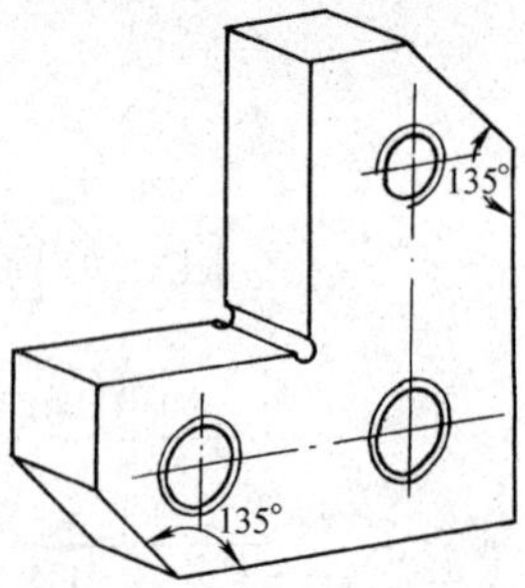

图 10－9　锯、锉斜角</td></tr>
<tr><td>注意事项</td><td>（1）用 ϕ12 mm 麻花钻改制刃磨成 90°锥形锪孔钻，并经试钻，符合要求为止。
（2）攻螺纹前孔口倒角。
（3）锯削去除余料后，要留有锉削加工余量，不可超差。</td></tr>
</table>

成绩评定	工件号	座号	姓名		总得分	
	项目	质量检测内容	配分	评分标准	实测结果	得分
	锉削	（60 ±0.04）mm（2 处）	10 分	每超差一处扣 5 分		
		（30 ±0.04）mm	5 分	超差不得分		
		（25 ±0.04）mm	5 分	超差不得分		
		（15 ±0.20）mm	3 分	超差不得分		
		（12 ±0.20）mm	3 分	超差不得分		
		135° ±5′（2 处）	6 分	每超差一处扣 3 分		
		⊥ 0.04 *B*	6 分	超差不得分		
		⊥ 0.04 *A* *B*	12 分	每超差一处扣 6 分		
		表面粗糙度值 *Ra*3.2 μm（8 处）	12 分	每处升高一级扣 1.5 分		
	钻孔	2 × ϕ10 mm	4 分	每处不符合要求扣 2 分		
		（30 ±0.15）mm	3 分	超差不得分		
		（13 ±0.20）mm	3 分	超差不得分		
		（15 ±0.20）mm	3 分	超差不得分		
		表面粗糙度值 *Ra*6.3 μm（2 处）	4 分	每处升高一级扣 2 分		
	攻螺纹	M8—7H	3 分	不符合要求不得分		
		（32 ±0.25）mm	3 分	超差不得分		
		（15 ±0.20）mm	3 分	超差不得分		
		表面粗糙度值 *Ra*12.5 μm	2 分	升高一级不得分		
		安全文明生产	10 分	违者不得分		
	现场记录					

三、制作凸形块

技能训练名称	制作凸形块
操作技能要求	提高按图样要求划线、锉削、铰孔、攻螺纹的综合技能。
工具、量具、刃具及材料	工具、量具、刃具：划规、样冲、锯弓、锯条、标准麻花钻（ϕ3 mm、ϕ6.7 mm、ϕ9.8 mm）、手用铰刀 ϕ10H8、铰杠、M8丝锥、软钳口、平锉、方锉、三角锉、钢直尺、高度游标卡尺、游标卡尺、千分尺、90°角尺。 材料：Q235，规格为 62 mm × 60 mm × 12 mm。
技能训练图	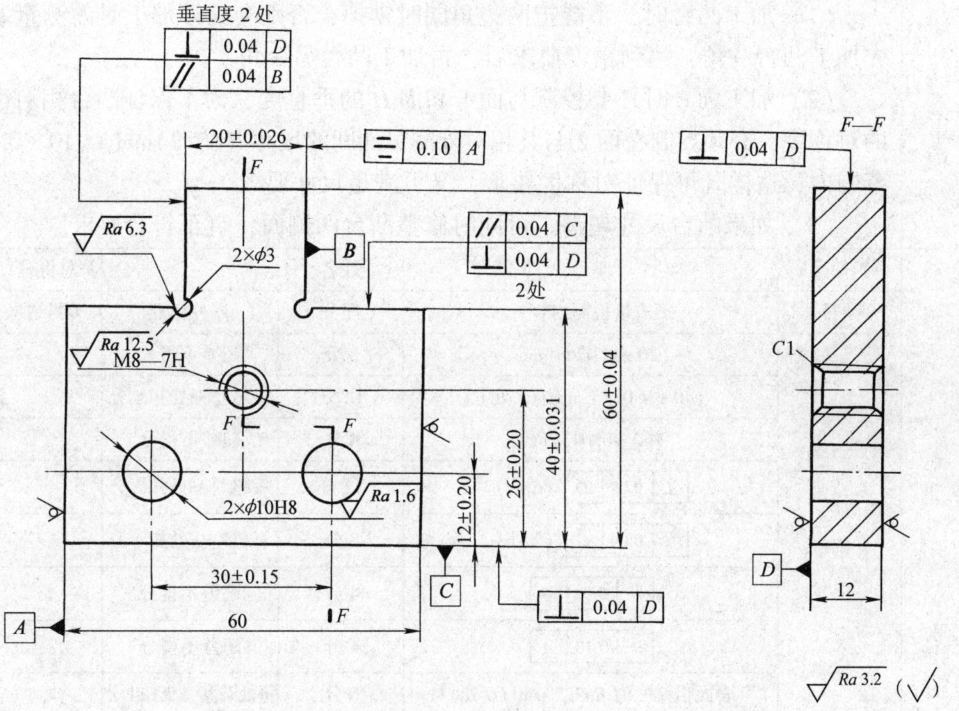 图 10－10　凸形块
名称	**操作要点及图解**
步骤	（1）锉削　锉削外形尺寸 60 mm ×（60 ± 0.04）mm × 12 mm。 （2）划线　选择基准 *C* 和工件对称中心线为划线基准，采用双面划线，依次划出各加工线，并复查所划线条准确性后打上样冲眼。钻 2 × ϕ3 mm 工艺孔。 （3）加工凸台　按划线锯去垂直一角，粗、精锉削两垂直面，然后锯削、锉削另一垂直面（见图 10－11）。采用间接测量方法控制（20 ± 0.026）mm 尺寸精度及其对称度。 （4）钻孔、铰孔、攻螺纹　按图样要求钻孔、铰削 2 × ϕ10H8 孔、攻制 M8—7H 螺纹，并倒角（见图 10－12）。 （5）全部锐边倒棱，复检。

名称	操作要点及图解
步骤	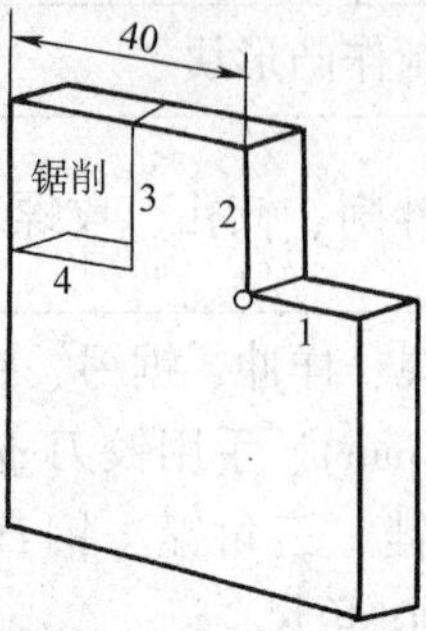 图 10－11 加工凸台 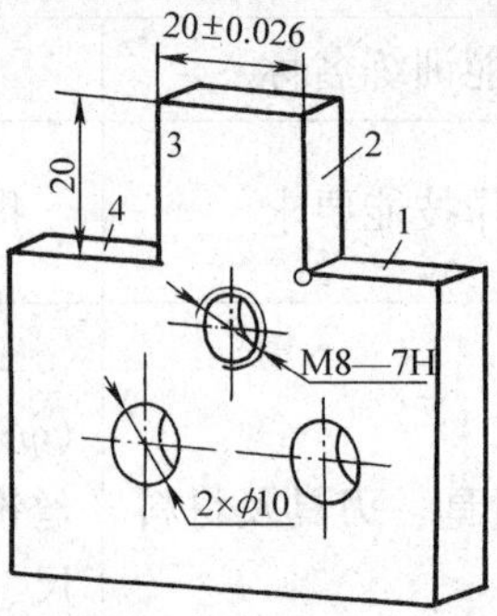 图 10－12 钻孔、铰孔、攻螺纹
注意事项	（1）加工凸台时，不能把两边角同时锯掉，否则会破坏加工时的测量基准。应先加工凸台一角，达到精度要求后，再加工凸台另一角。 （2）加工面 2 时，要控制与面 1 和面 D 的垂直度，为了保证凸台相对于 A 基准的对称度，必须控制在面 2 与其相对外测量面间的尺寸 $(60/2)\,mm + (10 \pm 0.037)\,mm$ 范围内，这样既可保证对称度要求，又可满足尺寸要求。 （3）如果凸台尺寸超差，可同时修整凸台两侧面，直至符合要求。

成绩评定

工件号	座号	姓名		总得分	
项目	质量检测内容	配分	评分标准	实测结果	得分
锉削	(20 ± 0.026) mm	8 分	超差不得分		
	(40 ± 0.031) mm（2 处）	12 分	每超差一处扣 6 分		
	(60 ± 0.04) mm	4 分	超差不得分		
	⊥ 0.04 *D*（6 处）	12 分	每超差一处扣 2 分		
	// 0.04 *C*（2 处）	8 分	每超差一处扣 4 分		
	// 0.04 *B*	4 分	超差不得分		
	≑ 0.10 *A*	4 分	超差不得分		
	表面粗糙度值 *Ra*3.2 μm（6 处）	6 分	每处升高一级扣 1 分		
攻螺纹	M8—7H	2 分	不符合要求不得分		
	(26 ± 0.20) mm	8 分	超差不得分		
	*C*1	2 分	超差不得分		
	表面粗糙度值 *Ra*12.5 μm	2 分	升高一级不得分		
铰孔	2 × φ10H8	4 分	每处不符合要求扣 2 分		
	(12 ± 0.20) mm（2 处）	6 分	每超差一处扣 3 分		
	(30 ± 0.15) mm	6 分	超差不得分		
	表面粗糙度值 *Ra*1.6 μm（2 处）	2 分	每处升高一级扣 1 分		
安全文明生产		10 分	违者不得分		
现场记录					

四、制作锤子

技能训练名称	制作锤子
操作技能要求	巩固提高錾削、锯削、锉削及划线的操作技能；能按图样完成简单手工零件的制作。
工具、量具、刃具及材料	工具、量具、刃具：划规、划针、样冲、锯弓、锯条、扁錾、窄錾、手锤、平锉、圆锉、砂布、钻头、钢直尺、半径样板、游标卡尺、刀口形直尺、90°角尺。 材料：45 钢，规格为 150 mm × 50 mm × 40 mm。

技能训练图

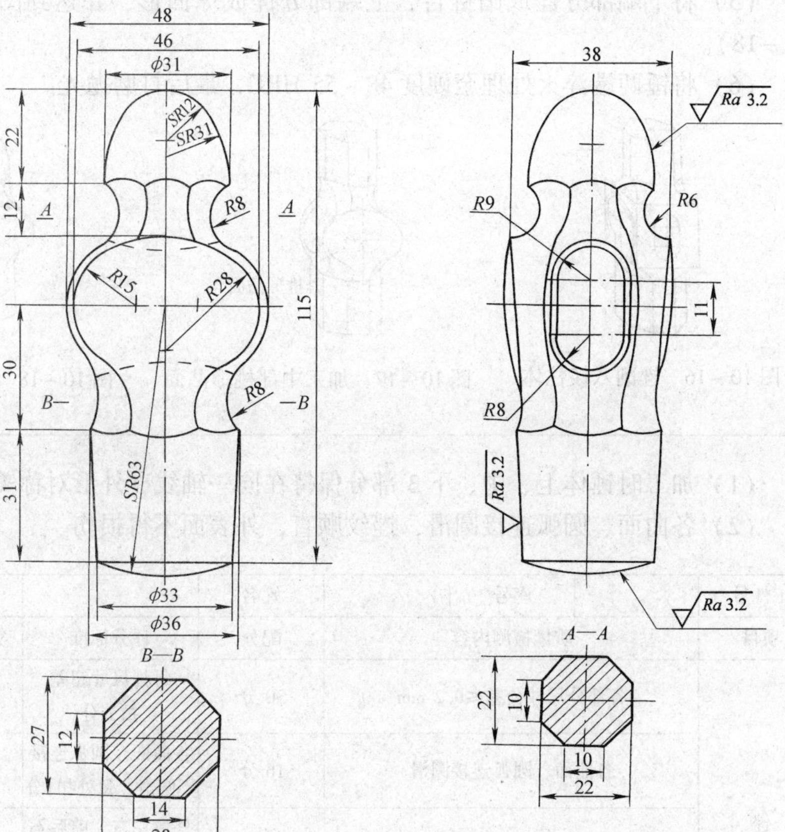

图 10－13 手锤

名称	操作要点及图解
步骤	（1）加工锤柄孔。将长方体置于平板，划出中心线轴线及锤柄孔线（见图 10－14）用 ϕ15. 8 mm 的钻头在锤柄孔位置钻出两个通孔，然后按图样要求将锤柄孔锉成喇叭形。 （2）按图样要求划出锤子的轮廓加工线。 （3）先将长方体两端锉成正方体，再锉上、下部分的 4 处过渡圆弧槽（见图 10－15），然后将锤体上下四方体锉成八棱柱形，将上、下 4 处圆弧槽锉成图样要求的尺寸（见图 10－16）。

名称	操作要点及图解

步骤

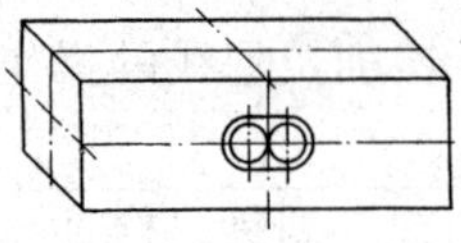

图 10－14　加工锤柄孔

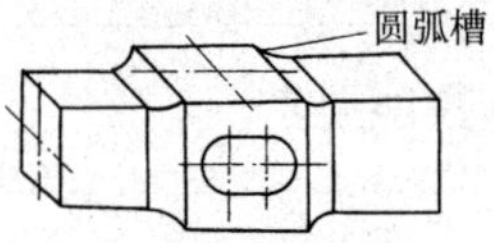

图 10－15　锉削四方体及圆弧槽

（4）按图样要求将锤中部加工成桃形凸面（见图 10－17）。

（5）将下端部分锉成圆锥台，上端部分锉成球面形，并达到图样要求（见图 10－18）。

（6）将锤两端淬火处理至硬度 48～55 HRC，最后打磨抛光。

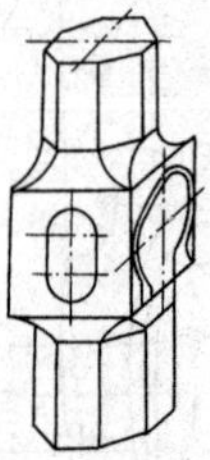

图 10－16　锉削八棱柱体

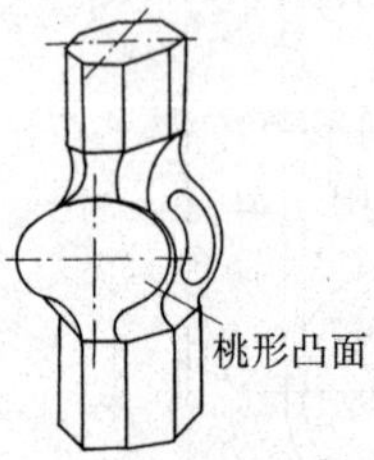

图 10－17　加工中部桃形凸面

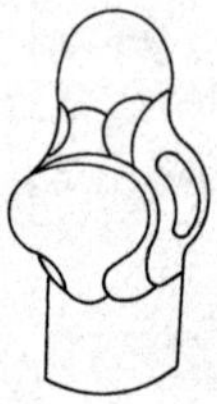

图 10－18　加工上、下端

注意事项

（1）加工时锤体上、中、下 3 部分保持在同一轴线，外形对称美观。

（2）各曲面、圆弧连接圆滑，锉纹顺直，外表面不得损伤。

成绩评定

工件号		座号		姓名		总得分	
项目	质量检测内容			配分	评分标准	实测结果	得分
锉削	各部分尺寸公差≤0.2 mm			30 分	每处尺寸超差扣 1 分		
锉削	各曲面、圆弧连接圆滑			16 分	各曲面、圆弧连接不圆滑，每处扣1分		
锉削	外形左右、前后对称			16 分	外形左右、前后不对称，每处扣 8 分		
锉削	外形美观			18 分	外形不美观有缺陷，每处扣 3 分		
锉削	表面粗糙度			10 分	每处不达要求扣 2.5 分		
安全文明生产				10 分	违者不得分		
现场记录							

课题十一

矫正、弯形、连接

一、教学要求

1. 掌握矫正和弯形的方法及操作要点。
2. 了解连接的种类及其应用。
3. 掌握铆接的操作方法。
4. 了解手工锡焊的基本操作方法。

二、矫正、弯形、连接的基本操作

名称	操作要点及图解
手工矫正方法	（1）扭转法　用来矫正条状材料的扭曲变形。扁钢扭曲的矫正如图 11－1a、b 所示，角钢扭曲的矫正如图 11－1c 所示。 （2）弯形法　用来矫正各种弯曲的棒料轴类零件，或在宽度方向上变形的条料（见图 11－2）。轴及较大棒料的矫正如图 11－3 所示，角钢、槽钢和棒料的矫正如图 11－4 所示。 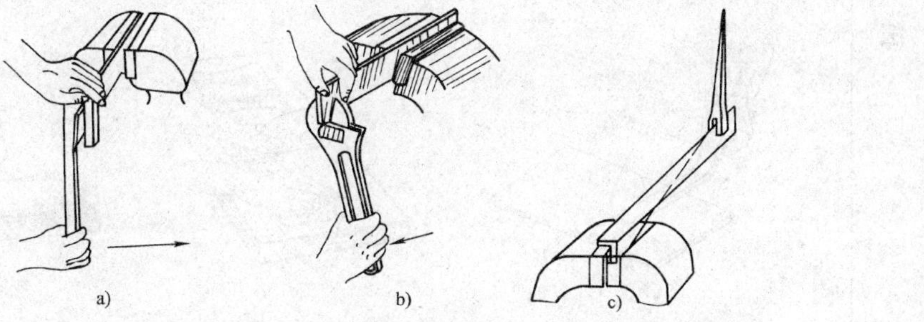 图 11－1　扭转法 a）用叉形扳手矫正　b）用扳手矫正　c）角钢扭曲的矫正 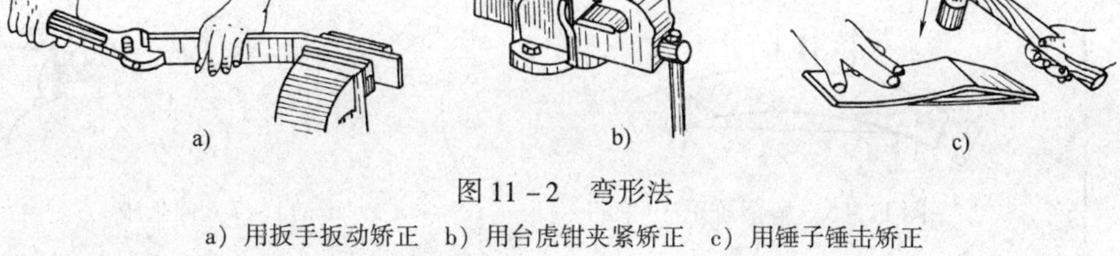 图 11－2　弯形法 a）用扳手扳动矫正　b）用台虎钳夹紧矫正　c）用锤子锤击矫正

<table>
<tr><th>名称</th><th>操作要点及图解</th></tr>
<tr><td>手工矫正方法</td><td>
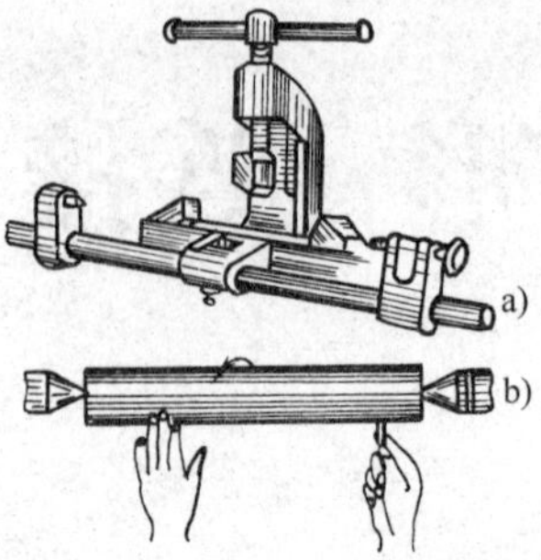

图 11-3　轴的校直方法
a）螺旋压力机　b）校直过程中的检验
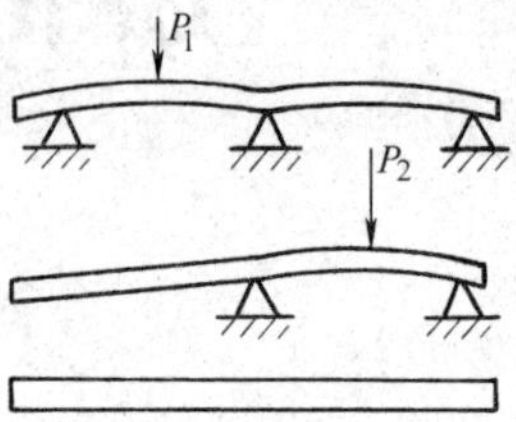

图 11-4　工件分段矫正
（3）延展法　用锤子敲击材料适当部位，使其延展伸长，达到矫正的目的。
1）薄板料的矫正（见图 11-5）。
2）扁钢宽度方向上弯曲的矫正（见图 11-6）。
（4）伸张法　用来矫正各种细长线材等（见图 11-7）。

图 11-5　延展法
a）中间凸起　b）边缘成波浪形　c）对角翘起
d）微小扭曲　e）箔片矫正　f）木锤矫正
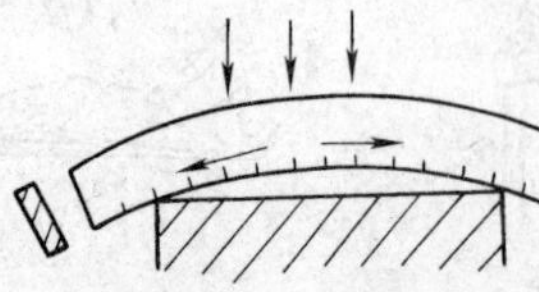
图 11-6　扁钢矫正
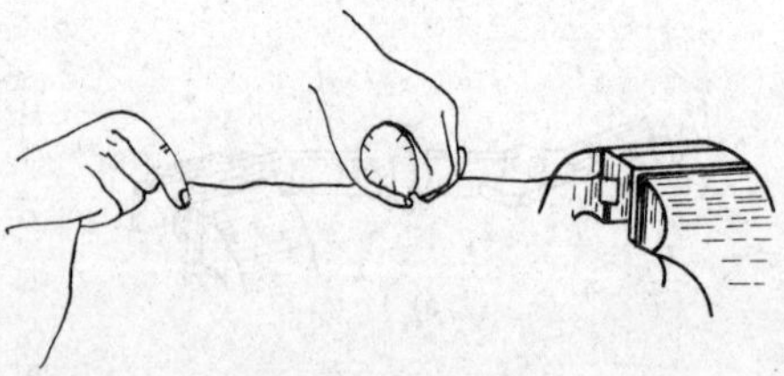
图 11-7　伸张法
</td></tr>
</table>

名称	操作要点及图解
弯形方法	（1）板料在厚度方向上的弯曲如图 11－8 所示，常用钢材的弯形半径如果大于材料厚度的 2 倍，一般就不会产生裂纹。如果工件的弯形半径较小，可分多次弯形，中间进行退火，以避免弯裂。 （2）板料在宽度方向上的弯曲　如图 11－9 所示。 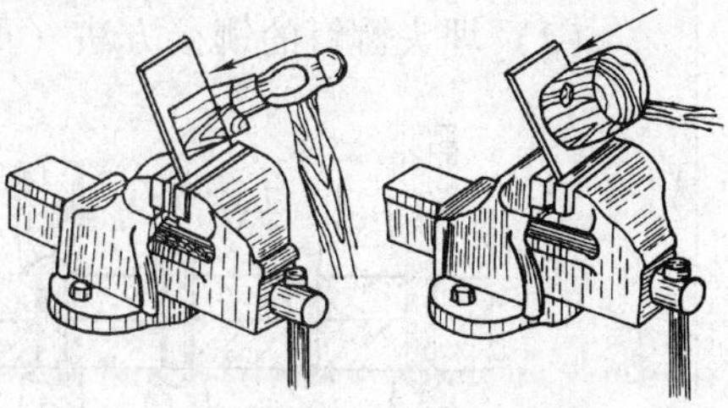 a)　b) 图 11－8　板料在厚度方向上的弯曲 a）垫木块锤击　b）木锤锤击 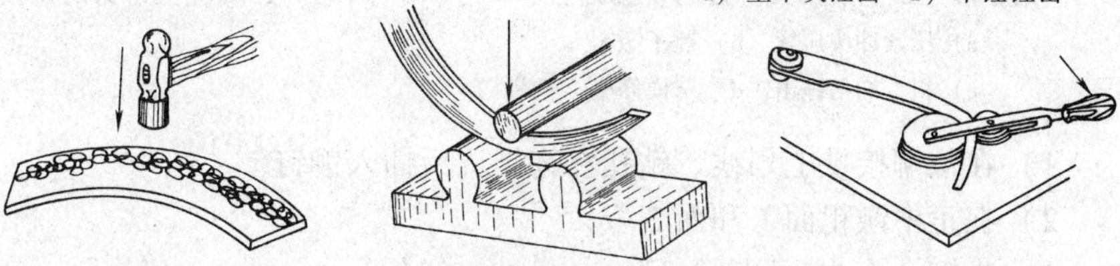 a)　b)　c) 图 11－9　板料在宽度方向上的弯曲 a）锤击延伸弯曲　b）在特制的弯模上弯曲　c）在弯形工具上弯曲 （3）管类工件的弯曲　如图 11－10 所示，管材的弯曲半径要大于管子直径的 4 倍。为了防止管子被弯扁，可在管内填充干砂、灌铅或采用带导向装置的弯管设备。小直径的无缝管可以冷弯，较大直径的管需热弯，有焊缝的管子，焊缝必须放在中性层的位置上。 （4）手工绕制弹簧的步骤 1）将钢丝一端插入心轴的槽或小孔中，预盘半圈使其固定。然后把钢丝夹在台虎钳软钳口上，夹紧力以钢丝能被拉动为宜（见图 11－11）。 2）摇动手柄使心轴按要求方向边绕边向前移，就可盘绕出圆柱形弹簧。 3）当盘绕到总圈数后再加 2～3 圈，将弹簧从心轴上取下，截断后在砂轮上磨平两端。 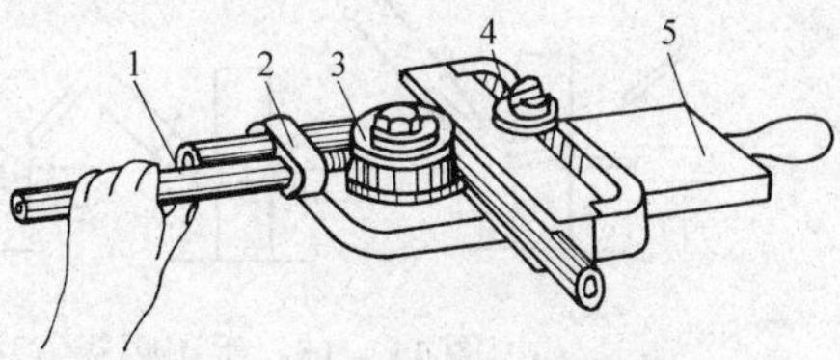 图 11－10　管类工件的弯曲 1—手柄　2—钩子　3—转盘　4—靠铁　5—底板 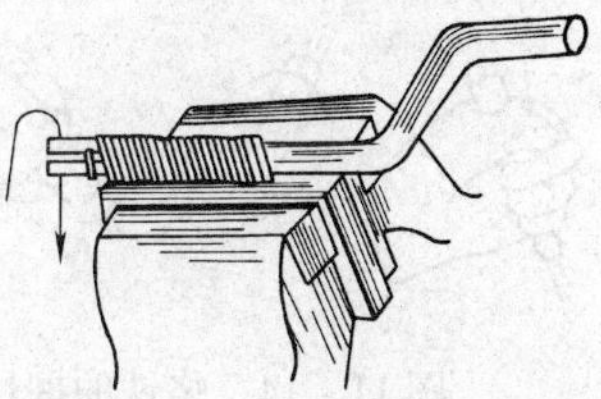 图 11－11　手工绕制弹簧
铆接方法	（1）半圆头铆钉的铆接方法（见图 11－12）。 1）将被铆接件贴合、划线、钻孔、倒角和去毛刺，然后插入铆钉。 2）用压紧冲头把被铆接件压紧。 3）用锤子镦粗及斜着均匀锤击周边基本成型。 4）用尺寸适宜的罩模修整。

<table>
<tr><th>名称</th><th>操作要点及图解</th></tr>
<tr><td>铆接方法</td><td>
（2）埋头铆钉的铆接方法（见图 11－13）
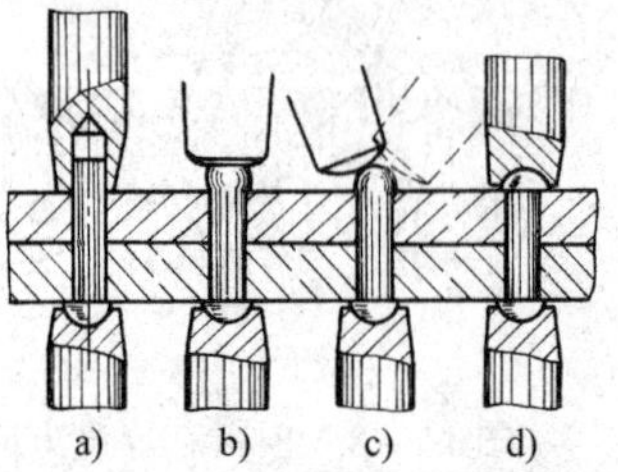

图 11－12　半圆头铆钉的铆接方法
a）压紧冲头压紧　b）锤子镦粗
c）斜着均匀锤击　d）罩模修整
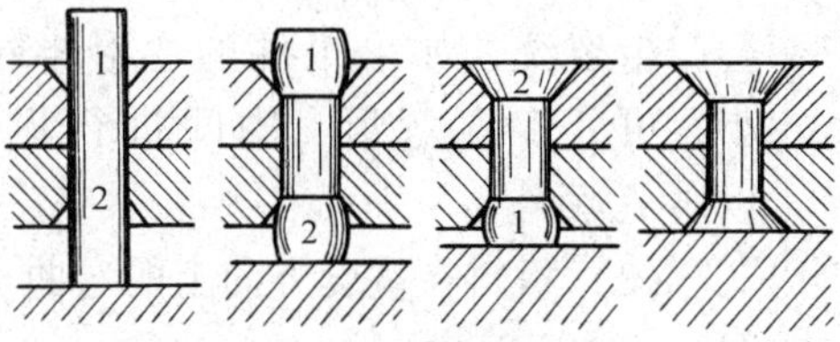

图 11－13　埋头铆钉的铆接方法
1）在被铆接件上划线、钻孔和锪锥坑后插入铆钉。
2）在正中镦粗面 1 和面 2。
3）先铆合面 2，再铆合面 1。
4）用平头冲子修平高出部分。
</td></tr>
<tr><td>锡焊操作方法</td><td>
（1）烙铁的握法　根据烙铁的大小、形状和被焊件要求不同，握烙铁的方法有三种形式（见图 11－14）。
（2）手工焊锡方法（见图 11－15）。
1）清除焊接处油污和锈蚀。
2）在焊接处涂上焊剂。
3）把烙铁放在连接处对两工件进行加热。
4）被焊接件经过加热达到一定的温度后，立即将左手中的焊锡丝触到被焊件上熔化适量的焊料，使焊缝填满。
5）用锉刀（或刮刀）清除焊接后的残余焊锡，并用热水清洗焊剂，最后擦净、烘干。
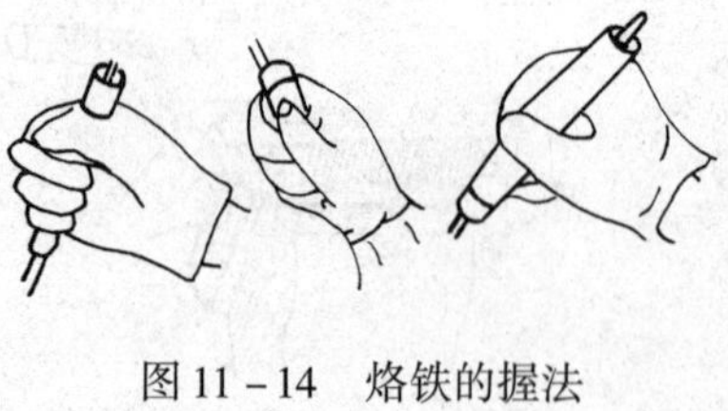
图 11－14　烙铁的握法
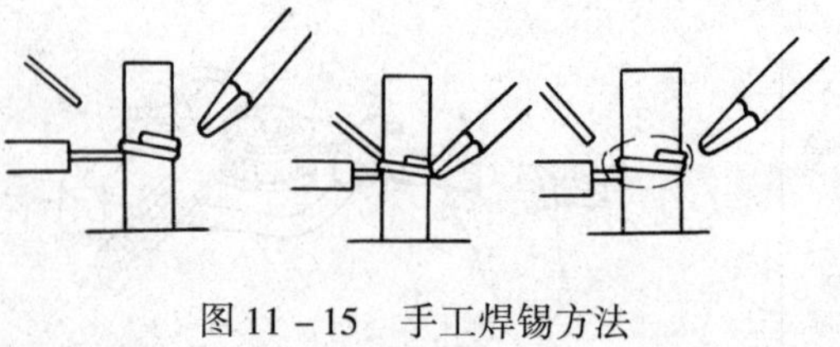
图 11－15　手工焊锡方法
</td></tr>
<tr><td>粘接应用</td><td>
（1）无机黏结剂在钳工工作中的应用
1）用黏结剂粘接长钻头（见图 11－16），即可避免高温烧焊所引起的缺陷，且干燥后就可使用，简化了工艺过程。
2）汽车气缸体发生破裂、裂纹或出现孔洞，产生漏油、漏水的现象。可以通过黏结剂进行修补，以避免因气焊、电焊导致的热变形（见图 11－17）。
3）车床尾座底板，由于长期在床面上来回滑动，容易磨损，可用黏结剂修复
</td></tr>
</table>

<table>
<tr><th>名称</th><th>操作要点及图解</th></tr>
<tr><td>粘接应用</td><td>

（见图 11－18）。车床大溜板导轨面的磨损、卧式铣床中心架的错位等，都可用同样的方法予以修复。

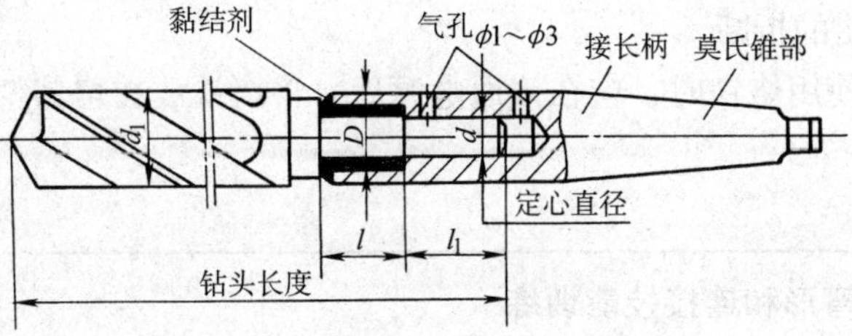

图 11－16　用黏结剂粘接长钻头

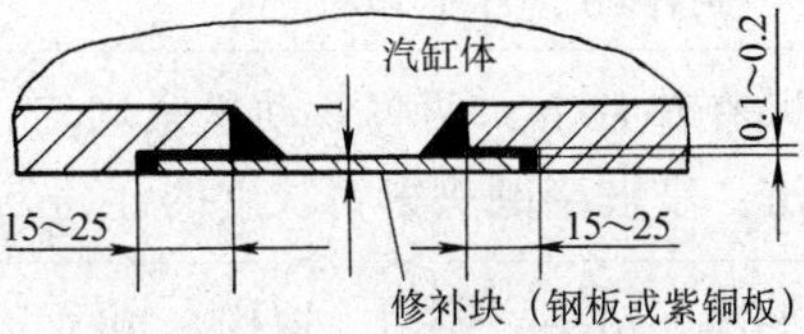

图 11－17　气缸破裂的粘接修复

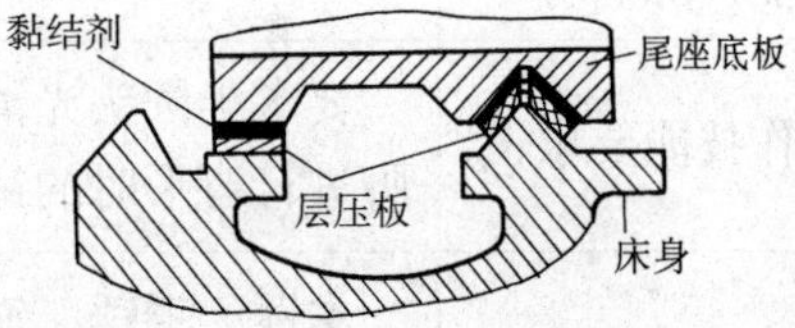

图 11－18　车床尾座底板的粘接

（2）有机黏结剂在钳工工作中的应用

1）塞规手柄与量头的连接、游标卡尺、千分尺上镶硬质合金测头，采用有机黏结剂。

2）橡皮摩擦轮的粘接（见图 11－19）。

3）塑料摩擦片的粘接（见图 11－20）。

4）铝、有机玻璃与经油漆后的钢板，不必去油漆也可用有机黏结剂粘接。

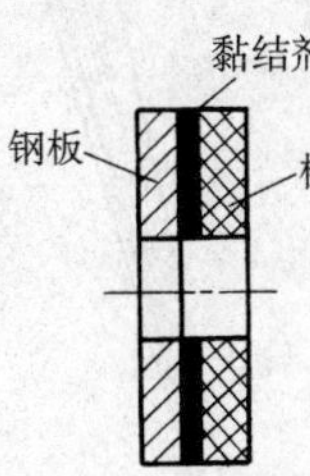

图 11－19　橡皮摩擦轮的粘接

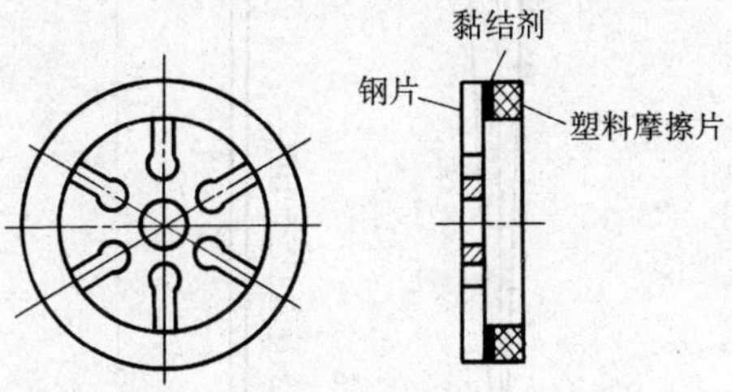

图 11－20　塑料摩擦片的粘接

</td></tr>
<tr><td>安全文明生产</td><td>

（1）热矫正时应预防高温烫伤。

（2）弯曲时应预防重击下工件反弹伤人。

（3）锤击时应准确，避免在工件上出现大量锤击痕迹，必要时可应用木锤、铜锤等软质锤子进行锤击。

（4）使用烙铁时应防止触电、烫伤等事故发生。

（5）使用黏结剂时应防止伤及皮肤和眼睛。

</td></tr>
</table>

名称	操作要点
维护与保养	(1) 在台虎钳上进行矫正与弯曲时，应注意锤击的方向及击打力的大小，避免造成台虎钳的折断。 (2) 使用烙铁时，应在接通电源后，将烙铁放在烙铁架上，以防烫坏电线。

三、矫正、弯形和连接技能训练

作业1

技能训练名称	制作内、外卡钳
操作技能要求	要求半圆头光滑且平贴在垫片上，两脚活动松紧均匀；掌握对钳脚进行弯形时的锤击方法；掌握半圆头铆钉长度的计算方法。
工具、量具、刃具	木锤、铜锤、铁砧、平锉、钻头、铰刀、罩模、顶模、压紧冲头、划针、划规、样冲、砂布、钢直尺、游标卡尺、弯形工具。

技能训练图

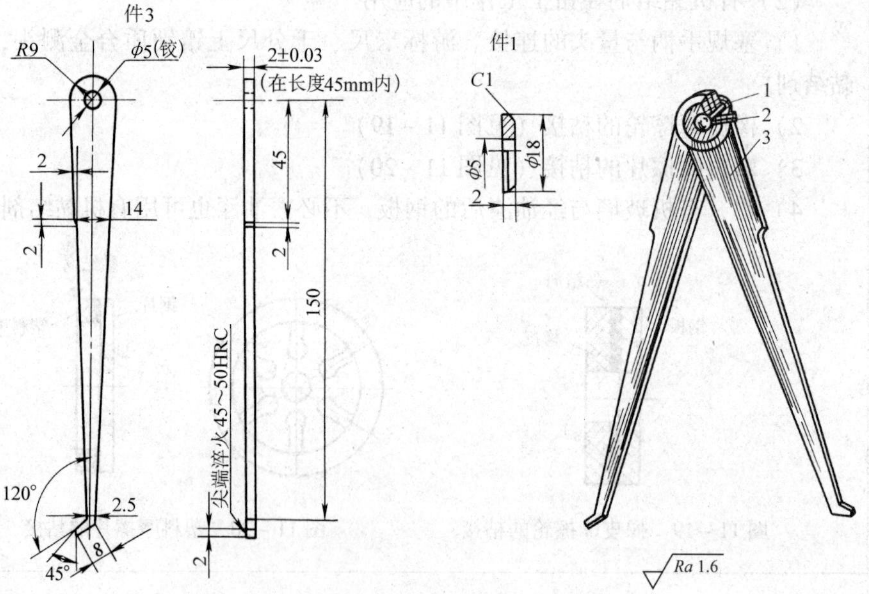

图11－21 内卡钳

工件名称	件数	序号	零件名称	材料	规格	数量
内卡钳	1	1	垫片	45	ϕ18 mm×2 mm	2
		2	半圆头铆钉	45	ϕ5 mm×16 mm	1
		3	卡钳	45	180 mm×20 mm×3 mm	2

技能训练图

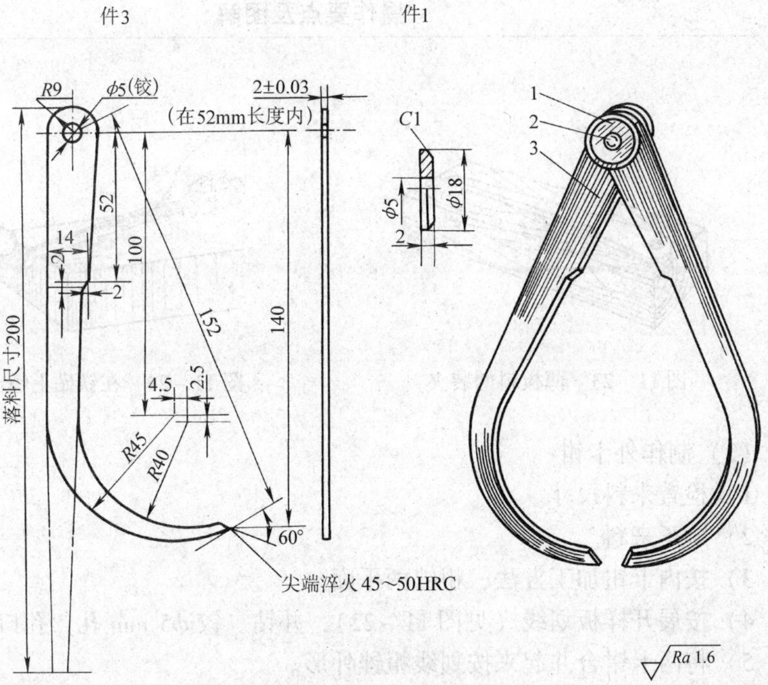

图11－22　外卡钳

工件名称	件数	序号	零件名称	材料	规格	数量
外卡钳	1	1	垫片	45	ϕ18 mm×2 mm	2
		2	半圆头铆钉	45	ϕ5 mm×16 mm	1
		3	卡钳	45	200 mm×20 mm×3 mm	2

名称	操作要点及图解

步骤

（1）制作内卡钳

1）检查来料尺寸。

2）矫正来料。

3）将薄板料用圆钉装夹在木板上（见图11－23）。

4）按做好的展开样板划线（见图11－21）。

5）两卡钳贴合，钻、铰 ϕ5 mm孔，保证与铆钉紧配，孔口倒角C1。

6）将两卡钳合并，用M5螺钉与螺母拧紧，按划线粗锉外形。

7）将两卡钳按图11－24所示弯形，达到图样要求。

8）将两卡钳装夹在木板上，精锉两平面，达到尺寸（2±0.03）mm、表面粗糙度值不超过Ra 1.6 μm的要求。

9）用铆钉通过 ϕ5 mm孔将两卡钳串叠在一起，同时在两侧套上 ϕ18 mm的垫片。用半圆头铆接方法铆接，要求半圆头光滑且平贴在垫片上，两脚活动松紧均匀。

10）按图样尺寸修整外形，锉好两脚处斜面，要求两脚等高。尖端淬火至硬度45～50HRC，最后用砂布抛光。

<table>
<tr><th>名称</th><th>操作要点及图解</th></tr>
<tr><td>步骤</td><td>
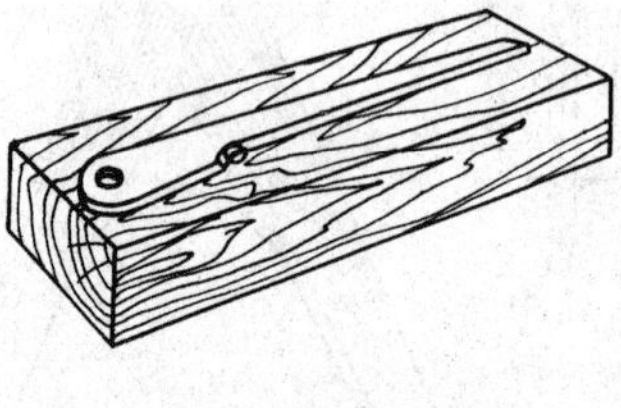

图 11－23　薄板料的装夹

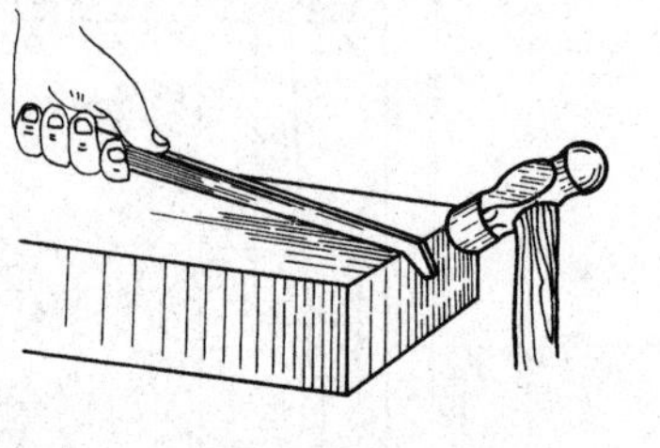

图 11－24　在铁砧上锤击弯形

（2）制作外卡钳
1）检查来料尺寸。
2）矫正来料。
3）按内卡钳加工方法，粗锉两平面。
4）按展开样板划线（见图 11－22），并钻、铰 $\phi 5$ mm 孔，孔口倒角 $C1$。
5）将两卡钳合并起来按划线粗锉外形。
6）用弯形工具弯制两卡钳，使其符合图样形状，并用铆钉串入两卡钳，检查两卡钳的形状是否一致。
7）精锉两平面，达到尺寸（2 ±0.03）mm、表面粗糙度值不超过 Ra 1.6 μm 的要求。
8）把两卡钳与两只垫片用铆钉串装好，并铆至符合要求。
9）修整外形与脚尖，要求两卡钳测量面对齐、对平。尖端淬火至硬度 45 ~ 50HRC，最后全面抛光。
</td></tr>
<tr><td>注意事项</td><td>
（1）卡钳是薄板料，因此在矫平时必须用木锤敲击，以免敲出印痕。
（2）外卡钳进行弯形时，要用铜质圆头锤子敲击。敲击时，必须从宽处逐步敲到脚尖处，如果相反会使圆弧太小。
（3）在半圆头铆接时，必须将铆钉头放入顶模凹圆内再敲击，防止铆钉头圆面损坏。
（4）铆钉长度不可太短或太长，以免铆不成半圆或产生涨边现象。
（5）铆接时要确保卡钳与卡钳之间，铆合头与卡钳之间的贴合符合要求。
（6）用罩模在前后左右摇动铆合时，应防止罩模接触垫片表面，以免敲出印痕，破坏外形。
（7）铆接接触面必须平直，两卡钳的平行度必须控制在最小范围内，这样才能使铆接后松紧一致。
</td></tr>
</table>

<table>
<tr><td rowspan="13">成绩评定</td><td>工件号</td><td></td><td>座号</td><td></td><td>姓名</td><td></td><td>总得分</td><td></td></tr>
<tr><td>项目</td><td colspan="4">质量检测内容</td><td>配分</td><td>评分标准</td><td>实测结果</td><td>得分</td></tr>
<tr><td rowspan="8">矫正、弯形、连接</td><td colspan="4">（2 ±0. 03）mm（4 处）</td><td>8 分</td><td>每超差一处扣 2 分</td><td></td><td></td></tr>
<tr><td colspan="4">R9 mm（4 处）</td><td>16 分</td><td>要求圆弧光滑且尺寸正确。每处不符合要求扣 4 分</td><td></td><td></td></tr>
<tr><td colspan="4">ϕ5 mm 铆钉头（4 处）</td><td>16 分</td><td>要求铆钉头光滑。
每处不符合要求扣 4 分</td><td></td><td></td></tr>
<tr><td colspan="4">半圆头铆接</td><td>8 分</td><td>要求松紧均匀。
每处不符合要求扣 4 分</td><td></td><td></td></tr>
<tr><td colspan="4">R40 mm（2 处）</td><td>12 分</td><td>要求两卡钳弯形正确。
每处不符合要求扣 6 分</td><td></td><td></td></tr>
<tr><td colspan="4">两卡钳形状一致，脚尖对齐</td><td>8 分</td><td>要求符合图样要求，
每处不符合要求扣 4 分</td><td></td><td></td></tr>
<tr><td colspan="4">两卡钳外形尺寸 ±0. 20 mm（2 只）</td><td>14 分</td><td>每超差一处扣 7 分</td><td></td><td></td></tr>
<tr><td colspan="4">表面粗糙度值不超过 Ra 1. 6 μm（2 面）</td><td>8 分</td><td>每处升高一级扣 1 分</td><td></td><td></td></tr>
<tr><td colspan="5">安全文明生产</td><td>10 分</td><td>违者不得分</td><td></td><td></td></tr>
<tr><td>现场记录</td><td colspan="7"></td></tr>
</table>

作业 2

技能训练名称	制作划规
操作技能要求	掌握条料的矫正方法；掌握 120°角的锉配方法，并达到规定的精度要求；进一步掌握半圆头铆接操作；掌握修整和刃磨工具的技能。
工具、量具、刃具	木锤、铜锤、铁砧、平锉、整形锉、砂布、钻头、铰刀、丝锥、刮刀、罩模、顶模、压紧冲头、钢直尺、游标卡尺、90°角尺、120°样板。

<table>
<tr><td>技能训练图</td><td>
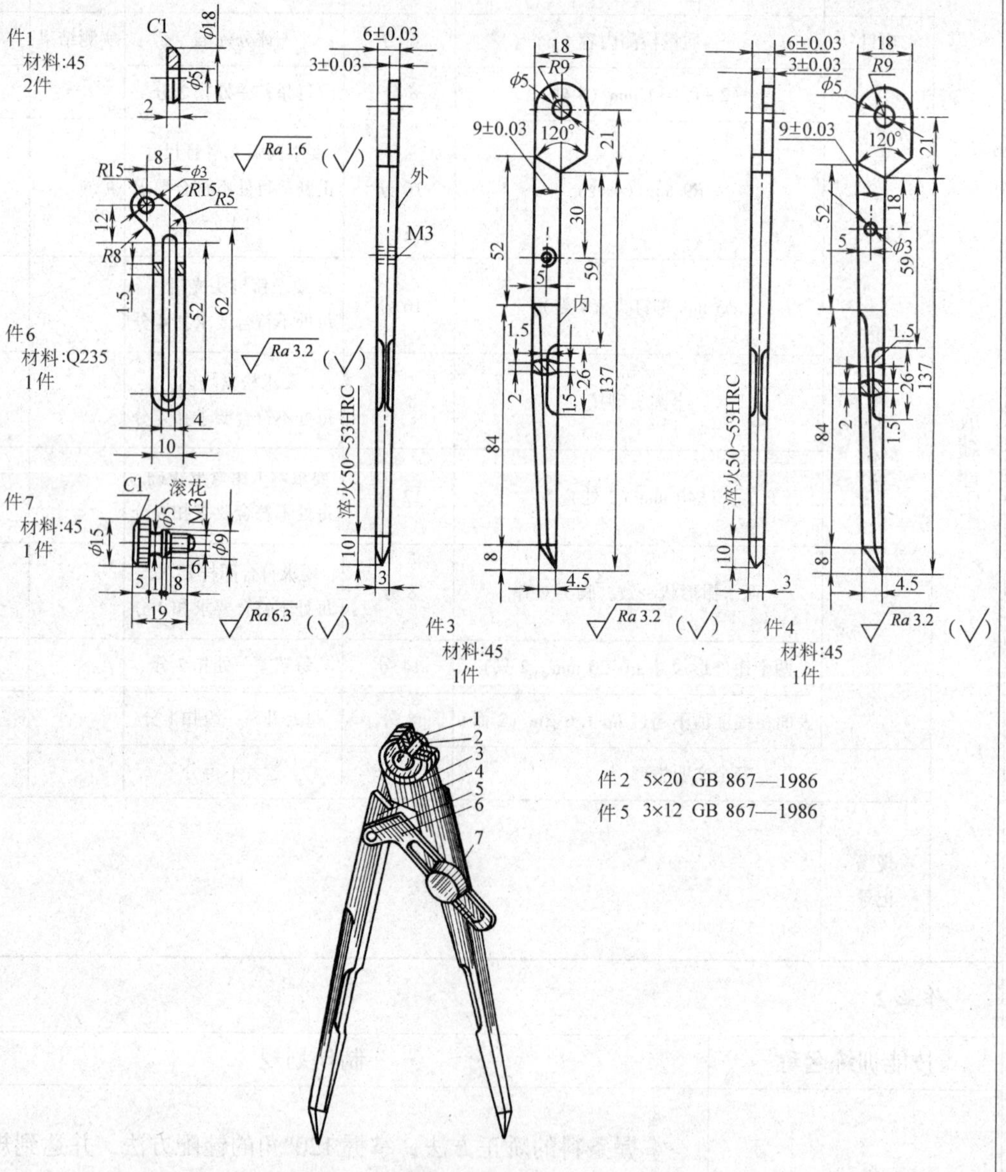

图11-25 划规

1—垫片 2—半圆头铆钉 3—右划规脚 4—左划规脚

5—半圆头铆钉 6—活动连板 7—紧固螺钉
</td></tr>
<tr><td>名称</td><td>操作要点</td></tr>
<tr><td>步骤</td><td>（1）对两划规坯料做形状及尺寸检查，并校直两划规坯件。
（2）锉两脚 6 mm 厚的外平面，达到平直。
（3）锉两脚 9 mm 宽的内侧面，保证与外平面垂直，并注意对称于全宽处尺寸不小于 18 mm。</td></tr>
</table>

名称	操作要点
步骤	（4）分别以外平面和内侧面为基准划 3 mm 及内、外 120°角加工线。 （5）锉 120°内角，再加工 3 mm 及 120°外角，内、外 120°角的交线必须留在 9 mm 内侧面以内，使之留有 0.2～0.3 mm 的锉配修整余量。 （6）锉配 120°两划规角，达到配合间隙不超过 0.04 mm，且 9 mm 内侧面配合间隙不超过 0.04 mm。 （7）以内侧面和 120°角交线为基准，划 ϕ5 mm 孔位线。 （8）两脚并合夹紧，同时钻、铰 ϕ5 mm 孔，孔口去毛刺，倒角。 （9）以内侧面和外平面为基准，分别划 9 mm、18 mm 及 6 mm 的加工线，然后用 M5 螺钉、螺母将 ϕ5 mm 垫片和两脚合并夹紧，按线进行外形粗锉。 （10）确定一只脚为右脚，划 ϕ2.5 mm 孔线，钻孔、攻 M3 螺纹。 （11）用 ϕ5 mm 铆钉铆接，达到活动铆接的要求。 （12）精加工外形尺寸，达到尺寸（9 ±0.03）mm、（6 ±0.03）mm 和表面粗糙度值 *Ra* 3.2 μm 的要求，并根据垫圈外径修锉 *R*9 mm 圆头。 （13）按图在两脚上划出外侧倒角线及内侧捏手槽位置线，并按要求锉削成型，达到各棱交线清晰，内圆弧圆滑光洁，两脚对称。 （14）脚尖锉削成型，淬火至硬度 50～53HRC，并将表面抛光。 （15）按活动连板图样尺寸进行划线（可制作样板划线），并按划线制作活动连板，最后用砂布抛光。 （16）将活动连板用 M3 紧固螺钉装在右脚上，在两脚并拢的情况下，调整好活动连板的正确位置并拧紧螺钉，在左脚上配钻 ϕ3 mm 铆钉孔，孔口去毛刺，用 ϕ3 mm 铆钉做活动铆接。 （17）全部复查及修整，达到使用要求。
注意事项	（1）120°面与 3 mm 面的垂直度误差方向以小于 90°为好，且需要清理内角，以便于达到配合要求。 （2）铆合面必须平直光洁，平行度误差必须控制在最小范围内，才能保证铆接后两划规转动松紧适度。 （3）钻 ϕ5 mm 铆孔时，必须两脚夹紧配合正确，并钻在两脚内侧面延长线上，否则将使合并间隙达不到要求，又无法再修整加工。 （4）在加工外侧倒角与内侧捏手槽时，必须一起划线，锉两脚时应经常并拢检查大小和长短是否一致，否则影响划规外形质量。 （5）在加工活动连板时，由于厚度尺寸小，应先加工长槽后再加工外形轮廓，钻孔时必须夹牢，避免造成工伤和折断钻头。 （6）由于活动连板加工时有尺寸、形状的误差，为使装配后位置正确，可将 M3 螺钉孔（或 ϕ3 mm 铆钉孔）的位置用试装配钻方法确定。

<table>
<tr><td rowspan="17">成绩评定</td><td>工件号</td><td colspan="2">座号</td><td>姓名</td><td></td><td>总得分</td><td></td></tr>
<tr><td>项目</td><td colspan="2">质量检测内容</td><td>配分</td><td>评分标准</td><td>实测结果</td><td>得分</td></tr>
<tr><td rowspan="13">矫正、弯形、连接</td><td colspan="2">(9 ±0.03) mm (2 处)</td><td>6 分</td><td>每超差一处扣 3 分</td><td></td><td></td></tr>
<tr><td colspan="2">(6 ±0.03) mm (2 处)</td><td>6 分</td><td>每超差一处扣 3 分</td><td></td><td></td></tr>
<tr><td colspan="2">120°配合间隙 (2 处)</td><td>16 分</td><td>每超差一处扣 8 分</td><td></td><td></td></tr>
<tr><td colspan="2">两脚并合间隙 0.08 mm</td><td>8 分</td><td>超差不得分</td><td></td><td></td></tr>
<tr><td colspan="2">R9 mm (2 处)</td><td>6 分</td><td>要求圆头光滑正确,每处不符合要求扣 3 分</td><td></td><td></td></tr>
<tr><td colspan="2">ϕ5 mm (2 处)</td><td>8 分</td><td>要求铆钉铆接松紧适宜,铆合头完整,否则每处扣 4 分</td><td></td><td></td></tr>
<tr><td colspan="2">ϕ3 mm (2 处)</td><td>6 分</td><td>要求铆钉铆接松紧适宜,铆合头完整,否则每处扣 3 分</td><td></td><td></td></tr>
<tr><td colspan="2">活动连板尺寸和形状</td><td>4 分</td><td>符合图样要求</td><td></td><td></td></tr>
<tr><td colspan="2">两脚倒角对称 (8 处)</td><td>16 分</td><td>每处不符合要求扣 2 分</td><td></td><td></td></tr>
<tr><td colspan="2">脚尖倒角对称 (2 处)</td><td>6 分</td><td>每处不符合要求扣 3 分</td><td></td><td></td></tr>
<tr><td colspan="2">表面粗糙度值不超过 Ra 3.2 μm (8 处)</td><td>8 分</td><td>每处升高一级扣 1 分</td><td></td><td></td></tr>
<tr><td colspan="3">安全文明生产</td><td>10 分</td><td>违者不得分</td><td></td><td></td></tr>
<tr><td>现场记录</td><td colspan="6"></td></tr>
</table>

四、思考与练习

1. 手工矫正方法有几种?
2. 简述半圆头铆钉的铆接方法。

课题十二

刮　削

一、教学要求

1. 掌握正确的刮削姿势及操作要领。
2. 能对刮刀进行刃磨。
3. 掌握刮削质量的检验方法。

二、刮削的基本操作

名称	操作要点及图解
刮刀刃磨	粗、细磨刮刀在砂轮上刃磨；精磨刮刀时在油石上进行。这里主要介绍精磨刮刀的方法。 (1) 平面刮刀的刃磨　操作时在油石上加适量机油，先磨两平面（见图12－1a)，按图中所示的箭头方向往复移动刮刀，直至平面磨平整为止。然后精磨端面（见图12－1b)。刃磨时左手扶住靠近手柄的刀身，右手紧握刀身，使刮刀直立在油石上，略带前倾（前倾角度根据刮刀 β 角的不同而定）地向前推移，拉回时刀身略微提起，以免损伤刃口，如此反复，直到切削部分的形状和角度符合要求，且刃口锋利为止。当一半面磨好后再磨另一半面。初学时还可将刮刀上部靠在肩上，两手握刀身，向后拉动来磨锐刃口，而向前则将刮刀提起（见图12－1c)。 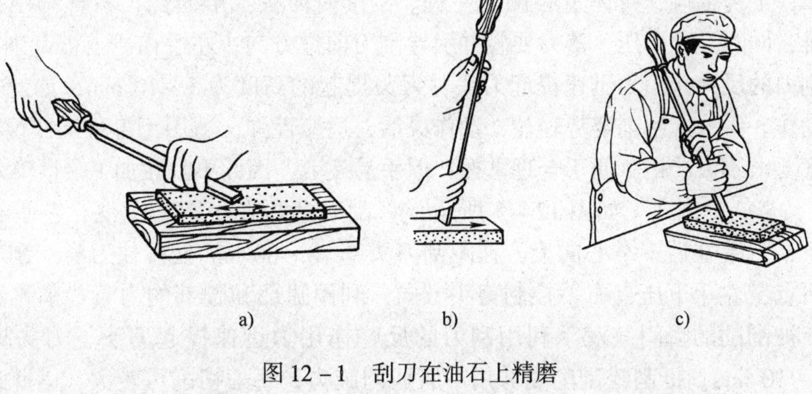 a)　b)　c) 图12－1　刮刀在油石上精磨 a）磨平面　b）手持磨顶端面　c）靠肩且双手握持磨端面

名称	操作要点及图解
刮刀刃磨	刃磨时，刮刀楔角的大小应根据粗、细、精刮的要求而定（见图 12－2）。 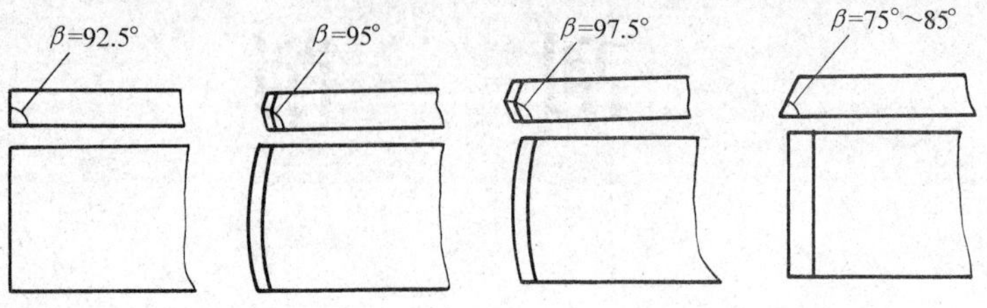 a)　　b)　　c)　　d) 图 12－2　刮刀切削部分的几何形状和角度 a）粗刮刀　b）细刮刀　c）精刮刀　d）韧性材料刮刀 （2）曲面刮刀的刃磨　三角刮刀淬火后，在油石上进行精磨，用右手握刀柄，左手轻压切削刃（见图 12－3a），使两切削刃边同时与油石接触（见图 12－3b）。刮刀沿着油石长度方向来回移动，并按切削刃弧形做上下摆动，要求将三个弧形面全部刃磨光洁，刃口锋利。柳叶刮刀和蛇头刮刀两平面的粗、精磨方法与平面刮刀相同，刀头两圆弧面的刃磨方法与三角刮刀相似。 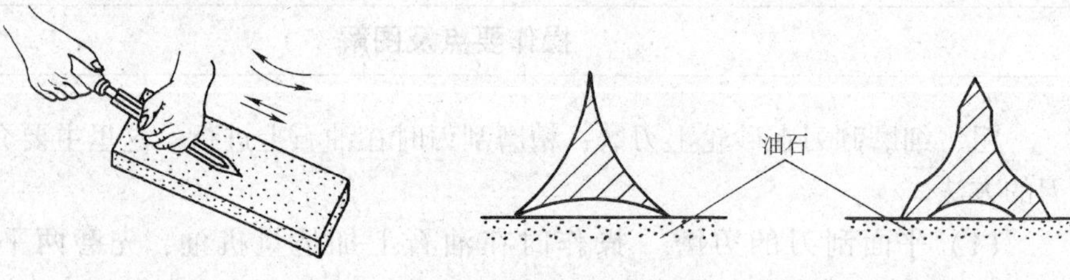 a)　　b) 图 12－3　三角刮刀的精磨 a）磨削姿势　b）刮刀断面图
平面刮削姿势	平面刮削姿势分为手推式和挺刮式两种。 1）手推式　如图 12－4 所示，右手握刀柄，左手四指向下握住距刮刀头部 50～70 mm 处，拇指和掌部贴在刀背上，刮刀与刮削面成 25°～30°角。同时，左脚前跨一步，上身前倾，身体重心偏向左脚。刮削时刀头找准研点，右臂利用上身摆动向前推，同时左手下压，落刀要轻并引导刮刀前进方向；左手在研点被刮削的瞬间，借助刮刀的反弹作用力迅速提起刀头，刀头提起的高度为 5～10 mm，如此完成一个刮削动作。手推式刮削姿势轻盈，动作灵活，适应性强，适用于各种工作位置，对刮刀长度要求不太严格，便于合理掌握；但手易疲劳，因此不宜在加工余量较大的场合采用。 2）挺刮式　如图 12－5 所示，将刮刀柄顶在小腹右下侧，左手在前，掌心向下；右手在后，掌心向上，在距刮刀头部 70～80 mm 处握住刀身。刮削时刀头对准研点，左手下压，右手控制刀头方向，利用腿部和腰部的力量往前推动刮刀；在研点被刮削的瞬间，双手利用刮刀的反弹作用力迅速提起刀头，刀头提起的高度为 5～10 mm。挺刮式刮削姿势用下腹肌肉施力，每刀切削量较大，因此适合大余量的刮削，工作效率较高，但需要弯曲身体操作，故腰部易疲劳。

名称	基本操作及图解
平面刮削姿势	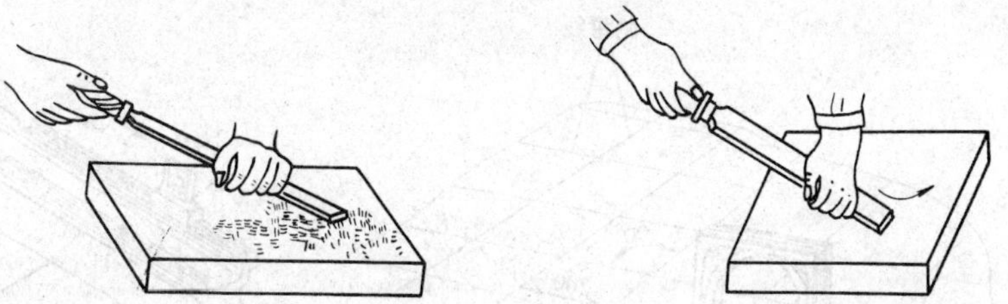 图 12－4　手推式刮削 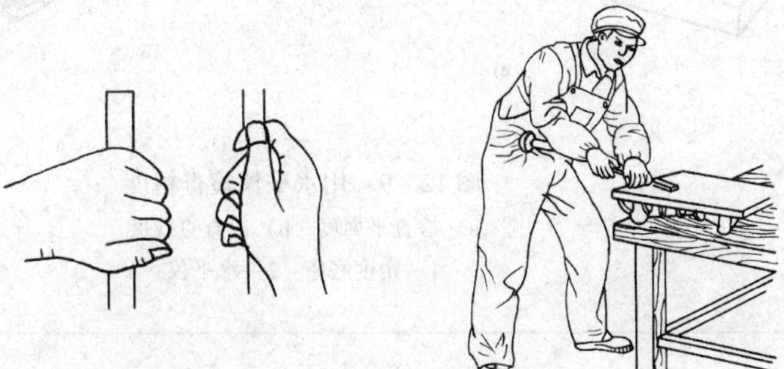 a)　　b) 图 12－5　挺刮式刮削 a）刮刀的握法　b）挺刮姿势
刮削精度的检查方法	刮削精度的检查方法分为平面检查和曲面检查两种。 （1）以接触点数目检验接触精度。将边长为 25 mm 的正方形方框罩在被检查面上（见图 12－6），根据在方框内的接触点数目的多少确定其接触精度。 （2）用标准平板和百分表检查平行度（见图 12－7）。 （3）用标准圆柱检查垂直度（见图 12－8）。 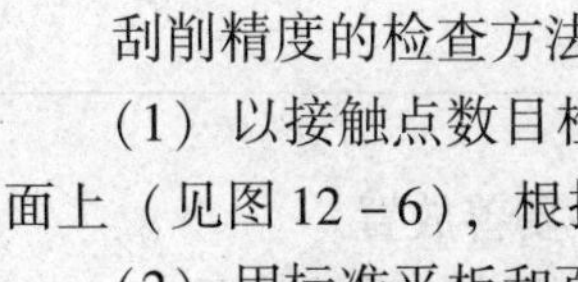 图 12－6　用方框检查接触点 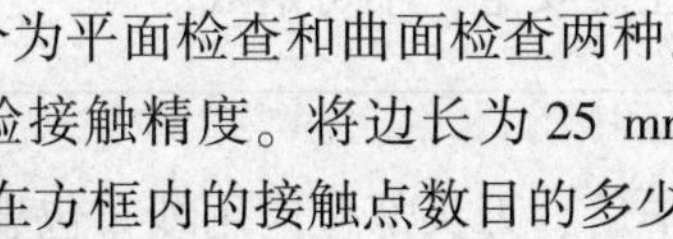 图 12－7　用标准平板和百分表检查平行度 1—标准平板　2—工件　3—百分表 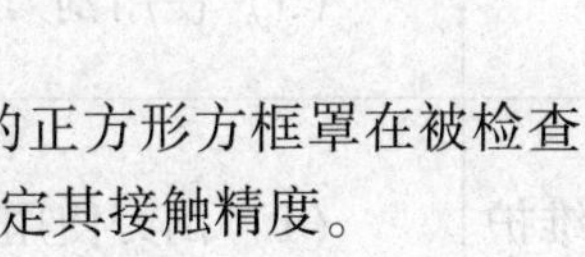 图 12－8　用标准圆柱检查垂直度 1—工件　2—标准圆柱　3—标准平板

刮削精度的检查方法	（4）用水平仪检查平面度和直线度（见图 12 –9）。 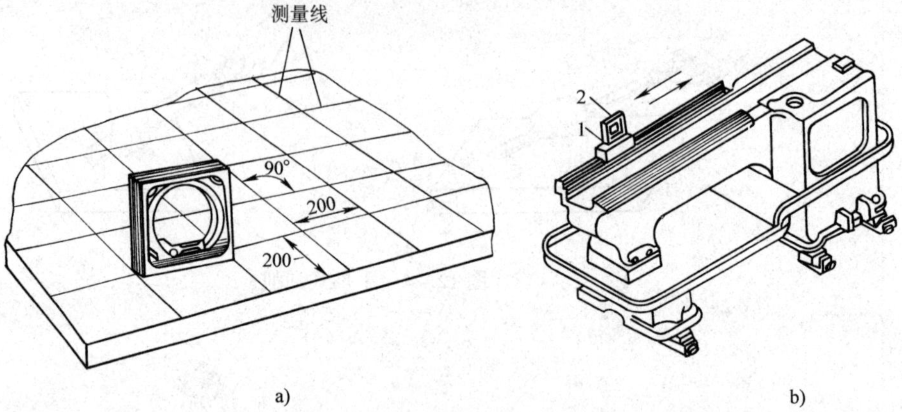 图 12 –9　用水平仪检查精度 a）检查平面度　b）检查直线度 1—角度底座　2—水平仪
安全文明生产	（1）在显点研刮时，工件不可超出标准平板太多，以免掉下而损坏工件。 （2）刃磨时施加压力不能太大，刮刀应缓慢接近砂轮，避免刮刀颤抖过大造成事故。 （3）刮刀柄要安装可靠，防止木柄破裂，使刮刀柄端穿过木柄伤人。 （4）刮削工件边缘时，不可用力过猛，以免失控，发生事故。 （5）使用刮刀时注意安全，不可嬉戏。
维护与保养	（1）刮刀使用完毕后，刀头部位应用纱布包裹，妥善放置。 （2）标准平板使用完毕后，须擦洗干净，并涂抹机油，妥善放置。 （3）正确合理地使用砂轮和油石，防止出现局部凹陷，降低使用寿命。

三、刮削技能训练

作业 1

技能训练名称	刮削原始平板
操作技能要求	掌握原始平板的研刮步骤；掌握粗、细、精刮的方法和要领，并达到一定的刮削精度。
工具、量具、刃具及材料	粗、细、精刮平面刮刀，显示剂，方框，三块平板。

<table>
<tr><td>技能训练图</td><td>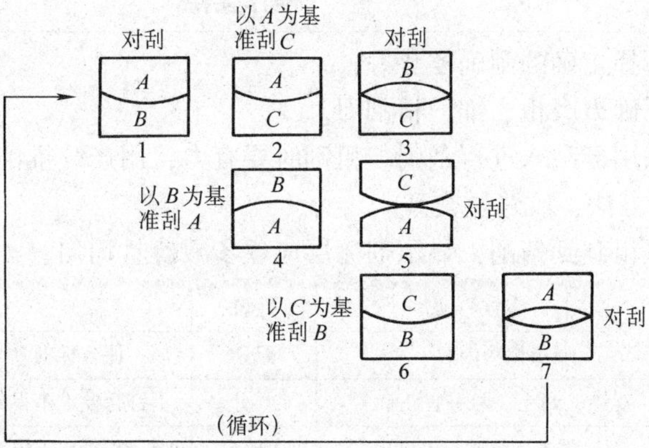

图 12－10　原始平板循环刮研法</td></tr>
<tr><th>名称</th><th>操作要点及图解</th></tr>
<tr><td>研点方法</td><td>一般采用渐进法刮削，即不用标准平板，而以三块（或三块以上）平板依次循环互研互刮，直至达到要求。
推研（见图 12－11）时，先直研（纵、横面）以消除纵横起伏产生的平面度误差（见图 12－12a），通过几次循环，达到各平板显点一致。然后采用对角刮研（见图 12－12b），消除平面的扭曲误差。
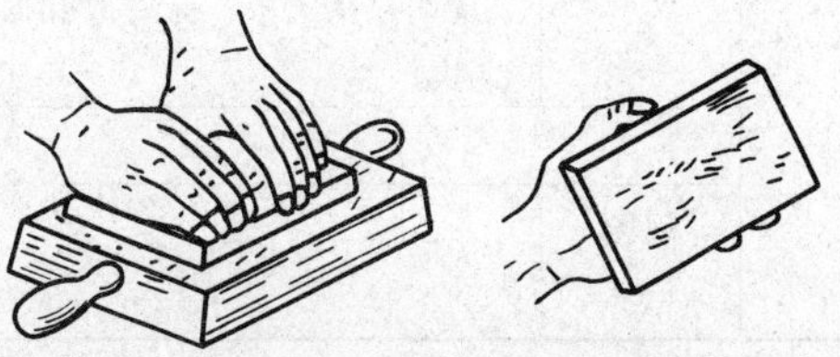
a)　　b)
图 12－11　平面的显点方法
a）推研　b）显点
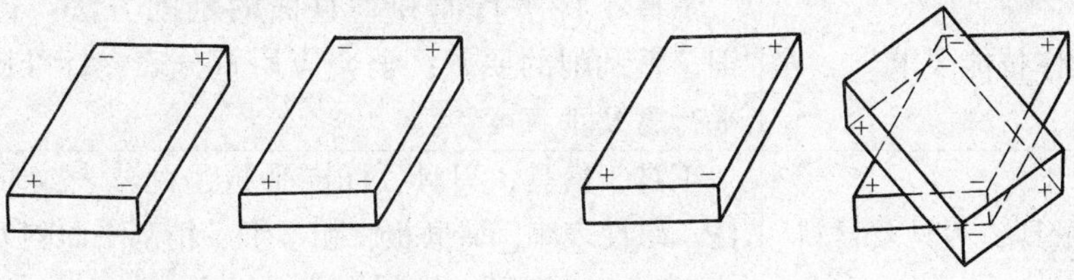
a)　　b)
图 12－12　对角研点方法
a）直研，显点一致　b）对角刮研</td></tr>
<tr><td>步骤</td><td>（1）将三块平板分别编为 A、B、C，按编号次序进行刮削。其刮削步骤如图 12－10 所示。
（2）第一轮：使表面研点分布均匀，刀迹交叉，无落刀痕和起刀痕及振痕。
（3）第二轮：使三块平板表面，无论直研、横研和对角研显点都完全一致，分布均匀。
（4）进行精刮直至用各种研点方法得到相同的清晰点，且每块平板上任意 25 mm×25 mm 内均达到 20 点以上，表面粗糙度值不超过 Ra 0.8 μm，刀迹排列整齐美观，刮削即告完成。</td></tr>
</table>

名称	操作要点
注意事项	（1）选择正确的刮削姿势。 （2）正确刃磨粗、细、精刮刀。 （3）采用挺刮式进行刮削。粗刮时要有力，用连续推刮方式；细刮和精刮必须采用挑点的方法，纹路要交叉。 （4）从粗刮到精刮，显示剂涂层应逐步减薄且均匀。

成绩评定

工件号		座号		姓名		总得分	

项目	质量检测内容	配分	评分标准	实测结果	得分
刮削	姿势（站立、两手）正确	20 分	不符合要求不得分		
	刀迹整齐、美观（3 块）	10 分	每块不符合要求扣 3 分		
	每 25 mm × 25 mm 面积含 18 个接触点以上（3 块）	24 分	每块不符合要求扣 8 分		
	点子清晰、均匀，每 25 mm × 25 mm 点数允差 6 点（3 块）	18 分	每块不符合要求扣 6 分		
	无明显落刀痕，无丝纹和振痕（3 块）	18 分	每块不符合要求扣 6 分		
安全文明生产		10 分	违者不得分		
现场记录					

作业 2

技能训练名称	刮削平行直角块
操作技能要求	掌握工件平行面和垂直面的刮削方法；进一步掌握粗、细、精刮削的要领；学会应用百分表、标准圆柱测量尺寸、平行度及垂直度。
工具、量具、刃具及材料	工具、量具、刃具：标准平板，百分表，千分尺，标准圆柱，磁性表座，研磨板，粗、细、精刮平面刮刀，红丹粉。 材料：由课题六锉削作业 2 转来。

技能训练图

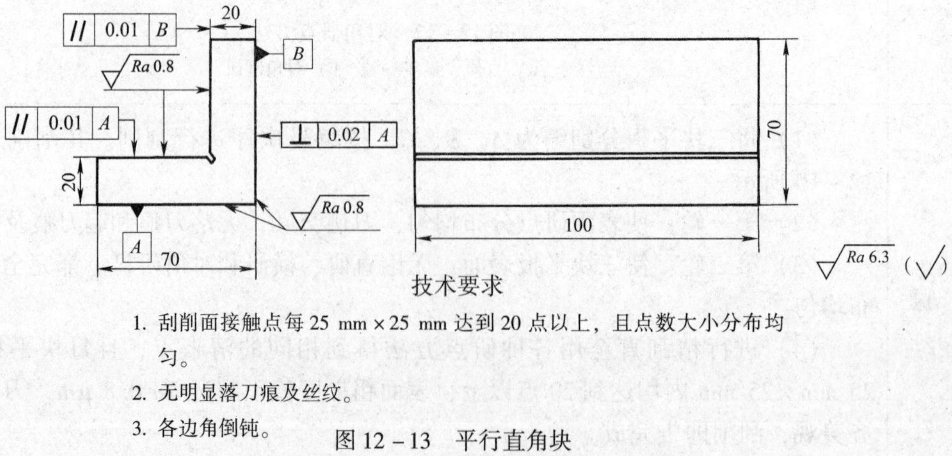

技术要求

1. 刮削面接触点每 25 mm × 25 mm 达到 20 点以上，且点数大小分布均匀。
2. 无明显落刀痕及丝纹。
3. 各边角倒钝。

图 12－13　平行直角块

名称	操作要点
步骤	（1）各棱边倒角 $C1$。 （2）测量来料尺寸及各面的位置误差，确定加工余量。 （3）粗、精刮削 A 面达到图样要求。 （4）粗、精刮削 B 面达到图样要求。粗、精刮削 A、B 面的平行面达到图样要求。
注意事项	（1）可在工件上压一个适当的重物，采取自重力研点，以保证研点的准确性。 （2）要掌握接触显点的分布误差与垂直度、平行度误差的不同情况，防止修整的盲目性和片面性。 （3）要互相兼顾，避免因修整某一面时影响其他面的精度。 （4）测量时必须擦拭干净，保证测量的准确性。

成绩评定	工件号	座号	姓名		总得分	
	项目	质量检测内容	配分	评分标准	实测结果	得分
	刮削	⊥ 0.02 A	14 分	超差不得分		
		// 0.01 B	14 分	超差不得分		
		// 0.01 A	14 分	超差不得分		
		20 点/（25 mm × 25 mm）	32 分	每面不符合要求扣 8 分		
		表面粗糙度值 Ra 0.8 μm	16 分	每处每升高一级扣 4 分		
	安全文明生产		10 分	违者不得分		
	现场记录					

作业 3

技能训练名称		刮削铜轴承	
操作技能要求	掌握曲面刮削的姿势和操作要领。	技能训练图	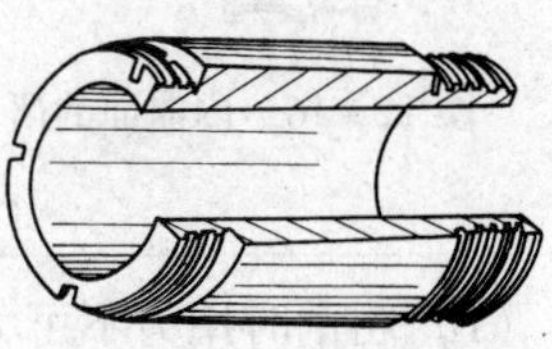 图 12－14　铜轴承
工具、量具、刃具及材料	工具、量具、刃具：三角刮刀、蛇头刮刀、25 mm × 25 mm 方框、校准轴（工艺轴）或配合轴颈、蓝油。 材料：ZQSn10－1。		

<table>
<tr><th>名称</th><th>操作要点及图解</th></tr>
<tr><td>步骤</td><td>

（1）选择内曲面刮削姿势　如图 12－15a 所示，右手握刀柄，左手掌心向下且四指在刀身中部横握，拇指抵着刀身。刮削时右手做圆弧运动，左手顺着曲面方向使刮刀做前推或后拉的螺旋形运动，刀迹与曲面轴心线成 45°角交叉进行。另一种姿势如图 12－15b 所示，将刮刀柄搁在右手臂上，左手掌心向下握在刀身前端，右手掌心向上握在刀身后端。刮削时左、右手的动作和刮刀运动的方向与上一种姿势一样。

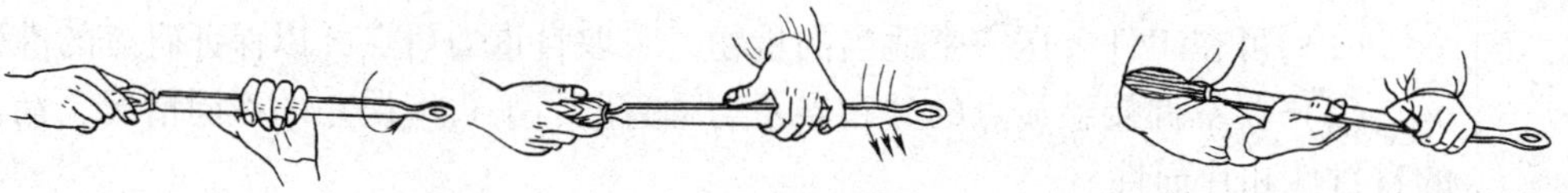

a)　　b)

图 12－15　内曲面刮削姿势

（2）研点　内圆面刮削一般以校准轴（又称工艺轴）或相配合的工作轴为内圆面研点的校准工具。校准时将显示剂涂布在轴的圆周面上，使轴在内曲面上来回旋转显示出研点（见图 12－16），然后根据研点进行刮削。

（3）粗刮　如图 12－17a 所示，练习姿势和力量。根据标准轴或配合轴颈研点做大切削量的刮削，使接触点均匀。

（4）细刮　如图 12－17b 所示，练习挑点。控制刀迹的长度、宽度及刮点的准确性。

（5）精刮　达到几何精度和尺寸精度要求与配合接触点的点数要求，一般为每 25 mm×25 mm 内 8～12 点。

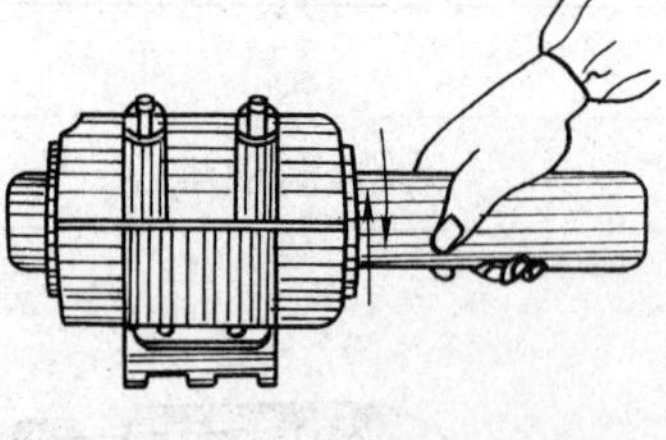

图 12－16　内曲面的研点方法

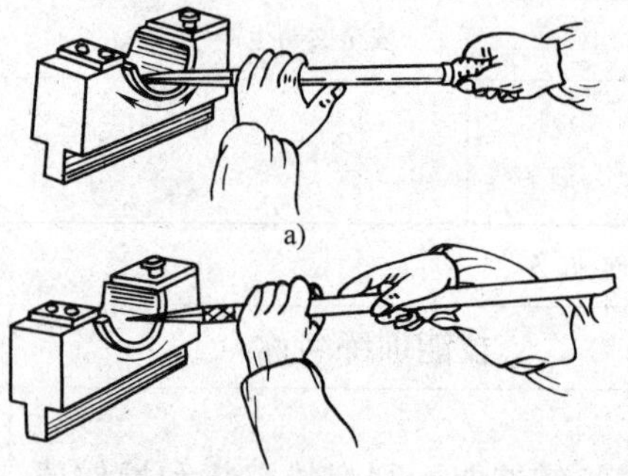

图 12－17　内曲面刮削方法

a）粗刮　b）细刮

</td></tr>
<tr><td>注意事项</td><td>

（1）粗刮时用力不可太大，防止发生抖动，产生振痕。同时应控制加工余量，以保证细刮和精刮达到尺寸精度要求。

（2）研点时标准轴或配合轴颈来回旋转；精刮时转动弧长应小于 25 mm。

（3）每刮一遍之后，下一遍都应交叉进行，避免刮削面产生波纹，研点也不能成条状。

</td></tr>
</table>

名称	操作要点及图解
注意事项	（4）前、后端约 1/3 轴承长度内的研点应“硬”而密些，中间的研点可稍“软”些，以防止前、后端磨损太快；同时也利于切削液进入，使轴工作稳定。 （5）选择合适的切削角度（见图 12－18），粗刮时前角大些；精刮时前角小些，精刮时可使刀具处于负前角状态，这样刮出的切屑极薄，不会产生凹痕。

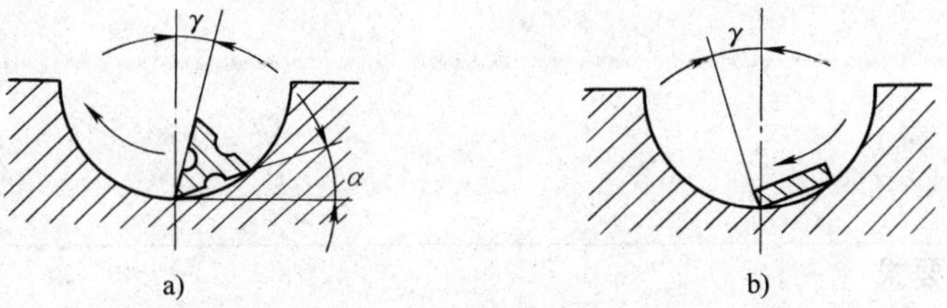

图 12－18　曲面刮削的切削角度

a）三角刮刀的切削角度　b）蛇头刮刀的切削角度

成绩评定

工件号		座号		姓名		总得分	
项目	质量检测内容			配分	评分标准	实测结果	得分
刮削	12 点/（25 mm×25 mm）			50 分	超差不得分		
	无明显刀痕及丝纹			20 分	不符合要求不得分		
	表面粗糙度值 *Ra* 1.6 μm			20 分	升高一级不得分		
	安全文明生产			10 分	违者不得分		
现场记录							

四、刮削质量分析

刮削中容易产生的缺陷和产生原因见表 12－1。

表 12－1　　刮削面缺陷分析

缺陷形式	特征	产生原因
深凹痕	刮削面研点局部稀少，或刀迹与显示研点高低相差太多	1. 粗刮时用力不均、局部落刀太重或多次刀迹重叠 2. 刀刃弧度刃磨过大
撕痕	刮削面上有粗糙的条状刮痕，较正常刀迹深	1. 刀刃不光洁和不锋利 2. 刀刃有缺口或裂纹
振痕	刮削面上出现有规则的波纹	多次同向刮削，刀迹没有交叉
划痕	刮削面上划出深浅不一的直线	研点时夹有砂粒、铁屑等杂质，或显示剂不清洁
刮削面精度不准确	显点无规律	1. 推磨研点时压力不均，研具伸出工件太多，按出现的假点刮削造成 2. 研具本身不准确

五、思考与练习

1. 试述平面刮刀的刃磨方法。
2. 简述刮削方法。
3. 刮削质量如何检验?

课题十三

研　磨

一、教学要求

1. 了解研磨工具和研磨剂。

2. 掌握平面研磨的方法及操作要点。

二、研磨的基本操作

名称	操作要点及图解
手工研磨运动轨迹	（1）直线往复式　常用于研磨有台阶的狭长平面，如平面样板、角尺的测量面等，能获得较高的几何精度（见图 13－1a）。 （2）直线摆动式　用于研磨某些圆弧面，如样板角尺、双斜面直尺的圆弧测量面（见图 13－1b）。 （3）螺旋式　用于研磨圆片或圆柱形工件的端面，能获得较好的表面粗糙度和平面度（见图 13－1c）。 （4）8 字形或仿 8 字形式　常用于研磨小平面工件，如量规的测量面等（见图 13－1d）。 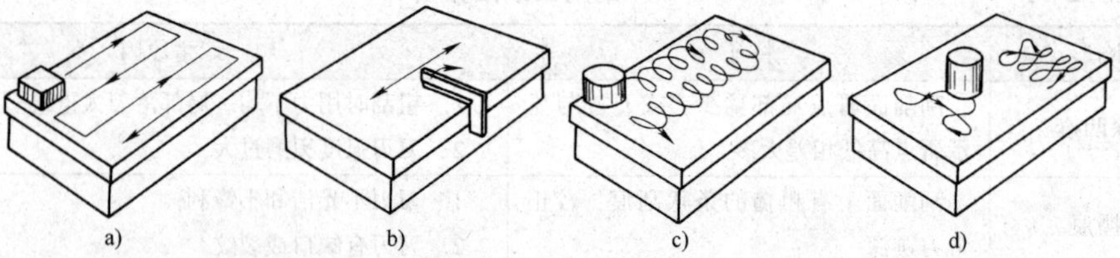 a)　b)　c)　d) 图 13－1　研磨运动轨迹 a）直线往复式　b）直线摆动式　c）螺旋式　d）8 字形或仿 8 字形式
研磨压力和速度	（1）研磨时，压力和速度对研磨效率和研磨质量有很大影响。压力太大，研磨切削量虽大，但表面粗糙度差，且容易把磨料压碎而使表面划出深痕。一般情况下，粗磨时压力可大些，精磨时压力应小些。 （2）速度也不应过快，否则会引起工件发热变形。尤其是研磨薄形工件和形状规则的工件时更应注意。一般情况下，粗研磨速度为 40～60 次/min，精研磨速度为 20～40 次/min。

名称	操作要点及图解
研磨压力和速度	研磨窄平面的工件，应用标准金属块作导靠，采用直线往复式轨迹进行研磨（见图 13－2）。 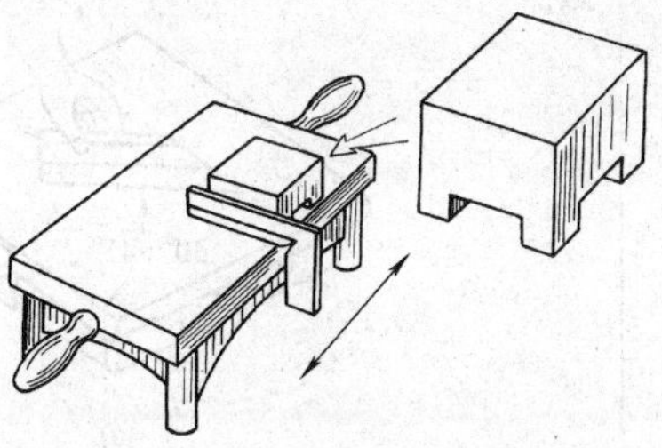 图 13－2　狭窄平面研磨
安全文明生产	研磨工具或被研磨工件需要相对固定，否则会造成移动或晃动现象，甚至出现研具与工件损坏及伤人事故。
维护与保养	（1）研磨工具材料的硬度不能高于被研磨工件材料的硬度。 （2）研磨剂不宜涂得太厚，否则会影响研磨质量，也浪费研磨剂。 （3）研磨完毕后应及时清洗研具，擦净后上油妥善保管。

三、研磨技能训练

作业 1

<table>
<tr><td colspan="2">技能训练名称</td><td colspan="2">研磨刀口形直尺</td></tr>
<tr><td>操作技能要求</td><td>掌握刀口形直尺的研磨方法。</td><td rowspan="2">技能训练图</td><td rowspan="2">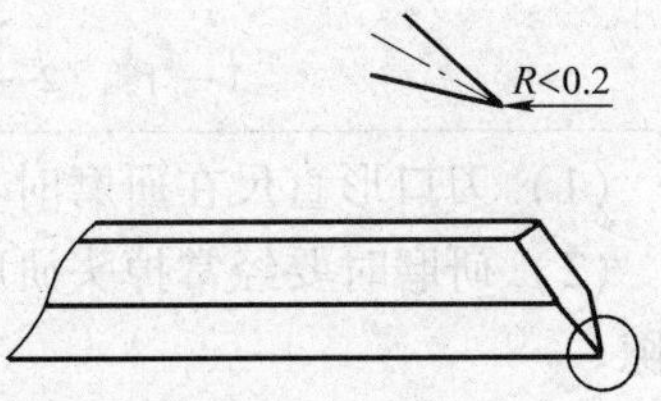

图 13－3　刀口形直尺</td></tr>
<tr><td>工具、量具、刃具及材料</td><td>工具、量具、刃具：研磨平板、研磨粉、煤油、汽油、方铁导靠块、刀口形直尺。
材料：45 钢。</td></tr>
</table>

名称	操作要点及图解
步骤	（1）粗研磨　用浸湿汽油的棉花蘸上 W20～W10 的研磨粉，均匀涂在平板的研磨面上，握持刀口形直尺（见图 13－4），采用沿其纵向移动与以刀口面为轴线而向左右作 30°角摆动相结合的运动形式。 （2）精研磨　精研磨时的运动形式与粗研磨大致相同。采用压砂平板，选用 W5 或 W7 的研磨粉，利用工件自重进行精研磨，使其表面粗糙度值达到 *Ra* 0.025 μm。

名称	操作要点及图解
步骤	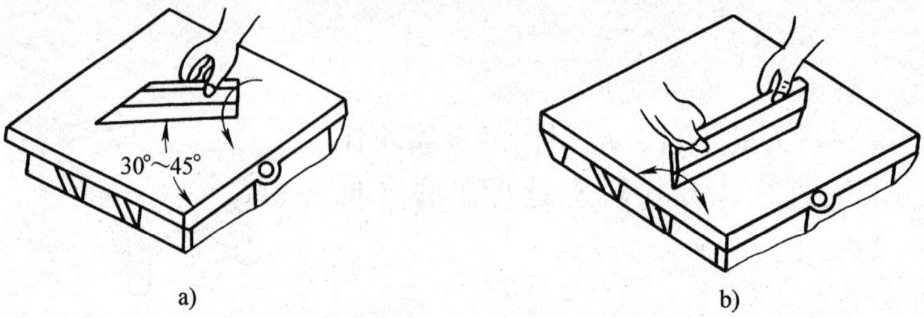 图 13－4　研磨刀口形直尺时的握持方法 a）单手握持　b）双手握持 （3）质量检验　采用光隙判别法（见图 13－5）。观察时，以光隙的颜色来判断其直线度误差。当光隙颜色为白光时，其直线度误差小于 0.02 mm；当光隙颜色为红光时，其直线度误差大于 0.01 mm；当光隙颜色为紫光或蓝光时，其直线度误差大于 0.005 mm；当光隙颜色为不透光时，其直线度误差小于 0.005 mm。 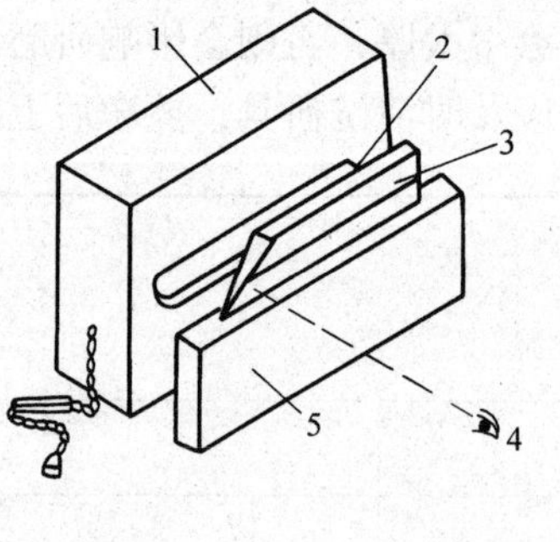 图 13－5　光隙判别法 1—灯箱　2—荧光灯　3—工件　4—眼睛　5—标准平尺
注意事项	（1）刀口形直尺在研磨时不可左右晃动，要保持平稳。 （2）研磨时要经常掉头研磨，也不可在同一位置研磨，防止研磨平板产生局部凹隙。 （3）粗研与精研时不可使用同一块研磨平板。若用同一块研磨平板，则必须用汽油将粗研磨料清洗干净后，再进行精研磨。

作业 2

技能训练名称	研磨角度样板
操作技能要求	巩固平面研磨的方法；掌握角度样板的研磨方法。
工具、量具、刃具及材料	工具、量具、刃具：研磨平板、研磨粉、煤油、汽油、方铁导靠块、刀口形直角尺、万能角度尺、千分尺。 材料：由课题七综合技能训练（一）的“制作角度样板”转来。

名称	操作要点及图解
技能训练图	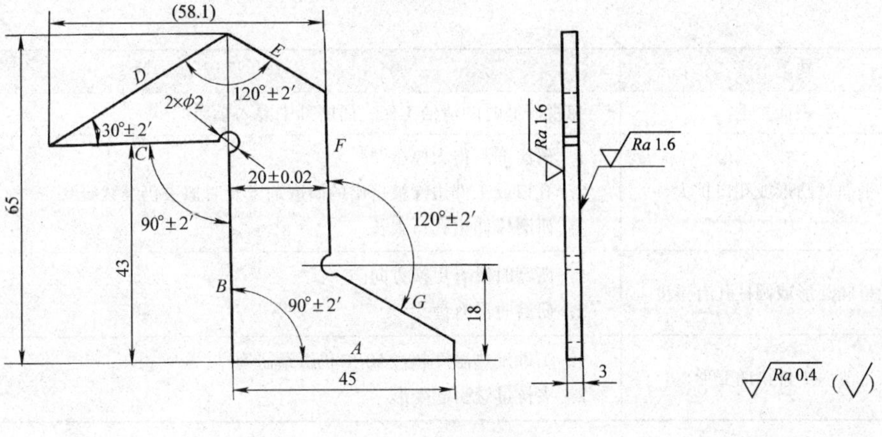 图 13－6　角度样板
步骤	（1）按图样标注 *A*、*B*、*C*、*D*、*E*、*F*、*G* 顺序分别研磨各面，并保证各角偏差不大于 ±2′。 （2）质量检验采用光隙判别法，用万能角度尺检测工件各角度的精确度；用千分尺检测（20 ±0. 02）mm 尺寸。
注意事项	（1）研磨过程中压力要适中，研磨量要均匀。 （2）在研磨 *B* 面和 *C* 面时，要用护套保护，以免碰撞和擦伤工件。 （3）质量检验时要将角度样板擦拭干净，以免影响检测精度。

成绩评定

工件号		座号		姓名		总得分	
项目	质量检测内容			配分	评分标准	实测结果	得分
研磨	90° ±2′（2 处）			24 分	每超差一处扣 12 分		
	120° ±2′（2 处）			24 分	每超差一处扣 12 分		
	30° ±2′			12 分	超差不得分		
	（20 ±0. 02）mm			16 分	超差不得分		
	表面粗糙度值 *Ra* 0. 4 μm			14 分	每处每升高一级扣 2 分		
安全文明生产				10 分	违者不得分		
现场记录							

四、研磨质量分析

研磨常见缺陷分析见表 13－1。

表 13－1　**研磨常见缺陷分析**

缺陷形式	产生原因
表面不光洁	1. 磨料太粗 2. 研磨液使用不当 3. 研磨剂涂得薄而不匀

名称	操作要点

续表

缺陷形式	产生原因
表面拉毛	忽视研磨时的清洁工作，研磨剂中混入杂质
平面呈凸形或孔口扩大	1. 研磨剂涂得太厚 2. 孔口或工件边缘被挤出的研磨剂未及时擦去仍继续研磨 3. 研磨棒伸出孔口太长
孔呈椭圆形或圆柱孔有锥度	1. 研磨时没有更换方向 2. 研磨时没有掉头
薄形工件拱曲变形	1. 工件发热温度超过 50 ℃仍继续研磨 2. 夹持过紧引起变形

五、思考与练习

1. 手工研磨的运动轨迹形式有哪些？各应用于什么场合？

2. 如何用光隙判别法进行研磨质量检验？

课题十四 综合技能训练（三）

一、锉配凹凸体	
技能训练名称	锉配凹凸体
操作技能要求	掌握具有对称度要求工件的划线、加工及测量方法；提高锉削和锯削的操作技能。
工具、量具、刃具及材料	工具、量具、刃具：划针、样冲、錾子、锤子、锯弓、锯条、平锉、三角锉、φ3 mm 麻花钻、高度游标卡尺、游标卡尺、90°角尺、刀口形直尺、千分尺。 材料：HT200，规格为 81 mm × 61 mm × 21 mm。
技能训练图	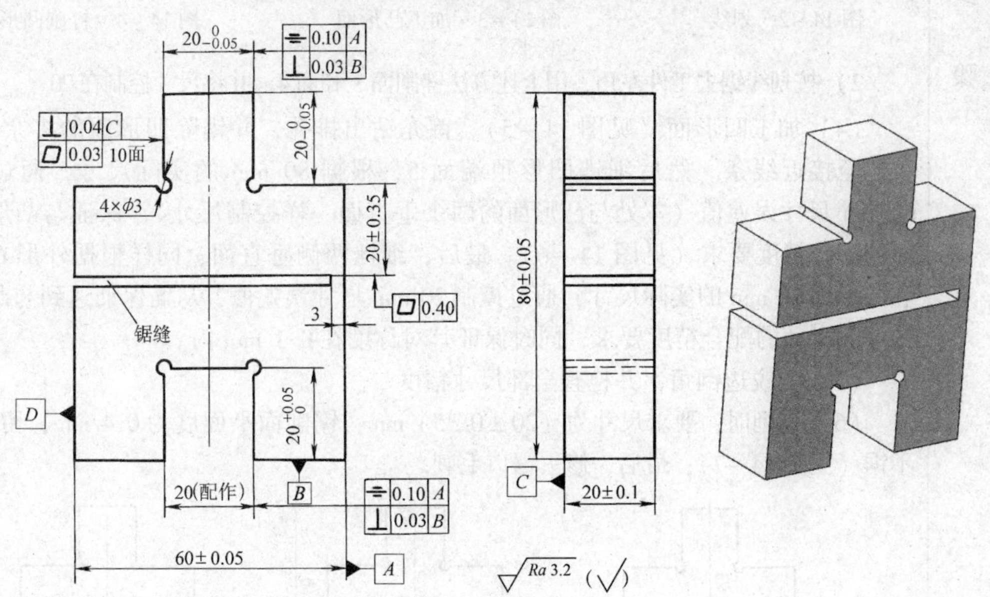 技术要求 1. 锉配面表面粗糙度值达到 Ra 3.2μm。 2. 凹凸体配合互换间隙≤0.06mm。 3. 锯削面不可自行锯断，待检测时锯开。 4. 各锐边倒钝。 图 14－1　锉配凹凸件

名称	操作要点及图解

步骤

（1）按图样要求锉削加工外形尺寸，达到尺寸（60 ± 0.05）mm、（20 ± 0.1）mm、（80 ± 0.05）mm 与垂直度、平行度的要求。

（2）按图样要求划凹凸体的加工线，并钻 4 × ϕ3 mm 的工艺孔（见图 14－2）。

（3）加工凸形面，按照图 14－3 所示步骤进行。

1）按划线锯去工件右角，粗、精锉削两垂直面 1 和面 2（见图 14－4）。根据 80 mm 的实际尺寸，通过控制 60 mm 尺寸误差值（应控制在 80 mm 的实际尺寸减去 $20^{\ 0}_{-0.05}$ mm 的范围内），从而保证达到 $20^{\ 0}_{-0.05}$ mm 尺寸要求；同样根据 60 mm 处的实际尺寸，通过控制 40 mm 尺寸误差值（本处应控制在 1/2 ×60 mm 的实际尺寸加 $10^{+0.025}_{-0.050}$ mm 的范围内），从而保证在取得尺寸 $20^{\ 0}_{-0.05}$ mm 的同时，其对称度在 0.1 mm 内。

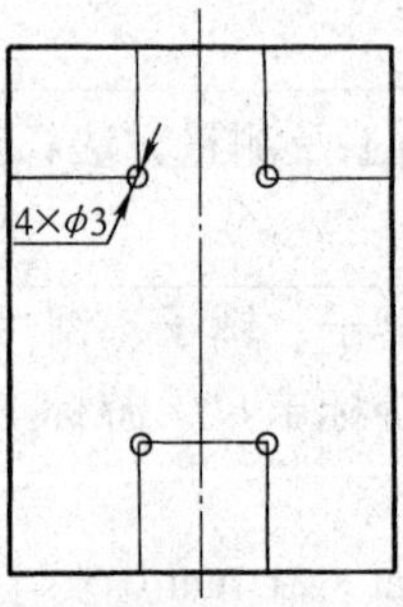

图 14－2　划线

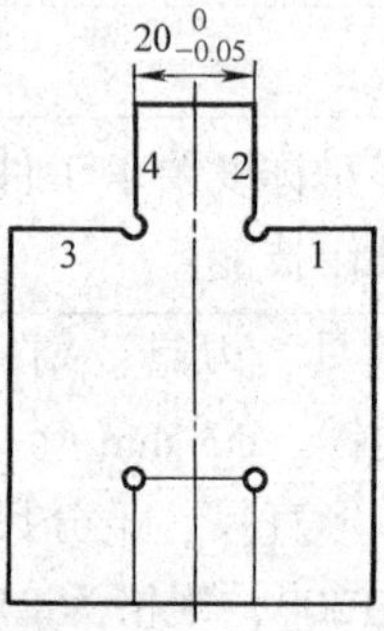

图 14－3　加工凸形面

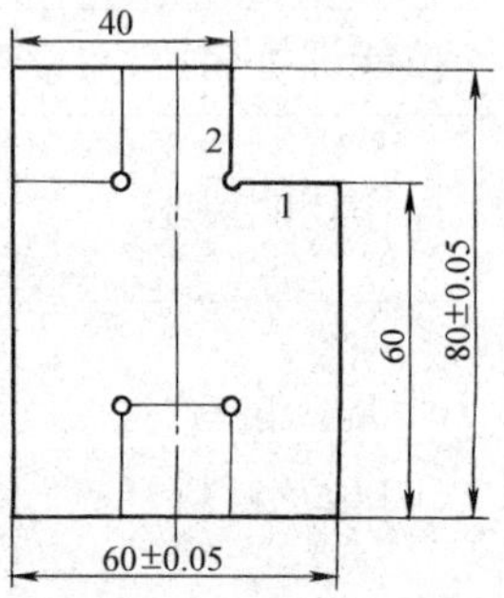

图 14－4　锉削凸形面

2）按划线锯去工件左角，用上述方法锉削面 3 和面 4，并将尺寸控制在 $20^{\ 0}_{-0.05}$ mm。

（4）加工凹形面（见图 14－5）。首先钻出排孔，并锯除凹形面的多余部分，粗锉至接近线条。然后细锉凹形顶端面 5，根据 80 mm 的实际尺寸，通过控制 60 mm 尺寸误差值（本处与凸形面的两个垂直面一样控制尺寸），保证与凸形件端面的配合精度要求（见图 14－6）。最后，细锉两侧垂直面，同样根据外形 60 mm 和凸形面 20 mm 的实际尺寸，通过控制 20 mm 尺寸误差值，从而保证达到与凸形面 20 mm 尺寸的配合精度要求，同时保证其对称度在 0.1 mm 内。

（5）各锐边倒角，并检查全部尺寸精度。

（6）锯削时，要求尺寸为（20 ± 0.35）mm，锯削面平面度为 0.4 mm，留 3 mm 不锯（见图 14－7）；最后，修去锯口毛刺。

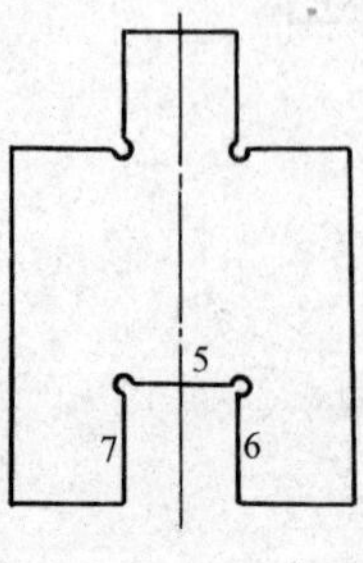

图 14－5　加工凹形面

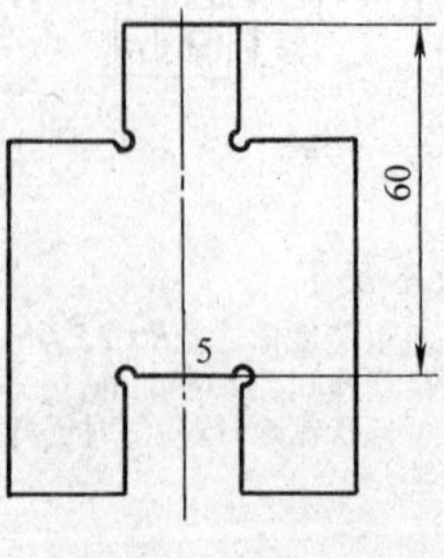

图 14－6　锉削凹形面

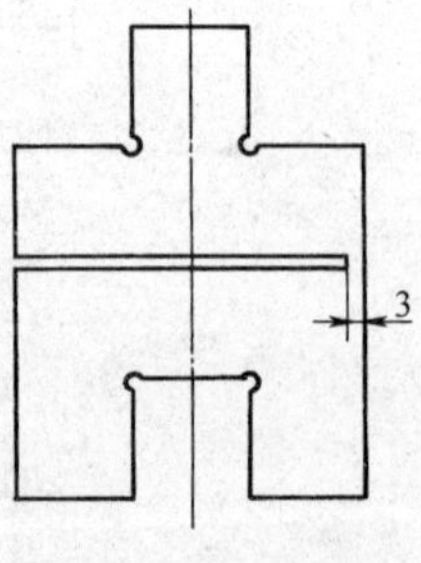

图 14－7　锯削

<table>
<tr><th>名称</th><th colspan="7">操作要点及图解</th></tr>
<tr><td rowspan="16">成绩评定</td><td>工件号</td><td colspan="2"></td><td>座号</td><td>姓名</td><td></td><td>总得分</td></tr>
<tr><td>项目</td><td colspan="2">质量检测内容</td><td>配分</td><td>评分标准</td><td>实测结果</td><td>得分</td></tr>
<tr><td rowspan="9">锉削</td><td colspan="2">$20_{-0.05}^{0}$ mm（2 处）</td><td>12 分</td><td>每超差一处扣 6 分</td><td></td><td></td></tr>
<tr><td colspan="2">□ 0.03 （10 处）</td><td>20 分</td><td>每超差一处扣 2 分</td><td></td><td></td></tr>
<tr><td colspan="2">⊥ 0.03 B</td><td>6 分</td><td>每超差一处扣 1.5 分</td><td></td><td></td></tr>
<tr><td colspan="2">⊥ 0.04 C</td><td>6 分</td><td>每超差一处扣 1.5 分</td><td></td><td></td></tr>
<tr><td colspan="2">⌯ 0.10 A （2 处）</td><td>8 分</td><td>每超差一处扣 4 分</td><td></td><td></td></tr>
<tr><td colspan="2">（60 ±0.05）mm</td><td>4 分</td><td>超差不得分</td><td></td><td></td></tr>
<tr><td colspan="2">（80 ±0.05）mm</td><td>4 分</td><td>超差不得分</td><td></td><td></td></tr>
<tr><td colspan="2">配合间隙≤0.06 mm</td><td>15 分</td><td>每超差一处扣 3 分</td><td></td><td></td></tr>
<tr><td colspan="2">表面粗糙度值 Ra 3.2 μm</td><td>5 分</td><td>每处升高一级
扣 0.5 分</td><td></td><td></td></tr>
<tr><td rowspan="2">锯削</td><td colspan="2">（20 ±0.35）mm</td><td>6 分</td><td>超差不得分</td><td></td><td></td></tr>
<tr><td colspan="2">▱ 0.40</td><td>4 分</td><td>超差不得分</td><td></td><td></td></tr>
<tr><td colspan="3">安全文明生产</td><td>10 分</td><td>违者不得分</td><td></td><td></td></tr>
<tr><td>现场记录</td><td colspan="6"></td></tr>
</table>

二、锉配四方体和六角体

技能训练名称	锉配四方体和六角体
操作技能要求	掌握锉配四方体与六角体及锉配精度的误差检验和修正方法。
工具、量具、刃具及材料	工具、量具、刃具：錾子、锤子、锯弓、锯条、平锉、三角锉、ϕ4 mm 直柄麻花钻、钢直尺、高度游标卡尺、游标卡尺、90°角尺、刀口形直尺、千分尺。 材料：HT200，件 1、件 2 由课题六锉削作业 3 转来，件 3 规格为 90 mm ×70 mm ×15 mm。

技能训练图	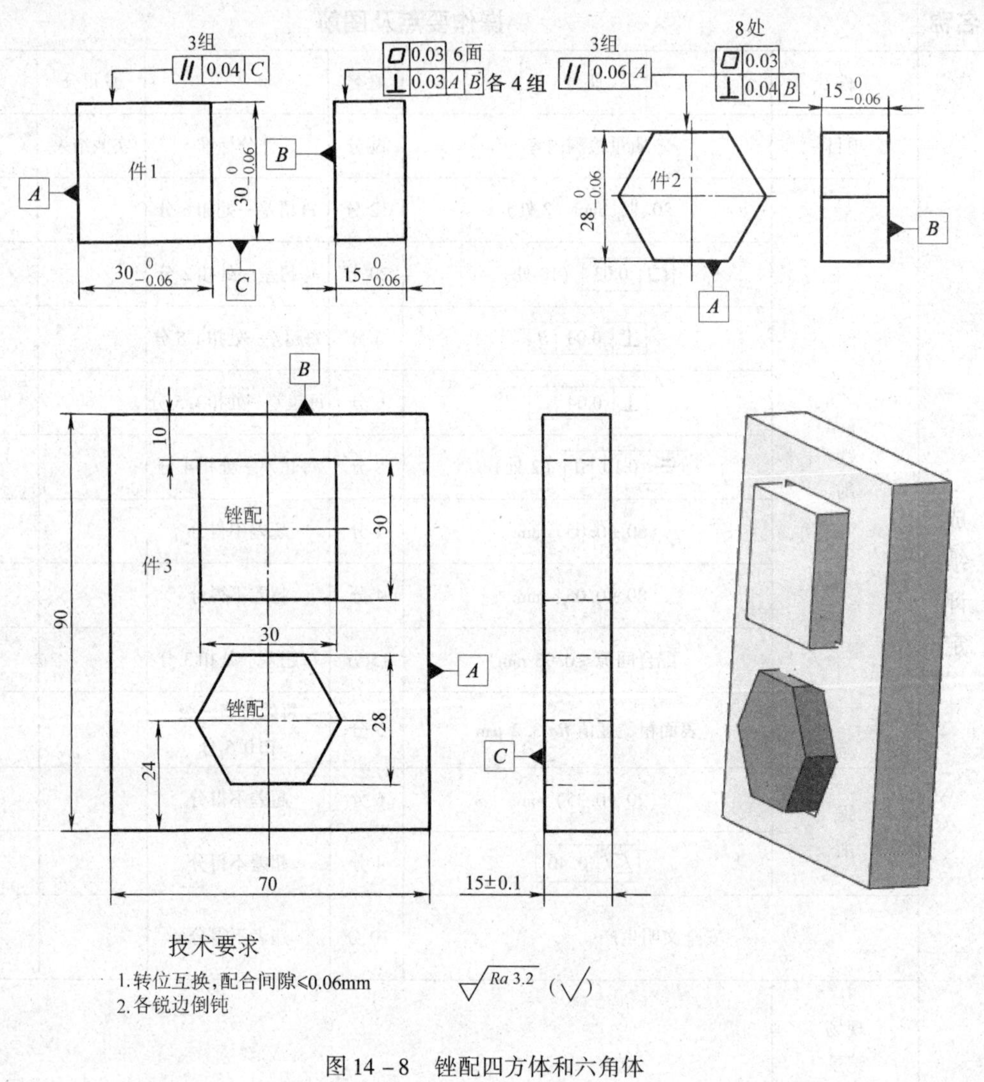 图 14－8　锉配四方体和六角体
名称	**操作要点及图解**
步骤	（1）如图 14－9a、b 所示，自制内 90°量角样板与内 120°量角样板。 （2）将锉削四方体材料 38 mm×38 mm×38 mm，对半锯削分为件 1 和件 2。 （3）按图样要求加工件 1 外四方体的六个面，加工步骤顺序为 *a*、*b*、*c*、*d*、*e*（见图 14－10）。 （4）按图样要求加工件 2 外六角体，加工步骤顺序为 1、2、3、4、5、6、7（见图 14－11）。 （5）锉配内四方体（见图 14－12） 1）修整外形基准面 *A*、*B*，使其互相垂直并与大平面垂直。 2）以 *A*、*B* 两面为基准，按图样要求划线，并用加工好的四方体校核所划线条的正确性。

名称	操作要点及图解

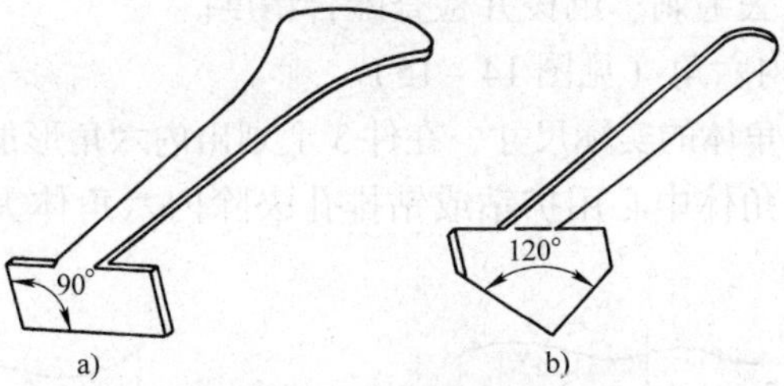

图 14－9　制作样板

a）内 90°量角样板　b）内 120°量角样板

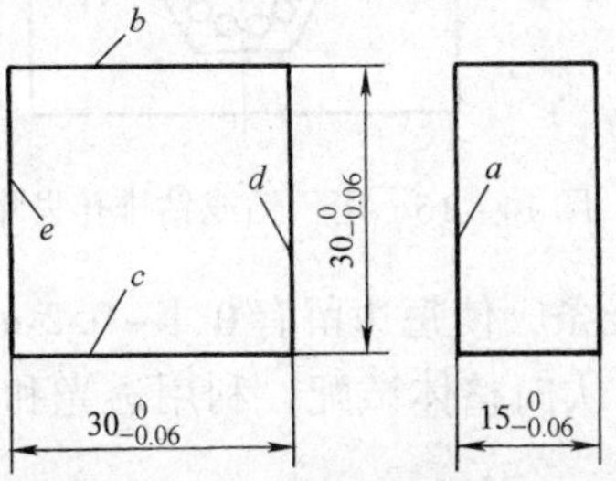

图 14－10　外四方体加工顺序

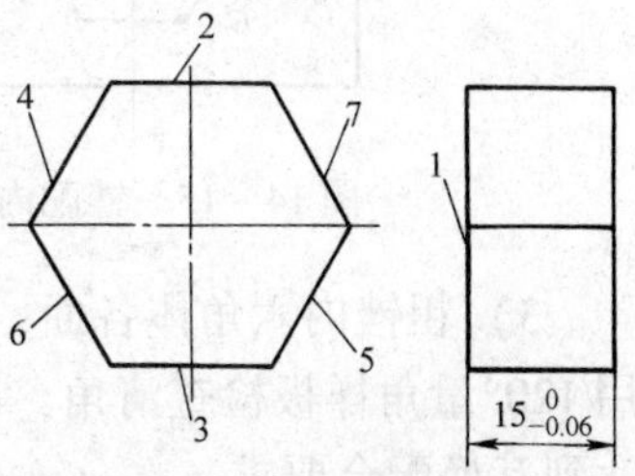

图 14－11　外六角体加工顺序

步骤

3）钻排孔，用扁錾沿四周錾去余料（见图 14－13），然后用方锉粗锉余量，每边留 0.1～0.2 mm 作为细锉余量。

4）细锉第一面 b'，锉削至接触划线线条，达到平面度要求，并与 B 面平行及与大平面垂直。

5）细锉第二面 c'，达到与 b'面平行，接近 30 mm 尺寸时，可用四方体按图 14－14 所示方法进行试配，应使其较紧地塞入，以留有修整余量。

6）细锉第三面 d'，锉削至接触划线线条，达到平面度要求，并与大平面垂直，及与 A 面平行。最后用自制角度样板检查修整，达到 $b' \perp d'$ 且 $d' \perp c'$。

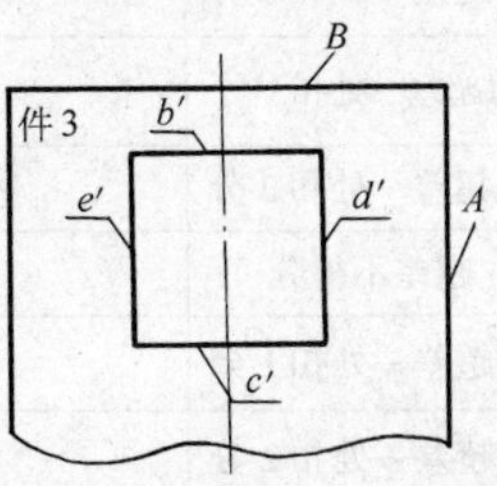

图 14－12　锉配内四方体

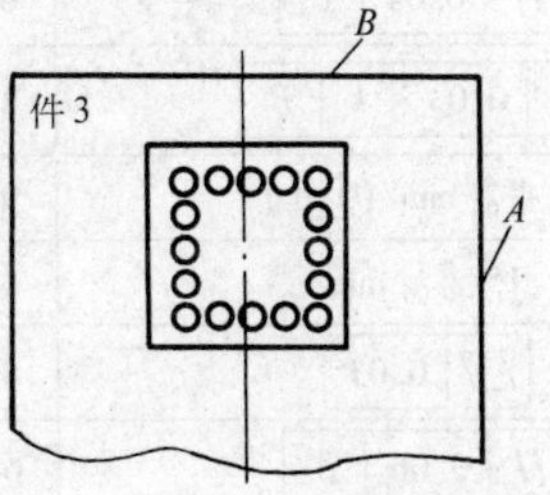

图 14－13　用扁錾錾去余料

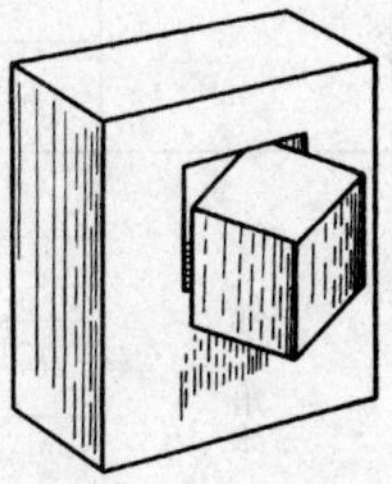

图 14－14　试配的方法

7）细锉第四面 e'，达到与 d'面平行，用四方体试配，使其较紧地塞入。

8）精锉修整各面，即用四方体认向配锉，用透光法检查接触部位，进行修整。当四方体塞入后采用透光和涂色相结合的方法检查接触部位，然后逐步达到配合要求。最后进行转位互换的修整，达到转位互换的要求，用手将四方体推出和推进时应无阻滞。

名称	操作要点及图解

步骤

9）各锐边去毛刺、倒棱并检查配合精度。

（6）锉配内六角（见图 14－15）。

1）按外六角体的实际尺寸，在件 3 上划出内六角形加工线，并用外六角体校核。

2）在内六角体中心用扩钻或钻排孔去除内六角体大部分加工余量余料（见图 14－16）。

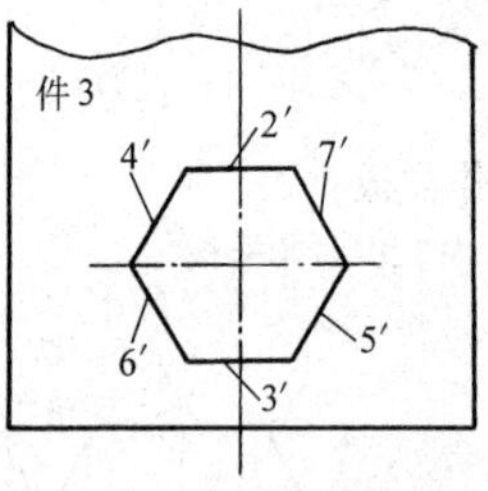

图 14－15　锉配内六角

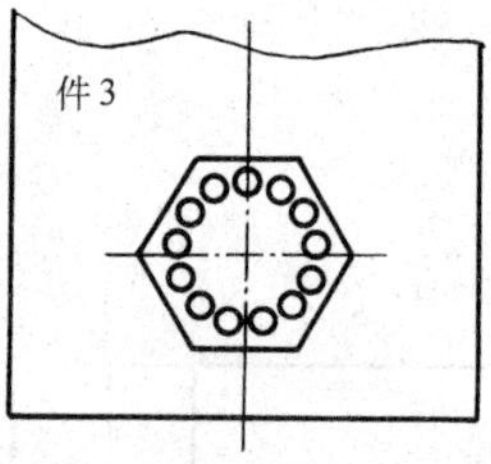

图 14－16　用扩钻或钻排孔去除余料

3）粗锉内六角体各面，至接近划线线条，使每边留有 0.1～0.2 mm 余量精锉。用 120°量角样板检查清角，以外六角体做认向整体试配，利用透光和涂色法修整，达到互换配合要求。

4）对锉配件各棱边去毛刺并复查。

注意事项

（1）各内平面要与大平面垂直，防止配合后产生喇叭口。

（2）锉配时，必须认向修配以达到配合精度要求。

（3）试配时，不可用锤子敲击，防止锉配面“咬毛”或将工件“敲毛”。

成绩评定

工件号		座号		姓名		总得分	

项目	质量检测内容	配分	评分标准	实测结果	得分
外四方体	$30_{-0.06}^{0}$ mm（2 处）	8 分	每超差一处扣 4 分		
	$15_{-0.06}^{0}$ mm	4 分	超差不得分		
	⏥ 0.03	6 分	每超差 1 处扣 1 分		
	// 0.04 *C*	6 分	每超差一处扣 2 分		
	⊥ 0.03 *A* *B*	8 分	每超差一处扣 1 分		
外六角体	$28_{-0.06}^{0}$ mm（3 处）	9 分	每超差一处扣 3 分		
	$15_{-0.06}^{0}$ mm	4 分	超差不得分		
	⏥ 0.03	8 分	每超差一处扣 1 分		
	// 0.06 *A*	6 分	每超差一处扣 2 分		
	⊥ 0.04 *B*	6 分	每超差一处扣 1 分		
锉配	配合间隙≤0.06 mm	20 分	每超差一处扣 2 分		
	表面粗糙度值 *Ra* 3.2 μm	5 分	每处每升高一级扣0.5 分		
安全文明生产		10 分	违者不得分		
现场记录					

三、制作拼块

技能训练名称	制作拼块
操作技能要求	进一步掌握锉配工艺方法，达到锉配精度，并能正反互换；掌握配钻孔技能。
工具、量具、刃具及材料	工具、量具、刃具：划规、划针、样冲、锯弓、锯条、平锉、三角锉、锉刀刷、ϕ9.8 mm 直柄麻花钻、ϕ10H7 手用铰刀、铰杠、软钳口、钢直尺、高度游标卡尺、游标卡尺、90°角尺、刀口形直尺、万能角度尺。 材料：Q235，规格为 46 mm × 46 mm × 16 mm（2 块）。
技能训练图	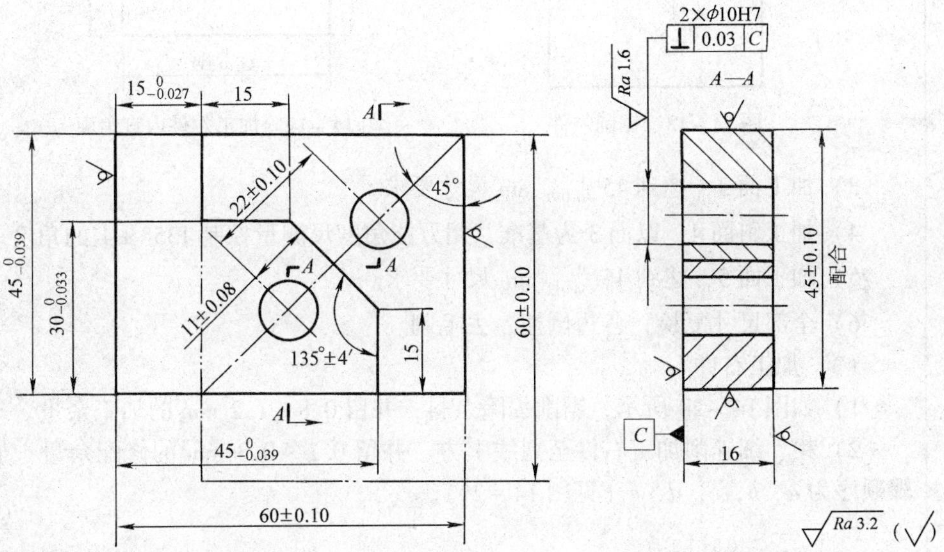 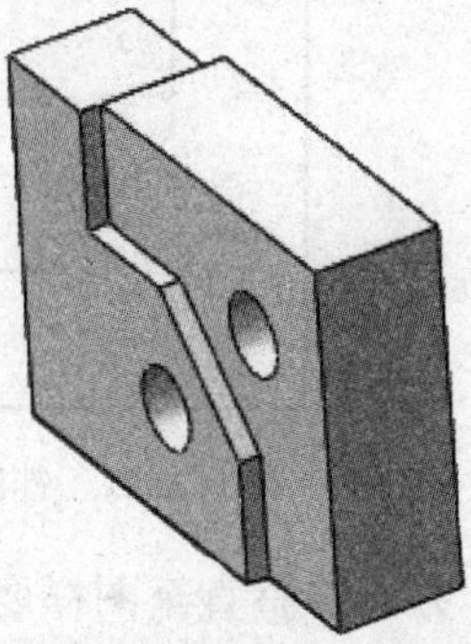 技术要求 1. 各配合面平面度达到 0.02mm。 2. 以左件为基准，右件配作，按图示位置及换位配合左、右件，检测两次，配合间隙应小于或等于 0.04mm。 图 14－17　制作拼块

名称	操作要点及图解

步骤

（1）划线　按图样要求划工件加工线。

（2）加工左件

1）锯削余料并留 0.8 ~ 1.2 mm 的加工余量（见图 14－18）。

2）加工内直角面 1 和面 2，达到面 1 与面 2 垂直，并分别与 *C* 面垂直，且 $30_{-0.033}^{\ 0}$ mm、$15_{-0.027}^{\ 0}$ mm 尺寸合格（见图 14－19）。

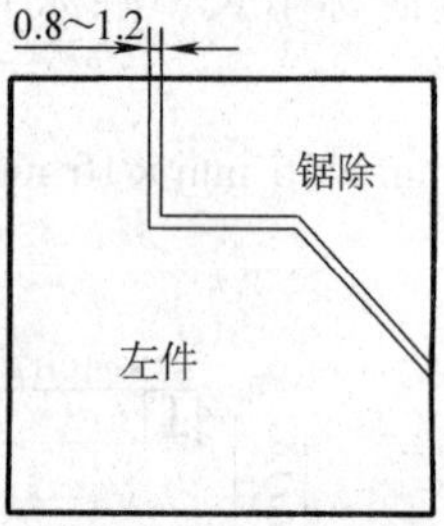

图 14－18　锯削左件

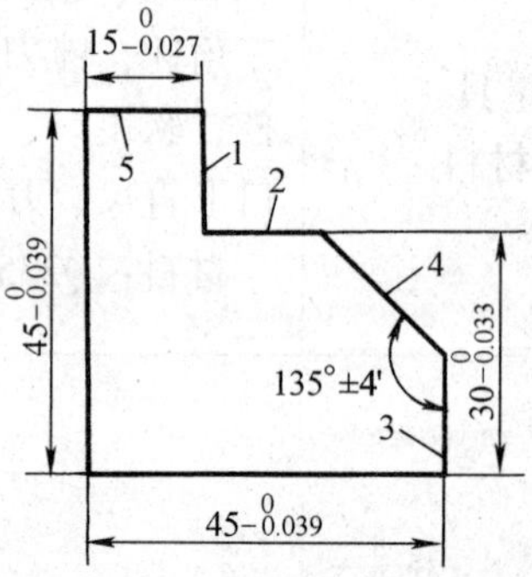

图 14－19　加工左件内直角面

3）加工面 3，达到 $45_{-0.039}^{\ 0}$ mm 尺寸要求。

4）加工斜面 4，以面 3 为基准，用万能角度尺测量控制 135° ±4′的角度。

5）加工面 5，达到 $45_{-0.039}^{\ 0}$ mm 尺寸要求。

6）全部尺寸复检，各边倒棱，去毛刺。

（3）加工右件

1）如图 14－20 所示，锯削去除余料，并留 0.8 ~ 1.2 mm 的加工余量。

2）粗、细锉削加工右件至划线上方，并留 0.2 ~ 0.3 mm 的修配余量，加工步骤顺序为 *a*，*b*，*c*，*d*，*e*（见图 14－21）。

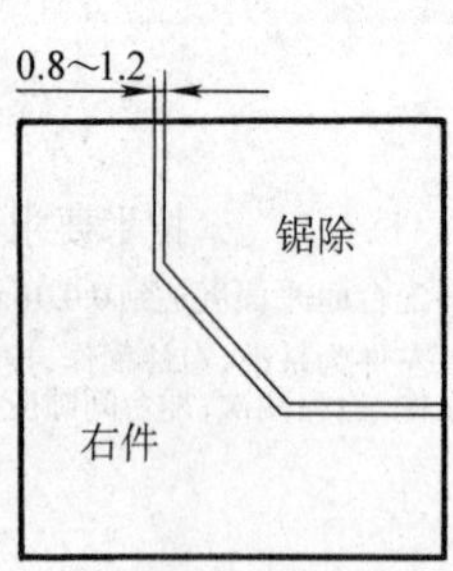

图 14－20　锯削右件

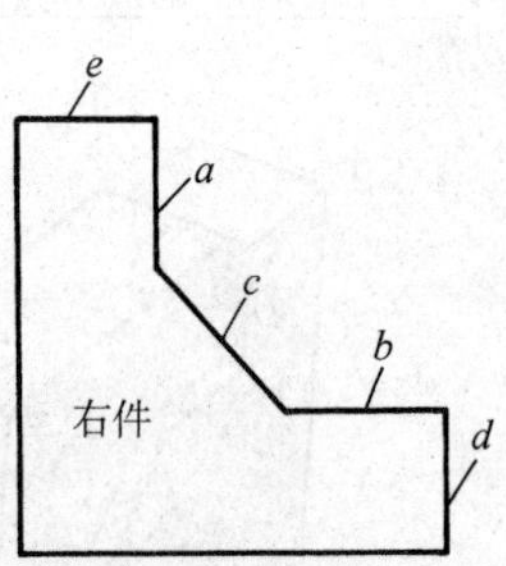

图 14－21　锉削右件

（4）修配　以左件为基准，右件配作方向修整直至图样要求配合精度，再翻转右件修配检测。

（5）划配钻孔的加工线　按图样要求位置左件与右件配合后，划配钻孔的加工线（见图 14－22）。

名称	操作要点及图解
步骤	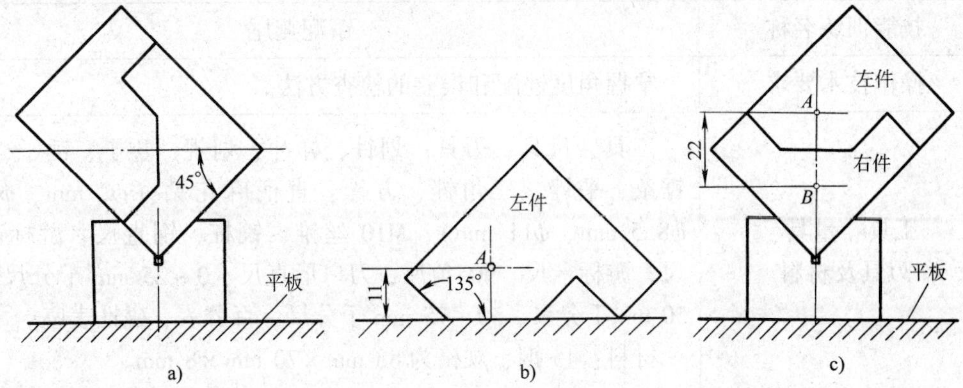 图 14－22　左、右件配合 a）配合角度　b）左件配合尺寸和角度　c）配合尺寸 （6）钻孔　按划线在 A、B 处打上中心样冲眼，用划规划 ϕ10 mm 的圆周线。钻 2 × ϕ9.8 mm 的孔，达到中心距要求，再用 ϕ10H7 的手用铰刀进行铰孔。 （7）复检　全部复检，各棱边去毛刺。
注意事项	（1）所有内直角要清角。 （2）配钻孔必须在锉配完成后划线钻孔。

成绩评定	工件号	座号		姓名		总得分	
	项目	质量检测内容		配分	评分标准	实测结果	得分
	锉配	$15_{-0.027}^{0}$ mm		5 分	超差不得分		
	锉配	$30_{-0.033}^{0}$ mm		5 分	超差不得分		
	锉配	$45_{-0.039}^{0}$ mm（2 处）		8 分	每超差一处扣 4 分		
	锉配	135° ±4′（2 处）		8 分	每超差一处扣 4 分		
	锉配	表面粗糙度值 *Ra*3.2 μm（10 处）		10 分	每处升高一级扣 1 分		
	锉配	配合间隙≤0.04 mm（4 处）		24 分	每超差一处扣 6 分		
	锉配	（60 ±0.10）mm（2 处）		5 分	每超差一处扣 2.5 分		
	锉配	（45 ±0.10）mm（2 处）		5 分	每超差一处扣 2.5 分		
	铰孔	（22 ±0.10）mm		5 分	超差不得分		
	铰孔	2 × ϕ10H7		4 分	每处不符合要求扣 2 分		
	铰孔	（11 ±0.08）mm		5 分	超差不得分		
	铰孔	⊥ 0.03 C		4 分	每超差一处扣 2 分		
	铰孔	表面粗糙度值 *Ra*1.6 μm（2 处）		2 分	每处升高一级扣 1 分		
		安全文明生产		10 分	违者不得分		
	现场记录						

四、镶配燕尾

技能训练名称	镶配燕尾
操作技术要求	掌握角度锉配和误差的检查方法。
工具、量具、刃具及材料	工具、量具、刃具：划针、样冲、划规、錾子、锤子、锯弓、锯条、平锉、三角锉、方锉、直柄麻花钻（φ2 mm、φ8 mm、φ8.5 mm、φ11 mm）、M10 丝锥、铰杠、钢直尺、游标高度卡尺、游标卡尺、90°角尺、刀口形直尺、0～25 mm 千分尺、25～50 mm千分尺、50～75 mm 千分尺、百分表、磁性表座。 材料：45 钢、规格为 88 mm×70 mm×8 mm。

技能训练图

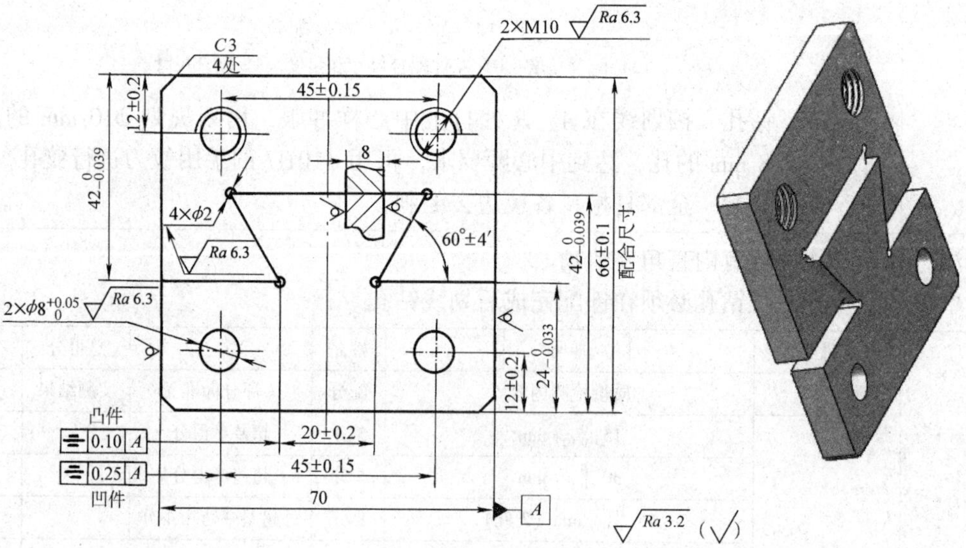

图 14－23　镶配燕尾

名称	操作要点及图解
步骤	（1）自制 60°角样板（见图 14－24）。 （2）检查来料尺寸，按图样要求划燕尾凹凸件加工线。钻 4×φ2 mm 工艺孔，燕尾凹槽用 φ11 mm 钻头钻孔，再锯削分割凹凸燕尾件（见图 14－25）。 （3）加工燕尾凸件（见图 14－26） 1）按划线锯削材料，留加工余量 0.8～1.2 mm。 2）锉削燕尾槽的一个角，完成 60°±4′及 $24_{-0.033}^{\ 0}$ mm 尺寸，达到表面粗糙度值 *Ra*3.2 μm 的要求。 ①如图 14－27 所示，用百分表测量控制加工面 1 与底面平行度，并用千分尺控制尺寸 24 mm。 ②利用圆柱测量棒间接测量法，控制边角尺寸 *M*（见图 14－28）。

名称	操作要点及图解

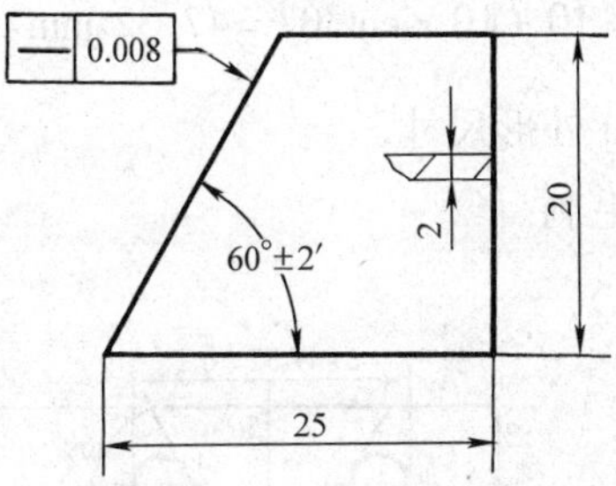

图 14－24　制作角度样板

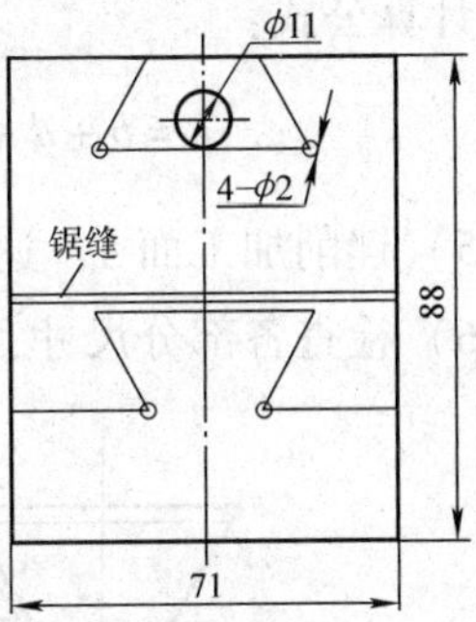

图 14－25　划线、钻孔、锯削

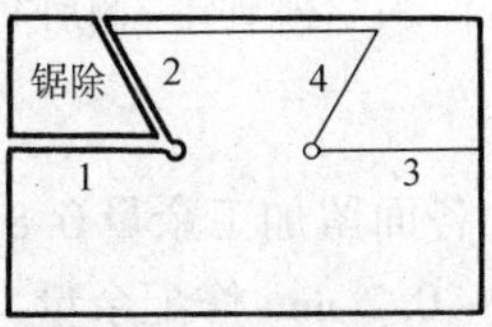

图 14－26　加工燕尾凸件

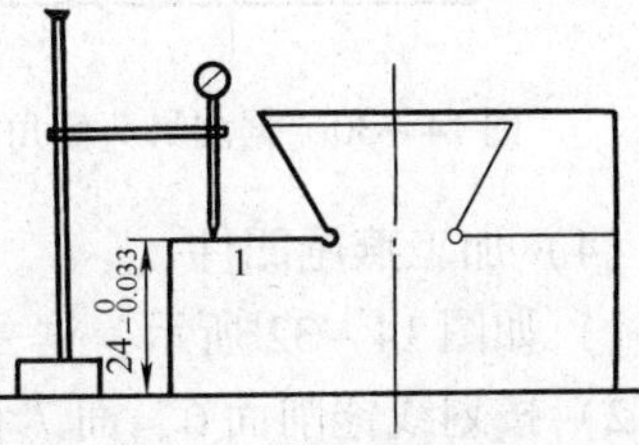

图 14－27　百分表测量加工面

步骤

测量尺寸 M 与样板尺寸 B 及圆柱测量棒直径 d 之间的关系如下：

$$M = B + \frac{d}{2}\cot\frac{\alpha}{2} + \frac{d}{2}$$

式中　M ——测量读数值，mm；

B ——图样技术要求尺寸，mm；

d ——圆柱测量棒直径，mm；

α ——斜面的角度值。

③用自制样板测量控制 60°角（见图 14－29）。

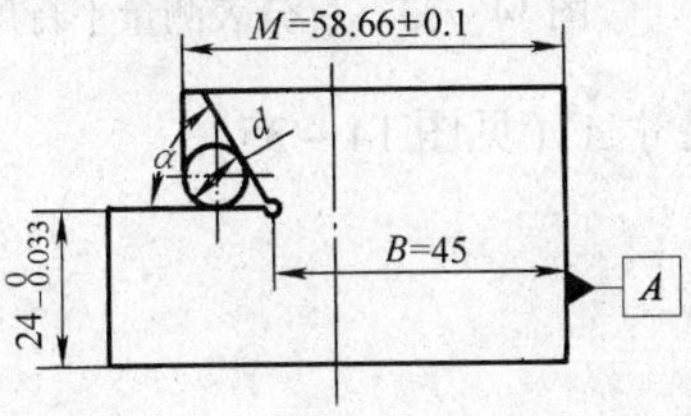

图 14－28　测量棒间接测量尺寸

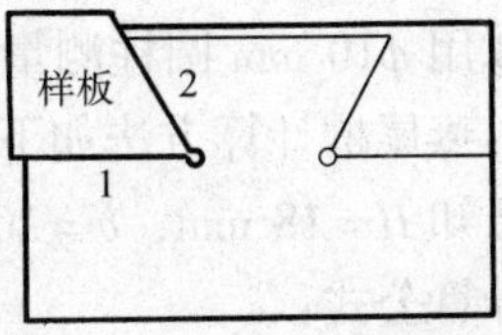

图 14－29　用自制样板测量凸件的角度

3）按划线锯削另一侧 60°角，留加工余量 0. 8 ~ 1. 2 mm（见图 14－30）。

4）如图 14－31 所示，锉削加工另一侧 60°角面 3 与面 4，完成 60° ±4′及 $24_{-0.033}^{0}$ mm 尺寸，方法同上。

L 的计算方法如下：

已知圆柱测量棒直径 $d=\phi 10$ mm，$\alpha=60°$，$b=20$ mm。

名称	操作要点及图解

计算公式：

$$L = b + d + d\cot\frac{\alpha}{2} = 20 + 10 + 10 \times \cot 30^\circ = 47.32\ \text{mm}$$

5）锉削加工面 5，达到 $42_{-0.039}^{\ 0}$ mm 外形尺寸。

6）检查各部分尺寸，去掉边棱、毛刺。

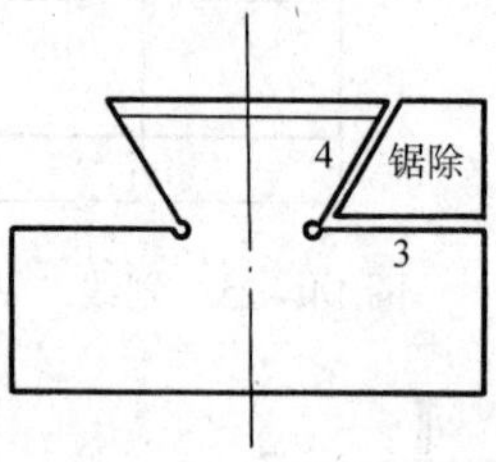

图 14－30　锯削另一侧角度

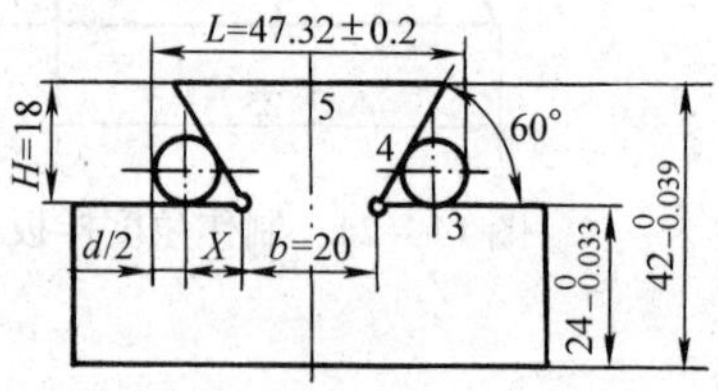

图 14－31　锉削另一侧加工面

（4）加工燕尾凹件

1）如图 14－32 所示，锯去燕尾凹槽余料，各面留加工余量 0.8～1.2 mm。

2）按划线锉削面 6、面 7 和面 8，并留 0.1～0.2 mm 修配余量，用凸件与凹件配作，并达到图样要求和换位要求。

步骤

①如图 14－33 所示，用百分表测量控制面 6 与底面平行。

②如图 14－34 所示，用自制 60°样板测量控制内 60°角。

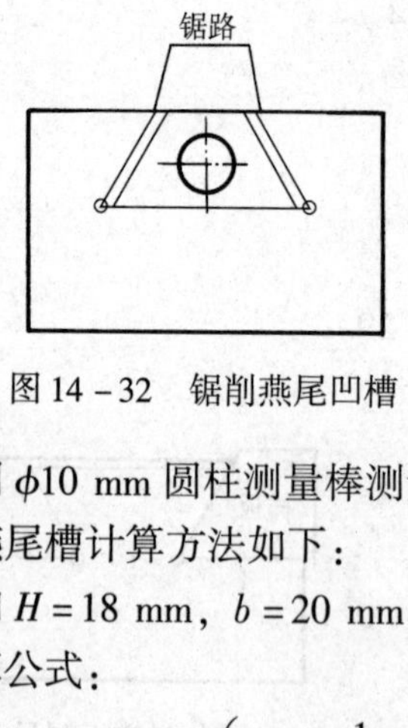

图 14－32　锯削燕尾凹槽

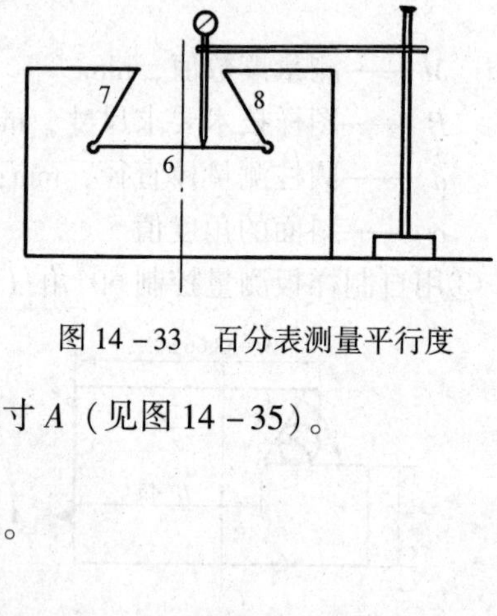

图 14－33　百分表测量平行度

③用 ϕ10 mm 圆柱测量棒测量控制尺寸 A（见图 14－35）。

内燕尾槽计算方法如下：

已知 $H = 18$ mm，$b = 20$ mm，$\alpha = 60°$。

计算公式：

$$A = b + \frac{2H}{\tan\alpha} - \left(1 + \frac{1}{\tan\frac{1}{2}\alpha}\right)d = 20 + \frac{36}{\sqrt{3}} - \left(1 + \frac{1}{\tan 30^\circ}\right) \times 10 = 13.47\ \text{mm}$$

3）锉削加工凹燕尾外形，达到 $42_{-0.039}^{\ 0}$ mm 尺寸及锉削加工 4 处 3 mm×45°斜面。

（5）按划线钻 2×ϕ8 mm 的孔，达到孔距要求。再钻 2×ϕ8.5 mm 的孔，并用 M10 手用丝锥进行攻螺纹，达到图样要求。

（6）复检各尺寸，去毛刺，倒棱。

名称	操作要点及图解

步骤

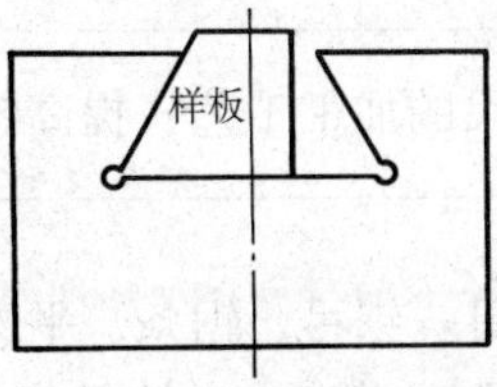

图 14－34　自制样板测量凹件的角度

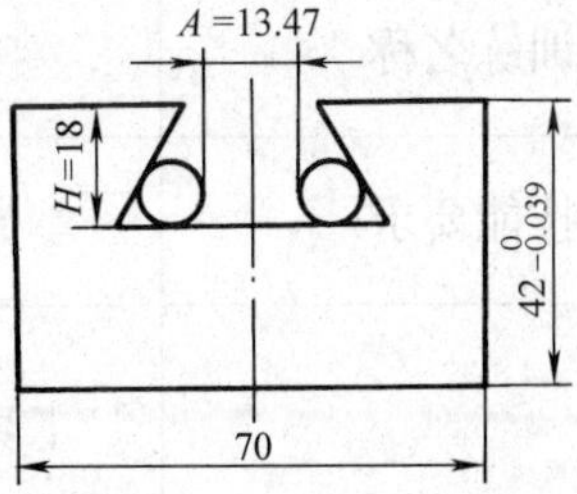

图 14－35　测量棒控制尺寸 *A*

注意事项

（1）凸件加工中只能先锯掉一端60°角料，待加工至要求后才能锯掉另一端60°角料，便于加工时测量控制。

（2）采用间接测量来达到尺寸要求，必须正确换算和测量。

（3）由于加工面较狭窄，一定要锉平并与大端面垂直，才能达到配合精度。

（4）凹凸件锉配时，一般不再加工凸形面，否则失去精度基准难以进行修配。

成绩评定

工件号		座号	姓名		总得分	
项目	质量检测内容		配分	评分标准	实测结果	得分
锉配	$42_{-0.039}^{0}$ mm（2 处）		12 分	每超差一处扣 6 分		
	$24_{-0.033}^{0}$ mm		8 分	每超差一处扣 4 分		
	60° ±4′（2 处）		8 分	每超差一处扣 4 分		
	（20 ±0.2）mm		4 分	超差不得分		
	表面粗糙度值 *Ra*3.2 μm		8 分	每处升高一级扣 1 分		
	⌯ 0.10 *A*		4 分	超差不得分		
	配合间隙≤0.04 mm（5 处）		20 分	每超差一处扣 4 分		
	错位量≤0.06 mm		4 分	每超差一处扣 2 分		
钻孔、攻螺纹	2 × $\phi 8_{0}^{+0.05}$ mm		2 分	每处不符合要求扣 1 分		
	2 × M10		2 分	不符合要求不得分		
	（12 ±0.2）mm（4 处）		4 分	每超差一处扣 1 分		
	（45 ±0.15）mm（2 处）		4 分	每超差一处扣 2 分		
	表面粗糙度值 *Ra*6.3 μm（4 处）		4 分	每处升高一级扣 1 分		
	⌯ 0.25 *A*		6 分	超差不得分		
安全文明生产			10 分	违者不得分		
现场记录						

五、制作刀口形直角尺

技能训练名称	制作刀口形直角尺
操作技能要求	掌握刀口形直角尺的加工工艺；提高锉削及研磨的技术。
工具、量具、刃具及材料	工具、量具、刃具：锯弓、锯条、平锉、三角锉、钻头、磨料、研磨粉、机油、煤油、方铁导靠块、钢直尺、游标卡尺、游标高度卡尺、90°角尺、刀口形直尺。 材料：45 钢，规格为 100 mm×63 mm×6 mm。

技能训练图

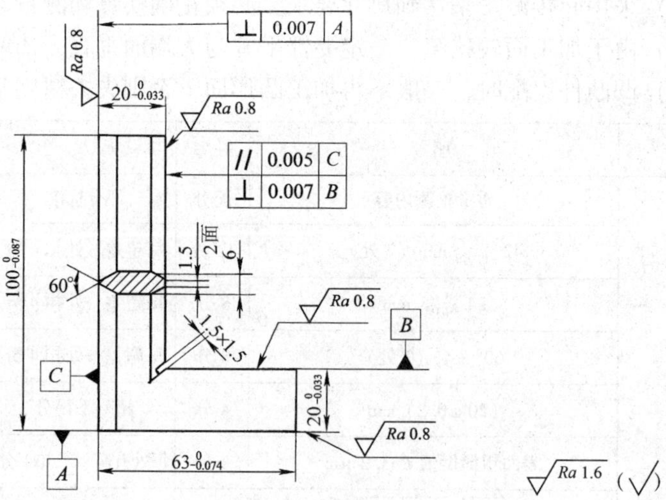

图 14－36　刀口形直角尺

名称	操作要点及图解

步骤

（1）检查来料尺寸，按图样要求划线。

（2）按划线锯去多余材料，留锉削余量，锯削 1.5 mm×1.5 mm 工艺槽（见图 14－37）。

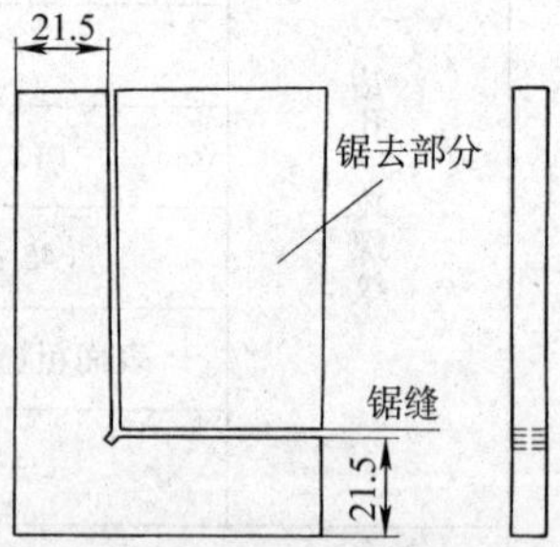

图 14－37　锯削方法示意图

（3）锉削步骤（见图 14－38a）

1）以面 1 为基准修整外角垂直度，达到 0.015 mm，表面粗糙度值 *Ra*1.6 μm。

2）以面 1 为基准加工面 5，达到 20 mm 尺寸，平行度 0.015 mm 要求。

3）以面 2 为基准加工面 6，达到 20 mm 尺寸，平行度 0.015 mm，面 6 与面 5 垂直度 0.015 mm 要求。

名称	操作要点及图解
步骤	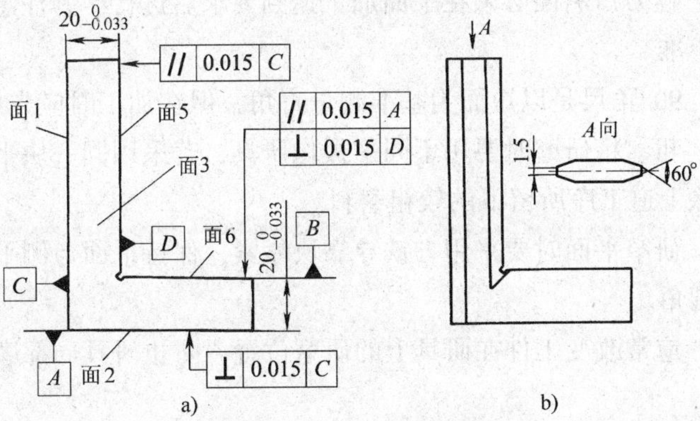 a)　　b) 图 14－38　锉削方法示意图 a）锉削面 1、面 5　b）锉削刀口斜面 注意面 1、面 2 与面 3 的垂直度应小于 0.05 mm。 （4）划刀口斜面加工线，锉削刀口，达到刀口两侧斜面对称、平整、交线清晰平直（见图 14－38b）。 （5）热处理。 （6）研磨　研磨内直角时要用护套保护另一面，以免碰伤（见图 14－39）。 （7）用煤油对角尺清洗，做全面的精度检查。 （8）测量方法 1）以短边面 1 为基准测量 90°角尺外 90°角（见图 14－40a）。 2）以短边面 2 为基准测量 90°角尺内 90°角（见图 14－40b）。 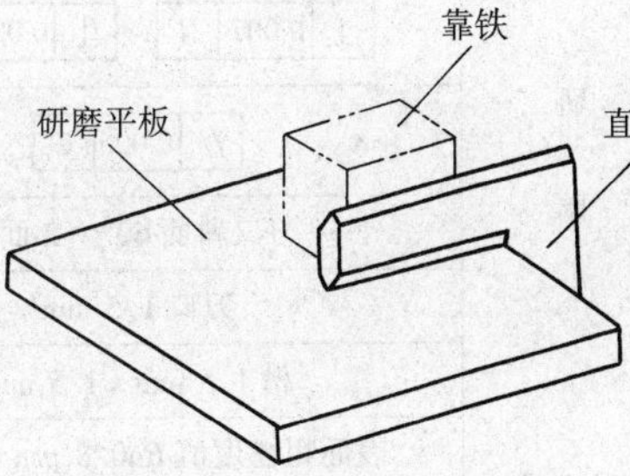 图 14－39　研磨方法示意图 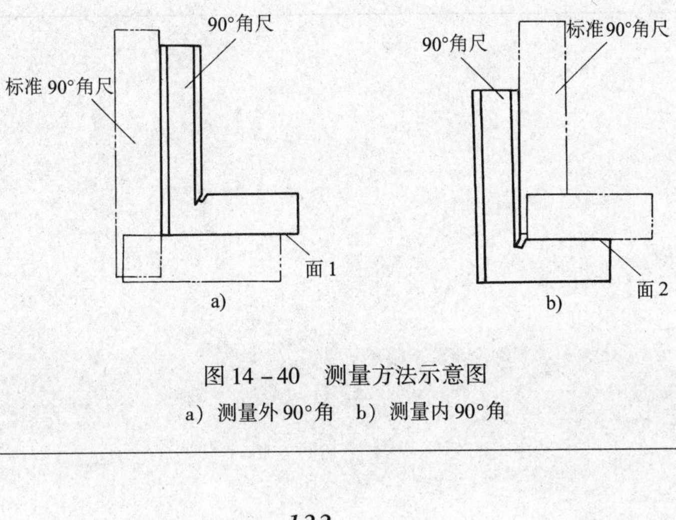 a)　　b) 图 14－40　测量方法示意图 a）测量外 90°角　b）测量内 90°角

名称	操作要点
注意事项	（1）锉刀口斜面必须在平面加工达到要求后进行，并注意不能碰坏垂直面，造成角度不准。 （2）90°角尺是以短面为基准测量直角，但在加工时应先加工长直角面。 （3）粗、精研磨时要用不同平板作研具，若采用同一块平板须清洗干净，精研时应清除上道工序所留下的较粗磨料。 （4）研窄平面时要采用方铁导靠块靠紧，保持平面与侧平面垂直，以避免产生倾斜和圆角。 （5）应常改变工件在研具上的研磨位置，防止研具局部磨损，同时常掉头研磨工件。

成绩评定

工件号		座号		姓名		总得分	
项目	质量检测内容			配分	评分标准	实测结果	得分
研磨	$100_{-0.087}^{0}$ mm			8 分	超差不得分		
	$63_{-0.074}^{0}$ mm			8 分	超差不得分		
	$20_{-0.033}^{0}$ mm（2 组）			18 分	每组超差扣 9 分		
	⊥ 0.007 A　⊥ 0.007 B			18 分	每处超差扣 9 分		
	// 0.005 C			8 分	超差不得分		
	刀口斜面 60°（2 面）			12 分	每面超差扣 6 分		
	刀口 1.5 mm			4 分	超差不得分		
	槽 1.5 mm×1.5 mm			2 分	不加工全扣		
	表面粗糙度值 *Ra*0.8 μm（4 处）			4 分	每处升高一级扣 1 分		
	表面粗糙度值 *Ra*1.6 μm（8 处）			8 分	每处升高一级扣 1 分		
安全文明生产				10 分	违者不得分		
现场记录							

固定连接的装配

一、教学要求

1. 能对螺纹连接进行装配和预紧防松。
2. 熟悉螺纹连接的损坏形式及修理方法。
3. 能对各种键连接进行装配，熟悉键连接的修理。
4. 能对销连接进行装配。
5. 能对过盈连接进行装配。

二、螺纹连接的装配

名称	操作要点及图解
螺纹连接的预紧及其拧紧力矩的控制	一般的紧固螺纹连接，在无具体的拧紧力矩要求时，采用一定长度普通扳手按经验扳紧即可。在一些重要的螺纹连接中，如汽车制造、飞机制造等，螺纹连接应达到规定的预紧力要求，控制方法如下： （1）控制转矩法　用测力扳手来指示拧紧力矩，使预紧力达到规定值。图 15－1 所示为手动指针式扭力扳手，在工作时扳手杆 5 和刻度板一起向旋转的方向弯曲，因此指针尖 6 就在刻度板上指出拧紧力矩的大小。 活扳手使用时应让固定钳口承受主要的作用力（见图 15－2），扳手长度不可随意加长，以免损坏扳手和螺钉。 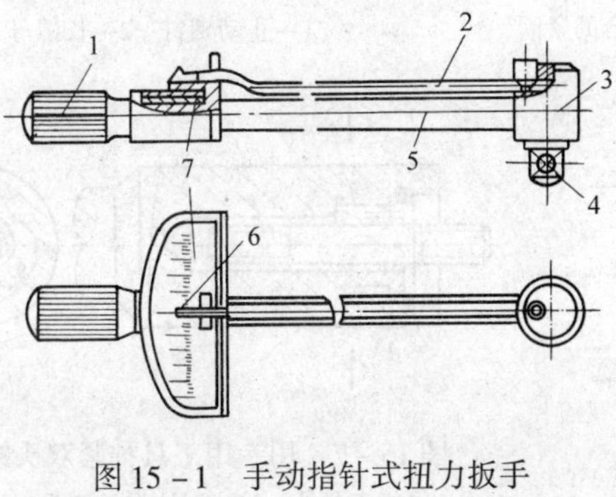 图 15－1　手动指针式扭力扳手 1—手柄　2—长指针　3—柱体　4—钢球 5—扳手杆　6—指针尖　7—刻度板 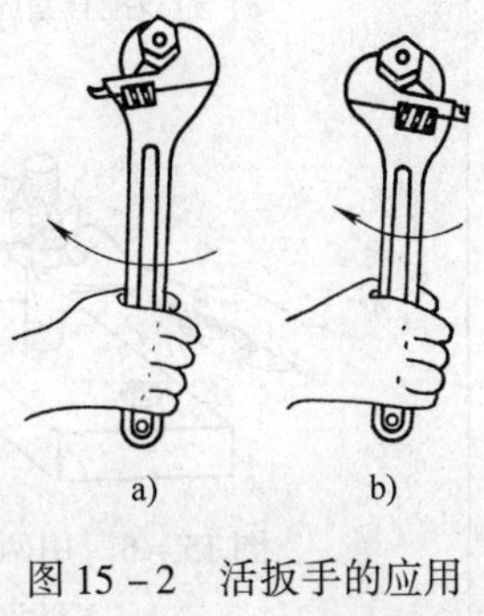 图 15－2　活扳手的应用 a）正确　b）不正确

<table>
<tr><th>名称</th><th>操作要点及图解</th></tr>
<tr><td>螺纹连接的预紧及其拧紧力矩的控制</td><td>

（2）控制螺栓伸长法（液压拉伸法）　即通过螺栓伸长量来控制预紧力的方法。如图 15－3 所示，螺母拧紧前，螺栓的原始长度为 L_1，按规定的拧紧力矩拧紧后，螺栓的长度为 L_2，测定 L_1 和 L_2，根据螺栓的伸长量可以确定拧紧力矩是否准确。

（3）控制螺母扭角法　即通过控制螺母拧紧时应转过的拧紧角度，来控制预紧力的方法。

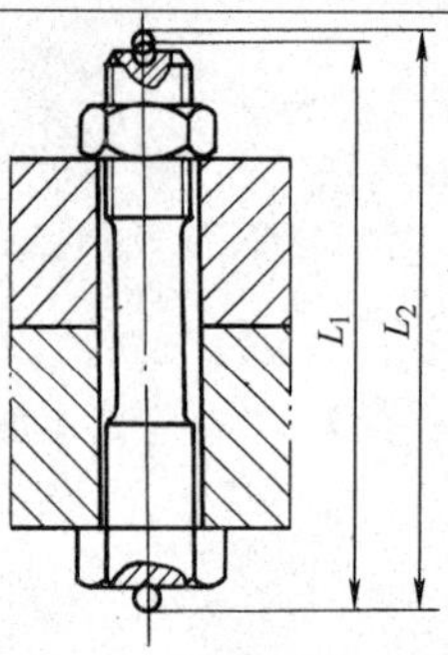

图 15－3　测量螺栓伸长量

</td></tr>
<tr><td>螺纹连接的装配</td><td>

（1）双头螺柱装配技术要求

1）应保证双头螺柱与固定零件螺纹的配合有足够的紧固性，保证在装拆螺母过程中无任何松动现象，可采用过盈配合（见图 15－4a）或采用阶台形式紧固在固定零件上（见图 15－4b）。

2）双头螺柱的轴线必须与固定零件表面垂直。

3）将双头螺柱紧固端装入固定零件时必须加注润滑油，以防发生咬住现象。

4）常用拧紧双头螺柱的方法有用长螺母拧紧（见图 15－5）、用两个螺母拧紧（见图 15－6）和用专用工具拧紧（见图 15－7）等。

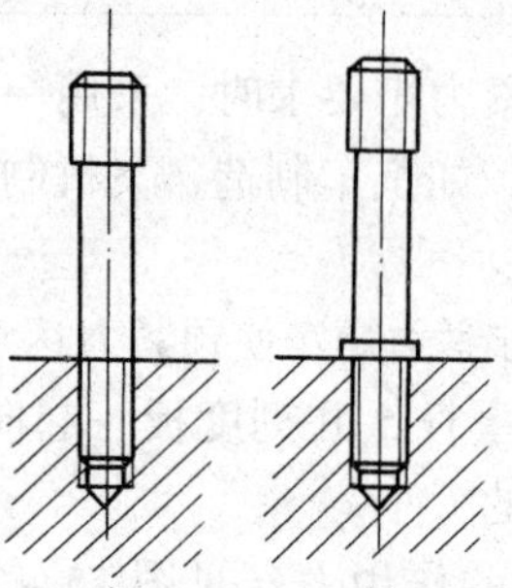

图 15－4　双头螺柱的紧固形式
a）过盈配合紧固　b）带有阶台的紧固

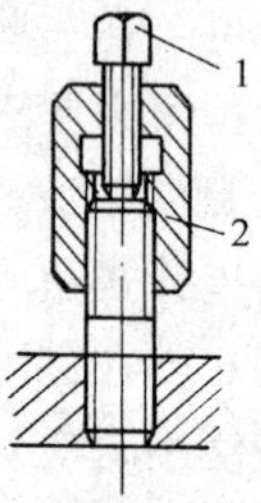

图 15－5　用长螺母拧紧双头螺柱
1—止动螺钉　2—长螺母

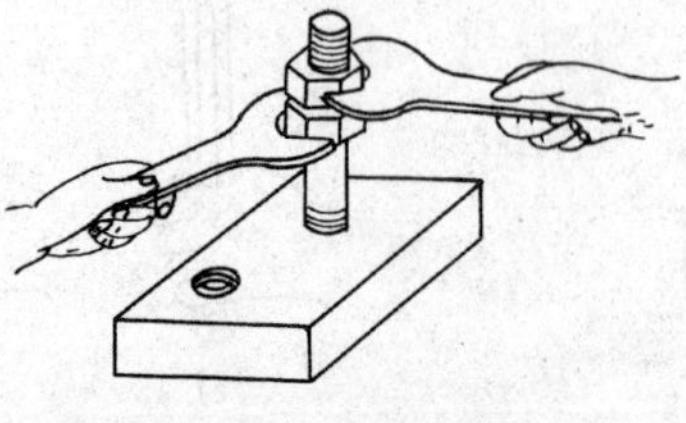

图 15－6　用两个螺母拧紧双头螺柱

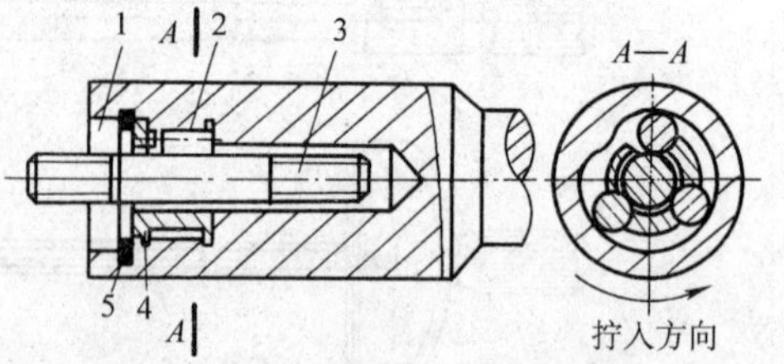

图 15－7　用专用工具拧紧双头螺柱
1—工具体　2—滚柱　3—双头螺柱
4—限位套筒　5—卡簧

</td></tr>
</table>

<table>
<tr><th>名称</th><th>操作要点及图解</th></tr>
<tr><td>螺纹连接的装配</td><td>

（2）螺母和螺钉的装配要点　螺母和螺钉装配除了要按一定的拧紧力矩来拧紧以外，还应注意以下几点：

1）螺钉不能弯曲变形，螺钉头部、螺母底面应与连接件接触良好。

2）被连接件应均匀受压，互相紧密贴合，连接牢固。

3）成组螺母拧紧时，按一定的顺序（见图 15－8）逐次拧紧（一般为 2～3 次）。在拧紧长方形布置的成组螺母（见图 15－8a）时，应从中间开始，逐渐向两边对称地扩展；在拧紧方形或圆形布置的成组螺母（见图 15－8b、c）时，必须对称地进行（如有定位销，应从靠近定位销附近开始），以防止螺栓受力不一致，导致变形。

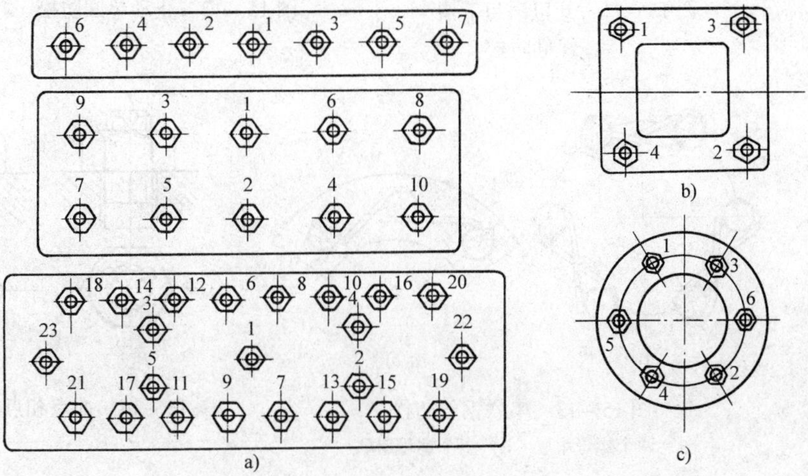

图 15－8　拧紧成组螺钉的顺序

a）长方形　b）方形　c）圆形

（3）螺栓连接的防松装置　作紧固用的螺纹连接，一般都具有自锁性，但当工作中有冲击、振动或变载荷时，应采用防松装置。常用的防松方法有：用双螺母防松（见图 15－9）、用弹簧垫圈防松（见图 15－10）、用开口销与带槽螺母防松（见图 15－11）、用止动垫圈防松（见图 15－12）、用串联钢丝防松（见图 15－13）和用冲点或点焊方法防松（见图 15－14）等。

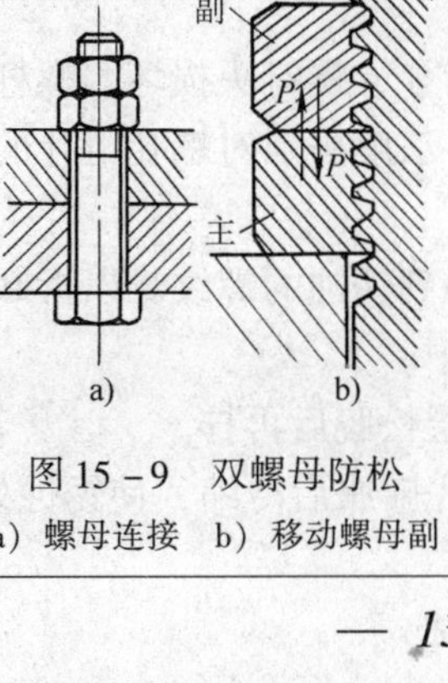

图 15－9　双螺母防松

a）螺母连接　b）移动螺母副

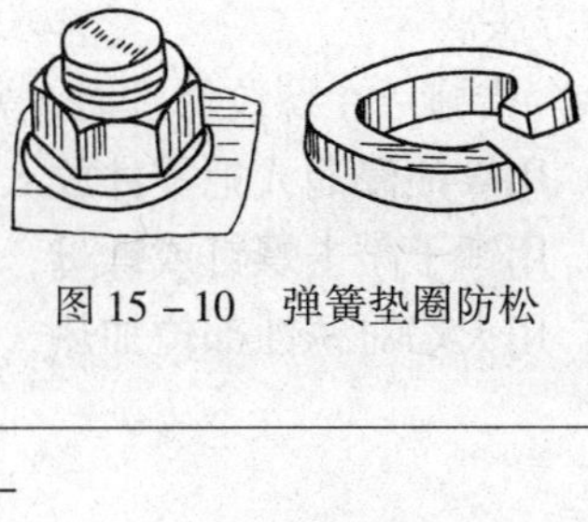

图 15－10　弹簧垫圈防松

</td></tr>
</table>

名称	操作要点及图解
螺纹连接的装配	 图 15－11　开口销与带槽螺母防松 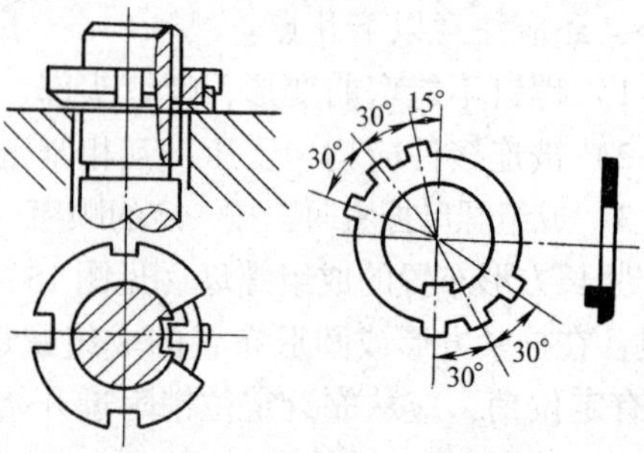 图 15－12　止动垫圈防松 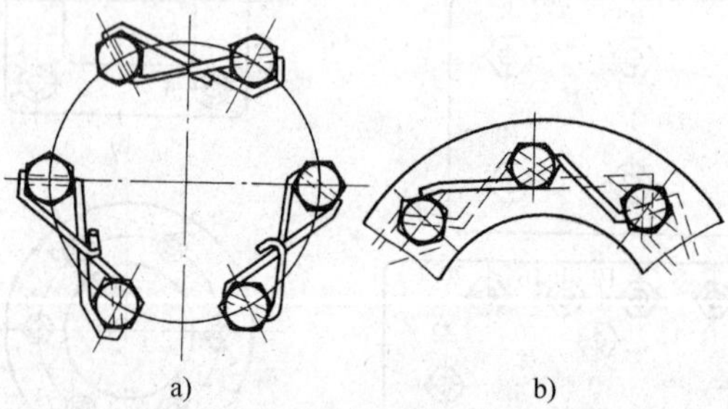 图 15－13　串联钢丝防松 a）两个螺母串联　b）多个螺母串联 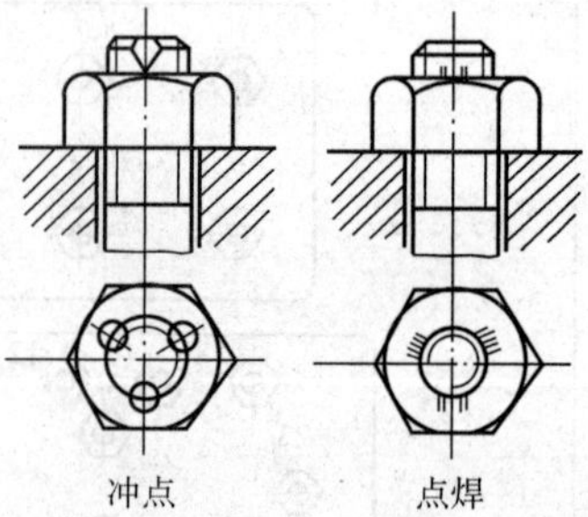 图 15－14　冲点和点焊方法防松
螺纹连接装配的注意事项	（1）螺纹连接装配时应检查零件是否合格。 （2）要求使用的垫圈不能缺少。 （3）螺纹连接的拧紧力或预紧力不能太大或太小。 （4）成组螺栓或螺母拧紧时拧紧顺序不能混乱。 （5）螺钉连接不宜用在需要经常拆装的场合。 （6）螺纹连接的支承面不宜偏斜，应保持接触良好。 （7）工作中有冲击、振动的螺纹连接必须增加防松装置。
螺纹连接损坏形式和修理	（1）损坏形式　螺纹部分或全部滑牙、螺钉头损坏、螺杆断裂等。 （2）修理方法　通过更换新件的方法解决。对螺孔滑牙的修理可采用扩大螺纹直径的方法。 （3）措施　在螺纹修理时，常会遇到锈蚀的螺纹难以拆卸，可采用以下措施： 1）用煤油浸润或把零件放入煤油中。 2）用锤子敲击螺钉或螺母，待锈层松脱后再拧。 3）用火焰对锈蚀部位加热，经过先膨胀后冷缩，使锈蚀处松动。

三、键连接的装配

名称	操作要点及图解

松键连接的装配

（1）松键连接装配的技术要求

1）键与键槽不允许有毛刺，以防配合后影响配合的可靠性。

2）只能用键的头部和键槽试配，以避免键在键槽内嵌紧而不易取出。

3）锉配键长和键头时，允许键与键槽在长度方向上有 0.1 mm 的间隙。

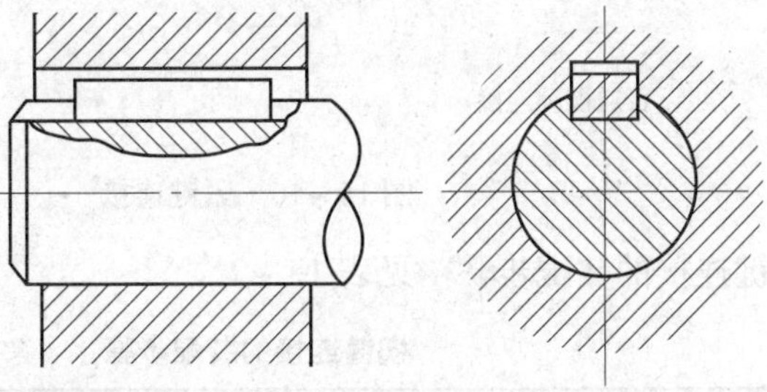

图 15－15　松键连接

4）必要时须检查键的直线度及键槽尺寸轴线的对称度。

5）必须使键的下平面与槽底面接触良好。

（2）平键连接的装配步骤　见表 15－1。

表 15－1　　**平键连接的装配步骤**

装配步骤	装配说明
去除键槽的锐边及毛刺	使键容易装入
试装轴和轴上的配件	先不装入平键，主要检查轴和孔的配合状况，避免装配时轴与孔配合过紧
修配平键与键槽宽度的配合精度	要求配合稍紧，不得有较大间隙，若配合过紧，则将键侧面稍作修整
修锉平键半圆头	平键两端与轴上键槽两端头应留有 0.1 mm 左右的间隙
将平键安装于轴的键槽中	在配合面上加机油，用台虎钳夹紧（钳口须垫铜片）或用铜棒敲击，将平键压装在轴的键槽内，并与槽底接触
安装相配件	键顶面与配件槽底面应留有 0.3～0.5 mm 间隙，若侧面配合过紧，则应拆下配件，根据键槽上的印痕，修锉配件键槽两侧面，使之能正常装入，但不允许产生松动，以避免传递动力时产生冲击和振动

紧键连接的装配

（1）紧键连接装配的技术要求

1）楔键的斜度一定要和配合键槽的斜度一致。

2）楔键与键槽的两侧面要留有一定的间隙，而键的上下工作面应与轴槽、轮槽的底部贴紧。

3）钩头楔键不能使钩头紧贴套件的端面，以便拆卸。

<table>
<tr><th>名称</th><th>操作要点及图解</th></tr>
<tr><td>紧键连接的装配</td><td>
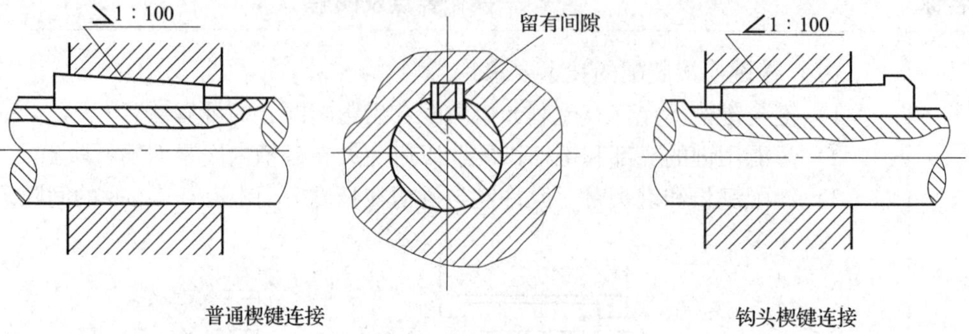

图 15－16　紧键连接

（2）楔键连接的装配步骤　见表 15－2。

表 15－2　楔键连接的装配步骤

<table>
<tr><th>装配步骤</th><th>装配说明</th></tr>
<tr><td>锉配键宽</td><td>使键与键槽之间保持一定的配合间隙</td></tr>
<tr><td>检查键与键槽的配合</td><td>1. 将轴上配件的键槽与轴上键槽对正，在楔键的斜面上涂色后敲入键槽内，根据接触斑点来判断斜度配合是否良好
2. 用锉削或刮削法修整，使键与键槽的上下结合面紧密贴合</td></tr>
<tr><td>装配楔键</td><td>清洗楔键和键槽，将楔键涂油后敲入键槽中</td></tr>
</table>
</td></tr>
</table>

四、花键连接的装配

<table>
<tr><th>名称</th><th>操作要点及图解</th></tr>
<tr><td>花键连接的装配要点及方法</td><td>
（1）花键连接的装配要点
1）花键过盈连接时套件应在花键轴上固定，当过盈量小时可用铜棒轻轻敲入，若过盈量较大，可将套件（花键孔）加热到 80～120 ℃后进行装配。
2）花键间隙连接时应保证正确的配合间隙，使套件在花键轴上能自由滑动但不能过松，同时径向不应有间隙。
3）当经过热处理后的花键孔内孔收缩时，可用花键拉刀修整后再进行装配。
4）装配后的花键副应检查花键轴与套件的同轴度和垂直度是否满足使用要求。
（2）装配方法　外花键与内花键多为间隙配合，装配后应能相对滑动。外花键装配前需用油石将棱边倒角。内花键需经试装后用油石或整形锉进行修整。
</td></tr>
<tr><td>花键连接的装配</td><td>
试装时采用涂色法进行修整。将齿轮装夹在台虎钳中，双手平托起外花键，对准伸入内花键中，找到配合误差最小的位置，同时在齿轮和外花键端面做出标记，以后需按此标记位置装配，不得误装。拉出外花键后，在齿轮内花键表面涂色，再将外
</td></tr>
</table>

名称	操作要点及图解
花键连接的装配	花键用锤子轻轻敲置装入（见图 15－17）。退出轴后，根据色斑分布状况来修整键槽两侧，反复数次直到合格为止。装配后，外花键在孔中沿轴向滑动应自如，手感不应感觉忽松忽紧，转动轴时不应感觉到有较大的间隙。 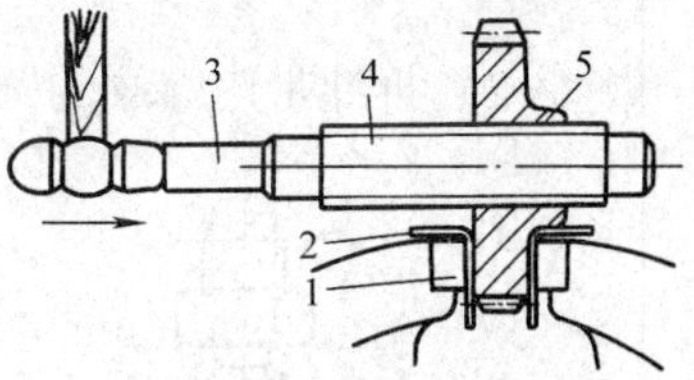 图 15－17　花键轴装配前的试装 1—台虎钳　2—铜钳口　3—铜棒　4—外花键　5—齿轮
键连接损坏的修复	键连接的损坏一般有键槽和键槽侧面磨损、键发生变形或被剪断。对于键的磨损，一般都采取更换键的方法。对键槽的磨损常常采用修整键槽，并换用更大尺寸的键来解决。键发生变形或被剪断，必须根据发生的原因来采取解决的方法。例如：改善操作或改进设计，间隙连接的花键轴磨损，可采用表面镀铬的方法进行修复。

五、销连接的装配

名称	操作要点及图解
销连接的装配与拆卸	（1）圆柱销的装配　圆柱销定位时，为保证配合精度，通常需要两孔同时钻、铰，使其配合有少量过盈，以保证连接的紧固性和定位的准确性，并使孔的表面粗糙度值在 *Ra*1.6 μm 以下（见图 15－18）。装配时应在销子表面涂些润滑油，用铜棒将销子敲入孔中。对于装配精度要求高的定位销，可采用图 15－19 所示的方法，用 C 形夹头把销子压入孔中，这样不会使销子变形，也不会使工件移动。 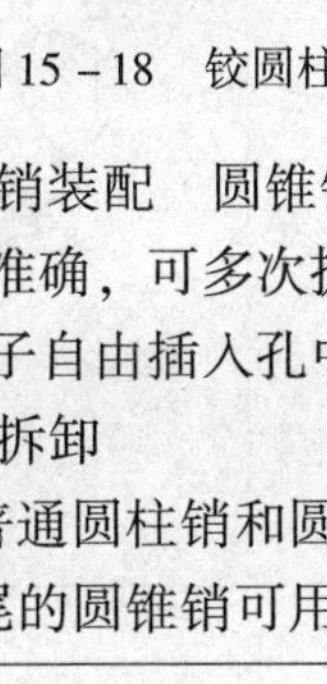 图 15－18　铰圆柱销孔 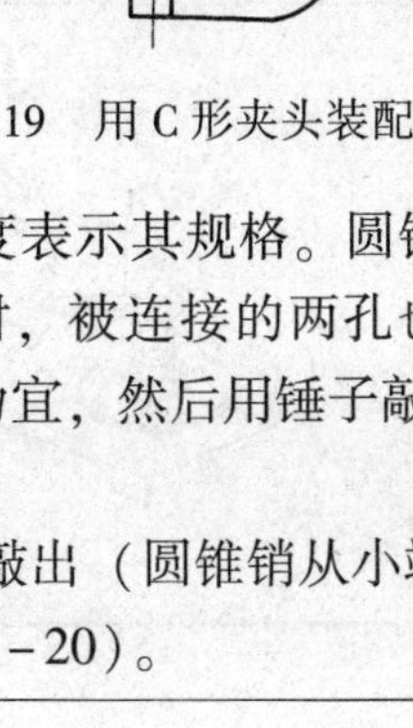 图 15－19　用 C 形夹头装配销子 （2）圆锥销装配　圆锥销以小端直径和长度表示其规格。圆锥销具有 1∶50 的锥度，它定位准确，可多次拆卸。圆锥销装配时，被连接的两孔也需同时钻、铰，孔径大小以销子自由插入孔中长度约 80% 左右为宜，然后用锤子敲入即可。 （3）销的拆卸 1）拆卸普通圆柱销和圆锥销时，可用锤子敲出（圆锥销从小端向外敲出）。 2）有螺尾的圆锥销可用螺母旋出（见图 15－20）。

<table>
<tr><th>名称</th><th>操作要点及图解</th></tr>
<tr><td>销连接的装配与拆卸</td><td>3）拆卸带内螺纹的圆柱销和圆锥销时，可用拔销器取出（见图 15－21）。
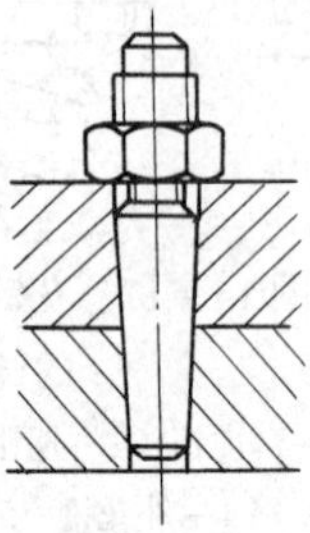
图 15－20　有螺尾的圆锥销的拆卸
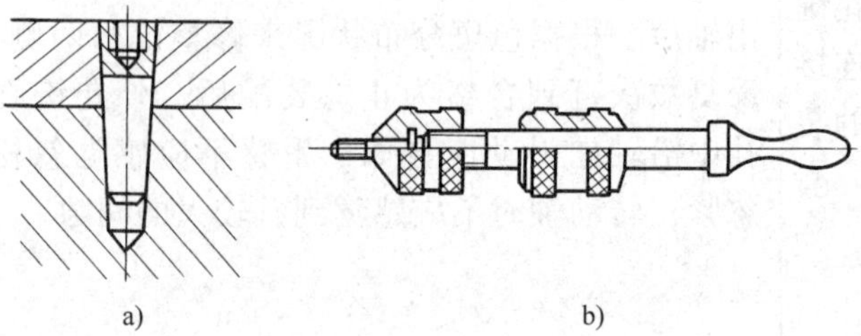
图 15－21　带内螺纹的圆锥销及拔销器
a）圆锥销　b）拔销器</td></tr>
<tr><td>销连接装配的注意事项</td><td>（1）圆柱销装入后尽量不要拆卸，以免影响连接精度及连接的可靠性。
（2）销连接的两连接件上的销孔应同时钻、铰加工。
（3）装配时应在销子上涂些润滑油后敲入，必要时应用 C 形夹头压入。
（4）圆锥销销孔铰削时，应用试装法控制孔径。销子的大头可稍微露出或与被连接件一样平，销子大头不宜缩进孔内。
（5）装配时必须保证销子中心线与零件表面垂直，可以使用校准套，先把销子装在一个零件上，再装上另一个零件。
（6）用于安全装置中销的尺寸应按过载时被剪断的条件来确定，不能凭经验确定。</td></tr>
</table>

六、过盈连接的装配

<table>
<tr><th>名称</th><th>操作要点及图解</th></tr>
<tr><td>过盈连接的装配方法</td><td>（1）压入法　压入法装配工具设备和图解见表 15－3。

表 15－3　压入法装配工具设备和图解
<table>
<tr><th>工具设备</th><th>图　解</th><th>工具设备</th><th>图　解</th></tr>
<tr><td>用手锤敲击压入</td><td>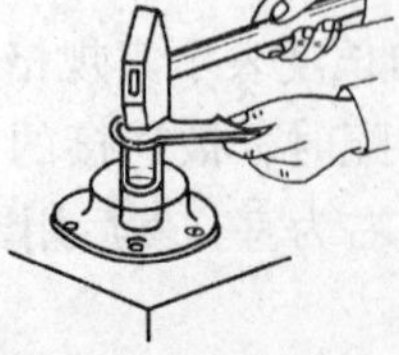</td><td>齿条压力机</td><td>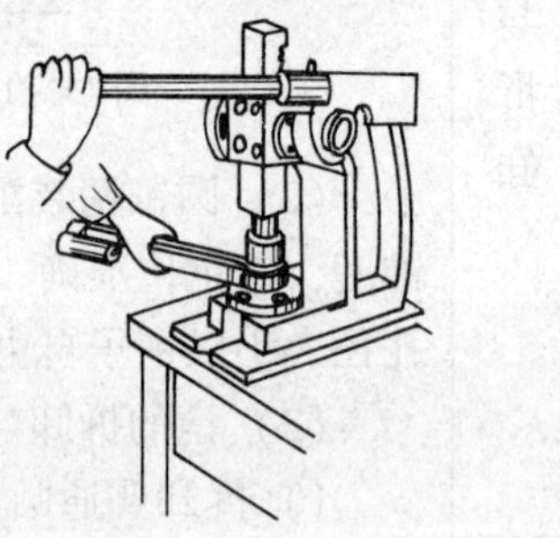</td></tr>
</table>
</td></tr>
</table>

名称	操作要点及图解
过盈连接的装配方法	

续表

工具设备	图　解	工具设备	图　解
螺旋压力机	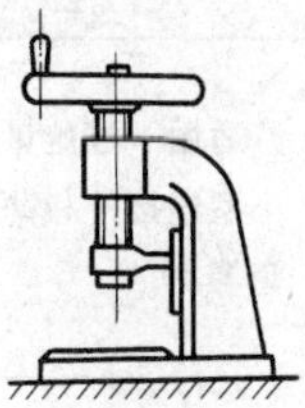	气动杠杆压力机	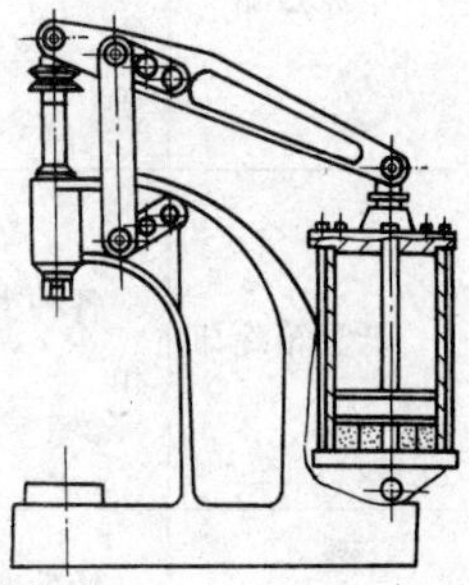
专用螺旋的C形夹头	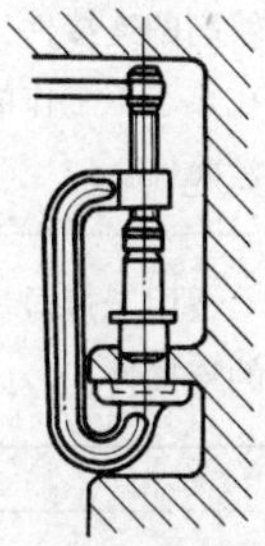		

（2）热胀法　热胀法的装配方法应用范围及工艺要点见表15－4。

表15－4　热胀法的装配方法应用范围及工艺要点

装配方法	设备和工具	特　点	应用范围	装配工艺要点
火焰加热	喷灯、氧乙炔、丙烷加热器、炭炉	加热温度小于350 ℃。使用加热器，热量集中，易于控制，操作简便	适用于局部加热中等或大型连接件	1. 包容件因加热而胀大，使过盈量消失，并有一定间隙。间隙一般取（0.001～0.002）d（d为配合直径） 2. 采用热胀法时，装配时间要短，以防因温度变化而使间隙消失，出现“咬死”现象 3. 较大尺寸的包容件经热胀配合后，其轴向尺寸均有收缩。收缩量与包容件的轴向厚度和配合面过盈量有关
介质加热	沸水槽、蒸汽加热槽、热油槽	沸水槽加热温度80～100 ℃，蒸汽加热槽可达120 ℃，热油槽90～320 ℃，均可使连接件去污干净，热胀均匀	适用于过盈量较小的连接件，如滚动轴承、连杆衬套等	
电阻和辐射加热	电阻炉、红外线辐射加热箱	加热温度可达400 ℃以上，热胀均匀、表面洁净，加热温度易自动控制	适用于中、小型连接件成批生产	
感应加热	感应加热器	加热温度可达400 ℃以上，加热时间短，调节温度方便，热效率高	适用于采用特重型和重型静配合的中、小型连接件	

名称	操作要点
过盈连接的装配方法	（3）冷缩法　冷缩法的装配方法应用范围及工艺要点见表 15－5。

表 15－5　　冷缩法的装配方法应用范围及工艺要点

装配方法	设备和工具	特　点	应用范围	装配工艺要点
干冰冷缩	干冰冷缩装置（或以酒精、丙酮、汽油为介质）	可冷至－78 ℃，操作简便	适用于过盈量小的小型连接件和薄壁衬套等	1. 被包容件冷缩时的实际尺寸不易测量，一般按冷缩温度控制冷缩量 2. 冷却至液氮温度时，一般无须测量 3. 小型被包容件浸入液氮冷却时，冷却时间约 15 min，套装时间应很短，以保证装配间隙消失前套装完毕 4. 必须防止冻伤
低温箱冷却	各种类型低温箱	可冷至－140 ℃，冷缩均匀，表面洁净，冷缩温度易自动控制，生产效率高	适用于配合面精度较高的连接件，以及在热态下工作的薄壁套筒件	
液氮冷缩	移动或固定式液氮槽	可冷至－195 ℃，冷缩时间短，生产效率高	适用于过盈量较大的连接件	

名称	操作要点
过盈连接装配的注意事项	（1）过盈连接的过盈值不能太大或太小。过盈太小不能满足传递扭矩的要求，太大会造成装配困难。如用热胀法装配时，过盈量太大，孔的附近就会产生过大的配合应力，容易产生塑性变形；过盈量太小，传递扭矩时，轴与孔就会松动。 （2）对于细长件或薄壁件必须注意检查过盈量和几何偏差，装配时最好垂直压入，以防变形。 （3）为了便于装配，应该在孔口和轴端进行倒角，一般轴端倒角取 5°～10°，孔口倒角取 30°～45°。 （4）连接件表面要清洁和有较小的表面粗糙度值。 （5）装配前配合表面应涂油避免损伤。 （6）装配时压入过程应连续，速度不宜过快，一般为（2～4）mm/s 即可。 （7）保证轴与孔的轴心线不得有歪斜现象。

七、思考与练习

1. 螺纹连接的装配技术要求有哪些？
2. 螺纹连接常用的防松方法有哪些？
3. 螺纹连接如何控制预紧力？
4. 拧紧成组螺母的一般原则是什么？
5. 简述松键连接和紧键连接的装配要求。
6. 简述过盈连接的装配方法。

课题十六

传动机构的装配

一、教学要求

1. 能对带传动机构进行装配及装配后调整张紧力。熟悉带传动机构的损坏形式及修理方法。

2. 能对链传动机构进行装配；熟悉链传动机构的损坏形式及修理。

3. 熟悉齿轮传动的特点；掌握圆柱、圆锥齿轮的装配及检验。

4. 能对蜗杆传动机构进行装配；熟悉蜗杆传动精度及其安装后的检验。

5. 能对螺旋传动机构进行装配。

二、带传动机构的装配

名称	操作要点及图解
带轮及V带的安装	(1) 带轮的安装方法及检验　一般带轮孔与轴为过渡配合 H7/k6，有少量过盈，同轴度较高。为传递较大扭矩，还需要用紧固件保证周向固定和轴向固定。图 16－1 所示为带轮在轴上的固定方式。 装配时，按轴和轮毂孔键槽修配键，然后清除安装面上的污物，并涂上润滑油，用锤子将带轮轻轻敲入，或用螺旋压入工具将带轮压到轴上（见图 16－2）。带轮装在轴上后，要检查带轮的径向圆跳动量和端面圆跳动量。一般情况用划线盘检查，要求较高时也可以用百分表检查（见图 16－3），以保证带轮在轴上安装的正确性。还要保证两带轮相互位置的正确性，防止由于两带轮错位或倾斜引起带张紧不均匀而过快磨损。检查方法（见图 16－4）：中心距较大的用拉线法，中心距不大的可用直尺测量。 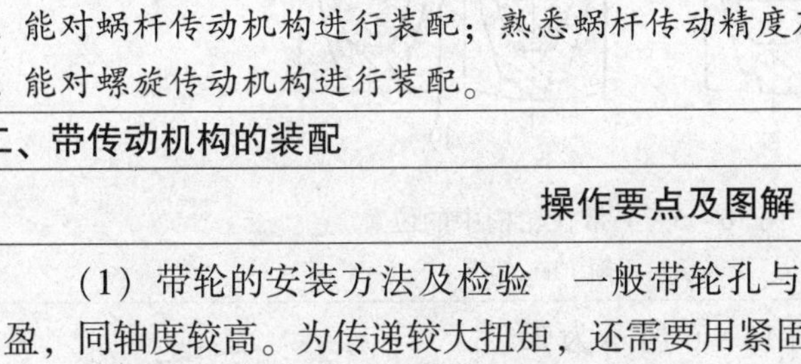 图 16－1　带轮在轴上的固定方式 a）圆锥轴颈、螺母垫圈轴向固定　b）轴肩、挡圈轴向固定 c）楔键周向、轴向固定　d）隔套、挡圈轴向固定 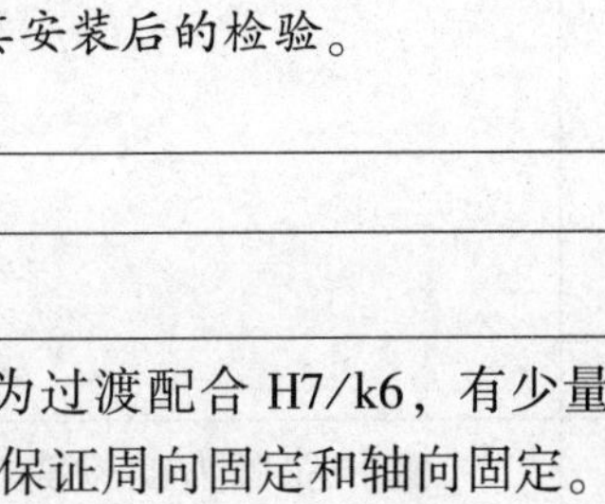 图 16－2　用螺旋压入工具装带轮

名称	操作要点及图解

带轮及V带的安装

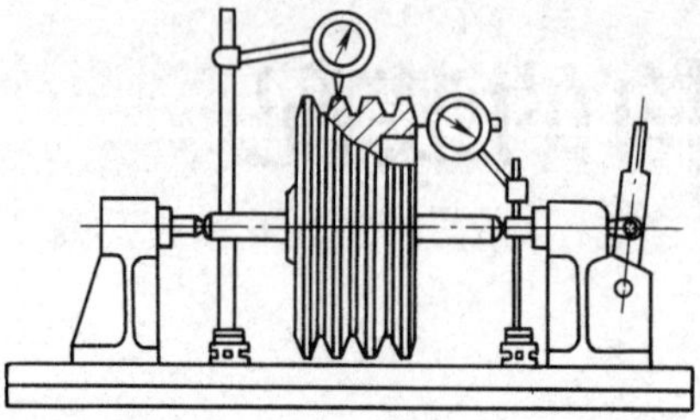

图 16－3　带轮跳动量的检查

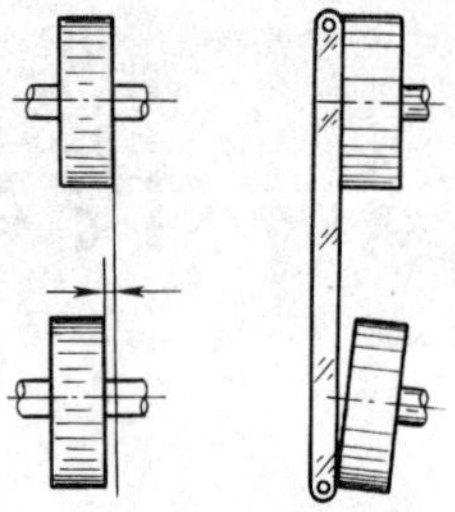

图 16－4　带轮相互位置正确性的检查

（2）V 带的安装　安装 V 带时，先将其套在小带轮轮槽中，然后套在大带轮上，边转动大轮边用螺钉旋具或铜棒将带拨入带轮槽中。装好后的 V 带在槽中的正确位置如图 16－5a 所示。

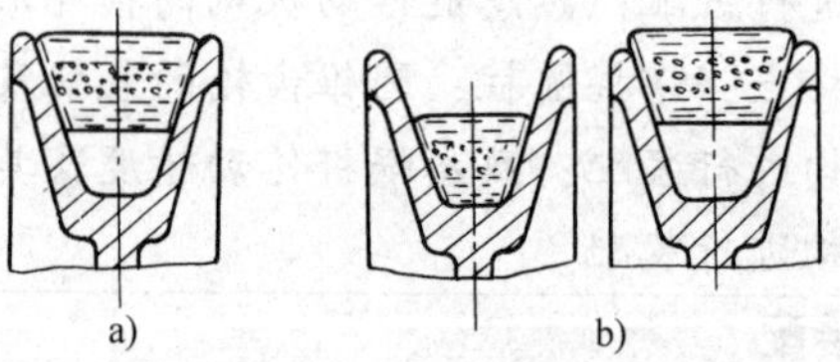

图 16－5　V 带在轮槽中的位置

a）正确　b）错误

带传动张紧力的调整

（1）张紧力的检查　图 16－6 所示为张紧力的检查。在带与两轮的切点 A、B 连线的中点，垂直于传动带加一个载荷 F，通过测量产生的挠度 y 来检查张紧力大小。即规定在 F 测量载荷的作用下，产生挠度 $y=\frac{1.6}{100}l$（mm）（l 是两切点间距离）。用拇指将带按下，y 的经验值为 15 mm 左右，则张紧程度合适。

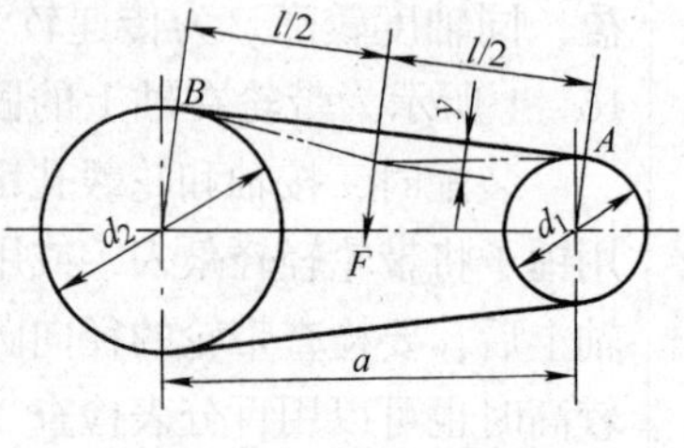

图 16－6　张紧力的检查

测定张紧力所需垂直力 F 的大小与 V 带型号、小带轮直径（d）及带速（v）有关，可按表 16－1 选取 F。

表 16－1　　**测定张紧力所需垂直力 F**　　N

带型		小带轮直径 d_{d1}/mm	带速 v/（m/s） 0～10	10～20	20～30
普通V带	Z	50～100	5～7	4.2～6	3.5～5.5
		>100	7～10	6～8.5	5.5～7
	A	75～140	9.5～14	8～12	6.5～10
		>140	14～21	12～18	10～15
	B	125～200	18.5～28	15～22	12.5～18
		>200	28～42	22～33	18～27
普通V带	C	200～400	36～54	30～45	25～38
		>400	54～85	45～70	38～56
	D	355～600	74～108	62～94	50～75
		>600	108～162	94～140	75～108
	E	500～800	145～217	124～186	100～150
		>800	217～325	186～280	150～225

名称	操作要点及图解

续表

带型		小带轮直径 d_{d1}/mm	带速 v/（m/s）			带型		小带轮直径 d_{d1}/mm	带速 v/（m/s）		
			0 ~ 10	10 ~ 20	20 ~ 30				0 ~ 10	10 ~ 20	20 ~ 30
窄V带	SPZ	67 ~ 95	9.5 ~ 14	8 ~ 13	6.5 ~ 11	窄V带	SPB	160 ~ 265	30 ~ 45	26 ~ 40	22 ~ 34
		>95	14 ~ 21	13 ~ 19	11 ~ 18			>265	45 ~ 58	40 ~ 52	34 ~ 47
	SPA	100 ~ 140	18 ~ 26	15 ~ 21	12 ~ 18		SPC	224 ~ 355	58 ~ 82	48 ~ 72	40 ~ 64
		>140	26 ~ 38	21 ~ 32	18 ~ 27			>355	82 ~ 106	72 ~ 96	64 ~ 90

带传动张紧力的调整

（2）张紧力的调整方法

1）当中心距不能变动时，可截短带或更换带。

2）在工作面涂带蜡。

3）调整中心距。图 16－7 所示为带的定期张紧装置，图 16－8 所示为带的重力自动张紧装置。

4）使用张紧轮（见图 16－9）。

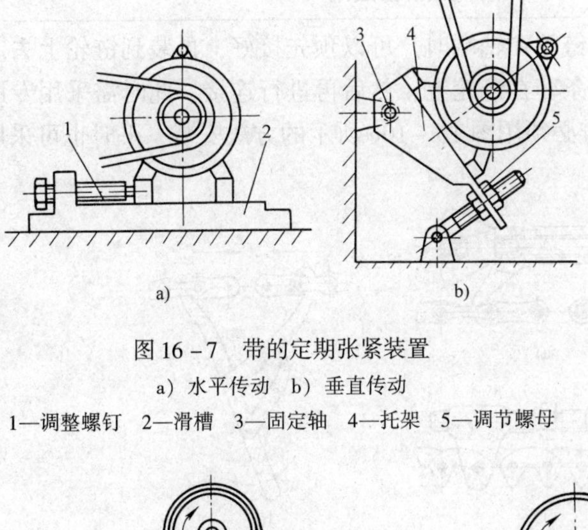

a） b）

图 16－7　带的定期张紧装置

a）水平传动　b）垂直传动

1—调整螺钉　2—滑槽　3—固定轴　4—托架　5—调节螺母

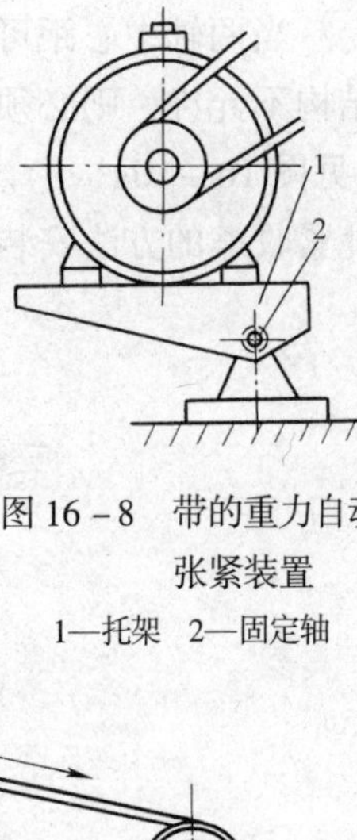

图 16－8　带的重力自动张紧装置

1—托架　2—固定轴

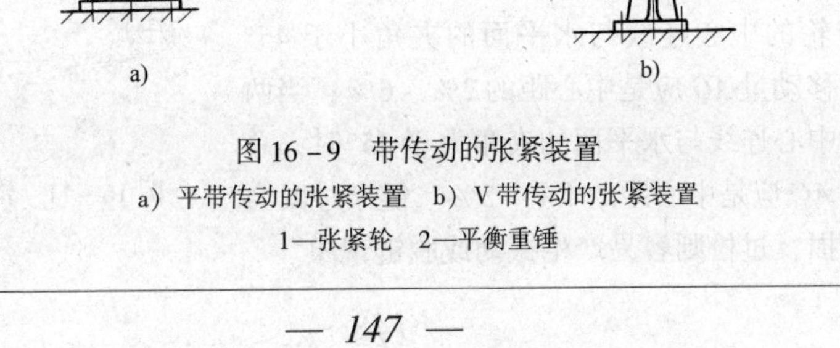

a）　b）

图 16－9　带传动的张紧装置

a）平带传动的张紧装置　b）V 带传动的张紧装置

1—张紧轮　2—平衡重锤

名称	操作要点及图解
带传动机构装配的注意事项	（1）严格控制带轮的径向圆跳动和轴向窜动量。 （2）两带轮的端面一定要在同一平面内；轴线应相互平行。 （3）带轮工作表面的表面粗糙度值要大小适当：过大，会使传动带磨损较快；过小，易使传动带打滑，一般取值 $Ra1.6\ \mu m$ 左右比较合适。 （4）带的张紧力要适当，不能太大或太小。 （5）V 带安装时不能搞错型号，多根 V 带时不能新旧混用。 （6）V 带套装时，禁止直接用手扳带进行套装，以防伤手。 （7）小带轮上的包角不能小于 120°，否则容易打滑。 （8）带传动张紧轮的安装位置不能搞错。若是 V 带，张紧轮应安装在松边的内侧，靠近大带轮的位置，以防止小带轮包角过多减小；若是平带，张紧轮应安装在松边的外侧，靠近小带轮处，以增大小带轮包角并提高传动能力。 （9）应装安全防护罩防止绞伤人，并防止润滑油和其他杂物飞溅到带上影响传动。

三、链传动机构的装配

名称	操作要点及图解
链传动机构的装配方法	当两轴中心距可调节且链轮在轴端时，可以预先接好，再装到链轮上去。如果结构不允许，则必须先将链条套在链轮上，然后再进行连接，此时需采用专用工具（见图 16－10a、b）。齿形链必须用图 16－10c 所示的方法安装，平时也可采用铅丝扎紧收缩的方法安装。 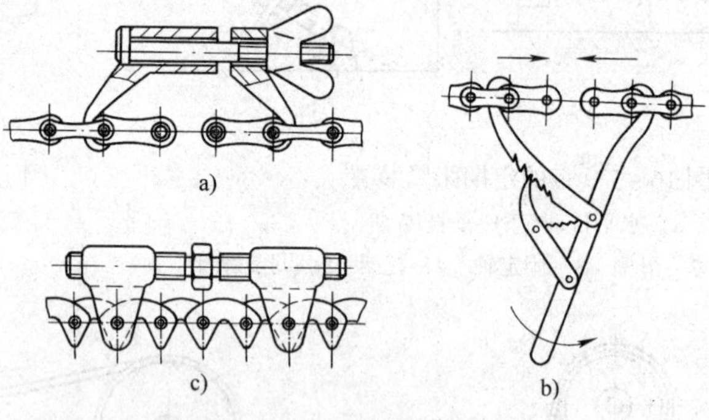 图 16－10　拉紧链条工具 a）连接套筒滚子链工具（一）　b）连接套筒滚子链工具（二）　c）连接齿形链工具
链条松紧度的检验	旋转链轮将链条的一边张紧，然后测量链条松边中点的总移动量 AC，如图 16－11 所示。当两链轮的中心连线与水平面的夹角小于 45°时，总移动量 AC 应是中心距的 2%～6%；当两链轮的中心连线与水平面的夹角大于 45°时，总移动量 AC 应是中心距的 1%～3%。链条过紧会加剧磨损，过松则容易产生振动或脱链现象。 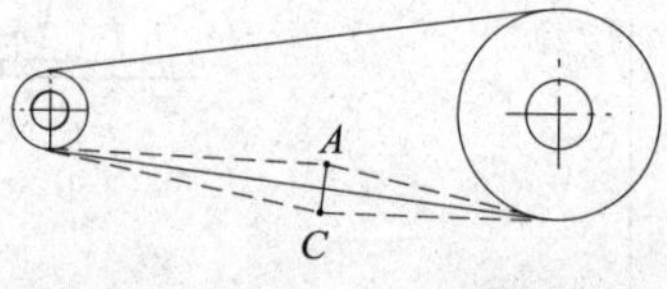 图 16－11　链条松紧度的检验

名称	操作要点及图解
链传动机构装配的注意事项	（1）链轮在轴上必须保证周向和轴向固定。 （2）两链轮的轴线必须平行，否则会加剧链轮及链条的磨损，使噪声增大、平稳性降低。 （3）两链条之间的轴向偏移量不能太大。当两轮中心距小于500 mm时，轴向偏移量不超过1 mm；两轮中心距大于500 mm时，其轴向偏移量不超过2 mm。 （4）链轮的径向圆跳动和端面圆跳动应符合要求。其跳动量可用划线盘或百分表找正。 （5）链条的松紧应适当。太紧会使负荷增大，磨损加快；太松容易产生振动或掉链现象。 （6）为了使轮齿磨损均匀，链轮的齿数和链条的节数不宜奇偶相同，一般链轮的齿数采用奇数，链条节数为偶数。 （7）链传动必须布置在垂直平面内，不能布置在水平或倾斜平面内，否则会使链加剧磨损甚至和链轮卡死。

四、齿轮传动机构的装配

名称	操作要点及图解
圆柱齿轮传动机构的装配	（1）齿轮与轴的装配　齿轮与轴的装配形式有：齿轮在轴上空转、齿轮在轴上滑移和齿轮在轴上固定三种形式。 齿轮与轴一般采用键连接，齿轮内孔与轴的配合根据工作要求而定。 间隙配合的齿轮能在轴上空转或滑移，装配比较方便。用花键连接时，须选择较松的位置定向装配，装配后齿轮在轴上不得有晃动现象。装配精度主要取决于零件的加工精度。 采用过渡配合和过盈配合的齿轮，可采用手工工具敲击或在压力机上压配，装配时应注意避免齿轮产生偏心、歪斜、变形和端面未贴紧轴肩等安装误差。 精度要求高的齿轮传动机构，在压配后需检查精度。检查径向圆跳动的方法如图16－12所示，将齿轮轴支承在两顶尖间或两块等高V形架上，使轴和平板表面平行，将圆柱规放在齿槽内，与轮齿在分度圆处相接触，用百分表测量圆柱规。转动轴每隔3～4个齿检测一次，百分表最大读数与最小读数之差，即为齿轮分度圆上的径向圆跳动误差。检查端面圆跳动时，可按图16－13所示方法，用两顶尖顶住轴端，用百分表测量齿轮端面，转动轴读出最大读数与最小读数，两者之差即为齿轮的端面圆跳动量。 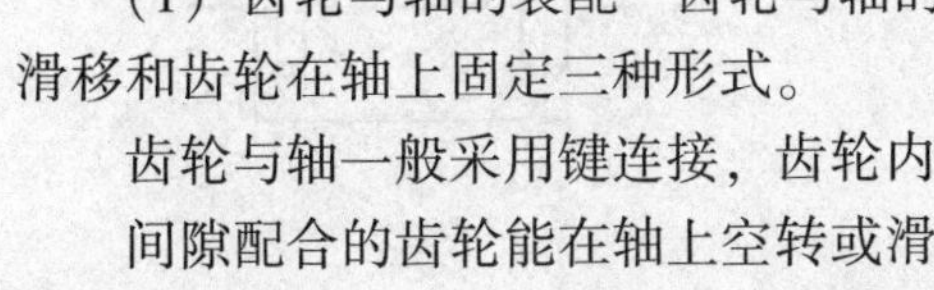 图16－12　齿轮的径向圆跳动检查 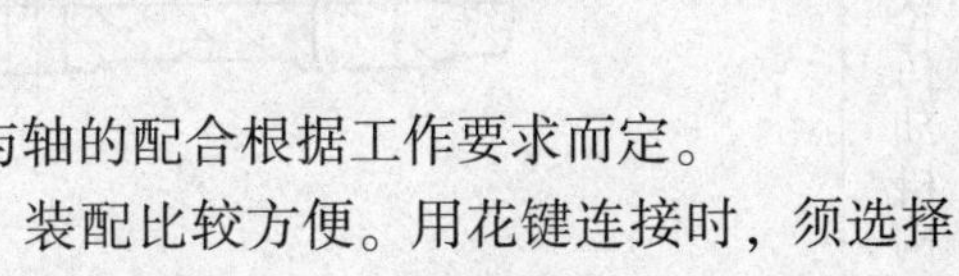 图16－13　齿轮的端面圆跳动检查

<table>
<tr><th>名称</th><th>操作要点及图解</th></tr>
<tr><td>圆柱齿轮传动机构的装配</td><td>

（2）齿轮轴组与箱体的装配　非对开式齿轮箱齿轮传动的装配是在箱内进行的，即在齿轮装入轴上的同时也将轴组装入箱体内。为保证装配质量，装配前应认真对箱体进行检验。包括孔距、孔系平行度检验、孔中心线与端面垂直度检验和孔中心线同轴度检验等。

1）孔距及孔系平行度检验　相互啮合的一对齿轮安装中心距是影响齿侧间隙的主要因素，应使孔距在规定的公差范围内。孔距检查方法如图 16 – 14 所示。图 16 – 14a 是用游标卡尺分别测得 d_1、d_2、L_1、L_2，然后计算出中心距：

$$A_1 = L_1 + \left(\frac{d_1}{2} + \frac{d_2}{2}\right)$$

或

$$A_1 = L_2 - \left(\frac{d_1}{2} + \frac{d_2}{2}\right)$$

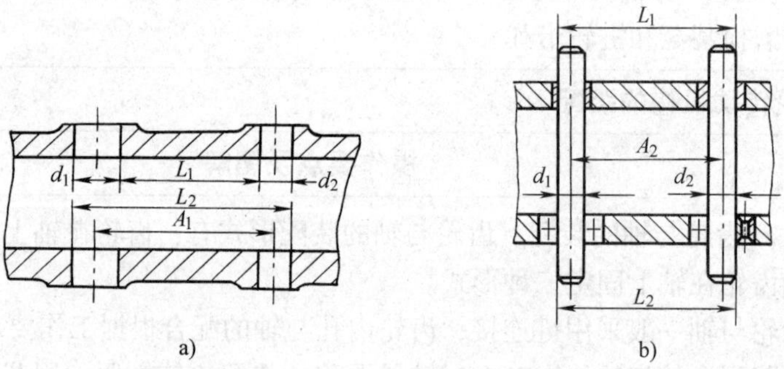

图 16 – 14　箱体孔距及孔系平行度检验

a）用游标卡尺测量　b）用游标卡尺和检验棒测量

图 16 – 14b 是游标卡尺和检验棒测量孔距：

$$A_2 = \frac{L_1 + L_2}{2} - \frac{d_1 + d_2}{2}$$

图 16 – 14b 所示也可作为齿轮安装中心线平行度的测量方法。分别测量检验棒两端尺寸 L_1 和 L_2，L_1 与 L_2 之差的绝对值就是两孔轴线的平行度误差值。

2）孔中心线同轴度检验　图 16 – 15a 所示为成批生产时用专用检验棒检验孔中心线同轴度。若检验棒能自由地推入几个孔中，即表明孔同轴度合格。有不同直径孔时，用不同外径的检验套配合检验，以减少检验棒数量。

图 16 – 15b 所示为用百分表及检验棒检验孔中心线同轴度，将百分表固定在检验棒上，转动检验棒一周内，百分表最大读数与最小读数之差的一半为同轴度误差值。

3）孔中心线与端面垂直度检验　如图 16 – 16 所示为常用的两种方法。图 16 – 16a 所示为将带圆盘的专用检验棒插入孔中，用涂色法或塞尺检查孔中心线与孔端面垂直度。图 16 – 16b 所示为用检验棒和百分表检查，检验棒转动一周，百分表读数的最大值与最小值之差，即为端面对孔中心线的垂直度误差。如发现误差超过规定值，可用刮削端面的方法纠正。

</td></tr>
</table>

<table>
<tr><th>名称</th><th>操作要点及图解</th></tr>
<tr><td>圆柱齿轮传动机构的装配</td><td>
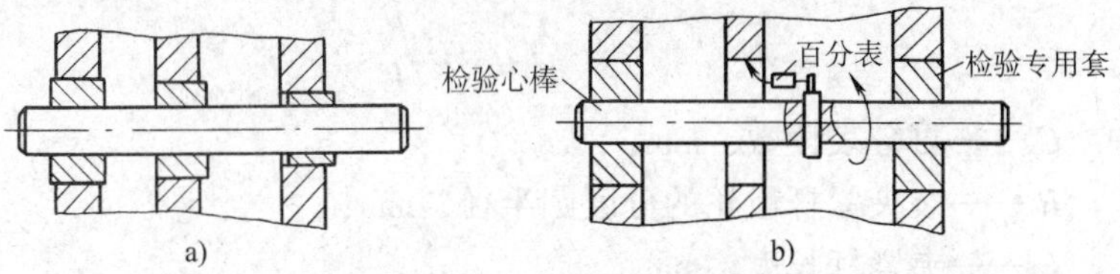

图 16 – 15　同轴度的检验
a）用专用检验棒检验成批生产件　b）用百分表与检验棒一起检验
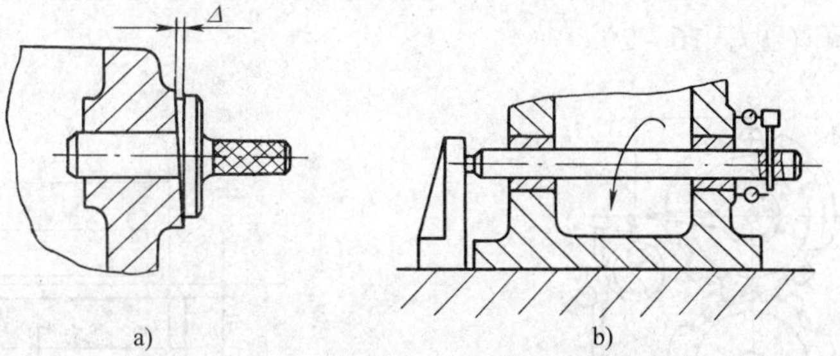

图 16 – 16　孔中心线与端面垂直度的检验
a）用带圆盘的专用检验棒　b）用百分表与检验棒一起检验

4）孔中心线与基面的距离及平行度检验
如图 16 – 17 所示，箱体基面用等高垫块支承在平板上，检验棒与孔紧密配合。用游标高度卡尺（或量规或百分表）测量检验棒两端尺寸 h_1 和 h_2，则中心线与基面的距离：
$h = \frac{h_1 + h_2}{2} - \frac{d}{2} - a$
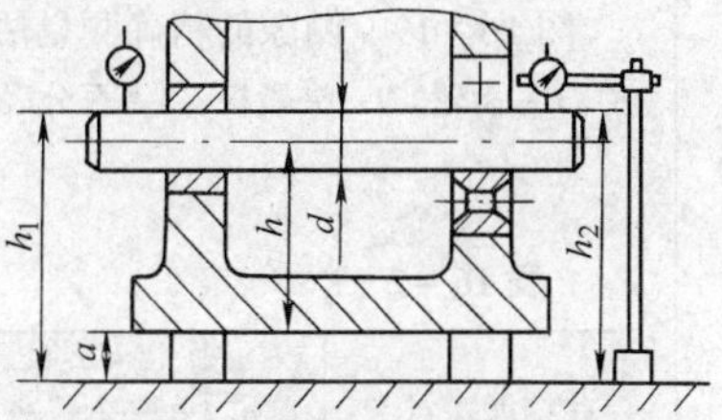

图 16 – 17　孔中心线与基面的距离及平行度检验
平行度误差 Δ 按下式计算：
$\Delta = h_1 - h_2$
误差太大时可用刮削基面的方法纠正。
（3）圆柱齿轮啮合质量的检验
1）齿侧间隙的检验　齿轮的啮合侧隙常采用压铅丝的方法进行检测（见图 16 – 18），在齿面上沿齿宽两端平行放置两根软铅丝，较宽的齿轮可放置 3 ~ 4 根，铅丝的直径不宜超过最小侧隙的 4 倍。转动齿轮，铅丝被挤压后最薄处的厚度即为该啮合齿轮的侧隙。
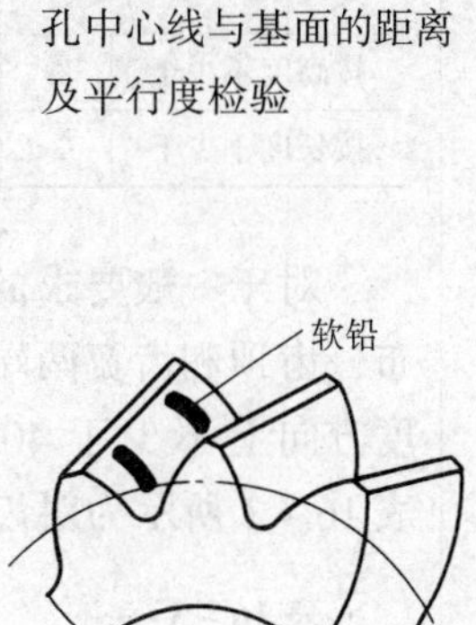

图 16 – 18　压铅丝法检验齿轮侧隙
精确的测量方法可采用图 16 – 19 所示的装置。测量时，将下面齿轮固定，在上面齿轮上装夹紧杆，使其外端与百分表测量头接触。由于侧隙的存在，装有夹紧杆的齿轮便可摆动一定角度，从而推动百分表测量头，得到读数 C，则此时齿侧间隙 j_t 值为
</td></tr>
</table>

名称	操作要点及图解

圆柱齿轮传动机构的装配

$$j_t = C\frac{R}{L}$$

式中　C——百分表读数，mm；

R——装夹紧杆齿轮的分度圆半径，mm；

L——夹紧杆长度，mm。

2）圆柱齿轮接触精度的检验　接触精度以接触斑点作为指标。接触斑点是指安装好的齿轮副，在轻微制动下运转后，齿面上分布的接触擦亮点痕迹，如图 16－20 所示。齿轮齿面的接触斑点一般采用涂色法检验，接触痕迹的大小，在齿面上用百分比计算（见表 16－2）。

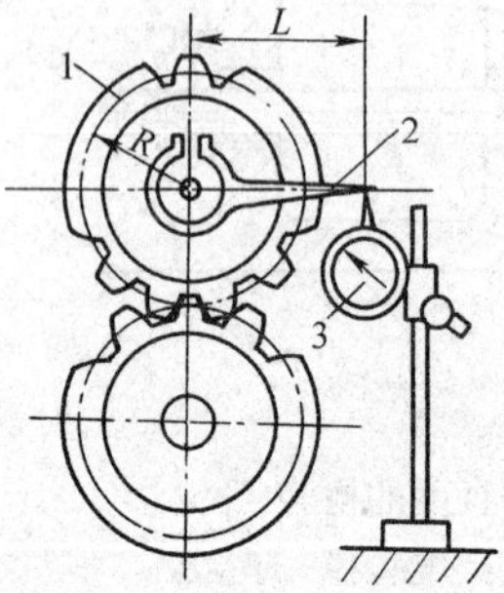

图 16－19　侧隙的精确测量法

1—齿轮　2—夹紧杆　3—百分表

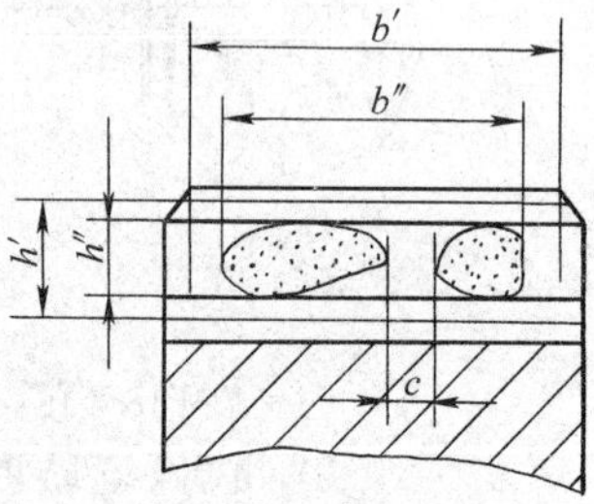

图 16－20　齿轮的接触斑点

b'—工作长度　b''—接触痕迹的长度　c—断开部分长度

h'—工作高度　h''—平均高度

表 16－2　　齿轮副的接触斑点

接触斑点	单位	精度等级											
		1	2	3	4	5	6	7	8	9	10	11	12
按高度不少于	%	65	65	65	60	55	50	45	40	30	25	20	15
按长度不少于	%	95	95	95	90	80	70	60	50	40	30	30	30

对于一般要求的齿轮副，接触斑点的位置应趋近于齿面节圆处上、下对称分布，齿顶和齿宽两端棱处不接触。接触面积在高度方向上不少于 30%～50%；在宽度方向上不少于 40%～70%，任何不正确的接触都是不允许的，应进行调整。表 16－3 所示为对齿轮接触斑点各种情况的原因分析及调整方法。

表 16－3　　圆柱齿轮接触斑点的检查及调整方法

接触斑点	原因分析	调整方法	接触斑点	原因分析	调整方法
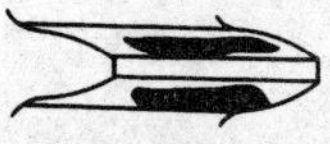 正常接触			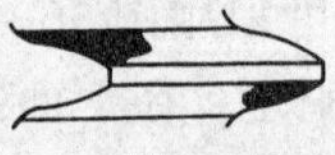 异向偏接触	两齿轮轴线歪斜	刮削轴瓦或调整轴承座，借正轴线平行

<table>
<tr><th>名称</th><th>操作要点及图解</th></tr>
<tr><td>圆柱齿轮传动机构的装配</td><td>
续表
<table>
<tr><th>接触斑点</th><th>原因分析</th><th>调整方法</th><th>接触斑点</th><th>原因分析</th><th>调整方法</th></tr>
<tr><td>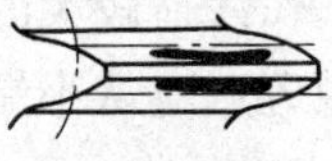
偏向齿顶接触</td><td>中心距太大</td><td>调整轴承座，减小中心距</td><td>
单向偏接触</td><td>两齿轮轴线不平行同时歪斜</td><td>刮削轴瓦或调整轴承座，借正轴线平行</td></tr>
<tr><td>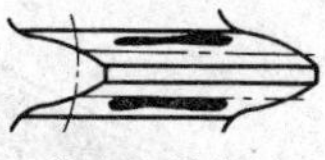
偏向齿根接触</td><td>中心距太小</td><td>刮削轴瓦或调整轴承座，加大中心距</td><td>
游离接触　在整个齿圈上接触区由一边逐渐移至另一边</td><td>齿轮端面与回转轴心线不垂直</td><td>检查并调整齿轮端面，与回转轴心线保持垂直</td></tr>
<tr><td>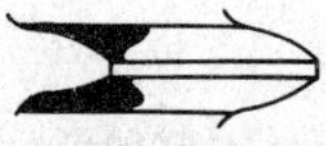
同向偏接触</td><td>两齿轮轴线不平行</td><td>刮削轴瓦或调整轴承座使轴线平行</td><td>不规则接触，有时齿面一个点接触，有时在端面边线上接触</td><td>齿面有毛刺或有碰伤凸起</td><td>去毛刺、修整齿面</td></tr>
</table>
</td></tr>
<tr><td>圆锥齿轮传动机构的装配</td><td>
圆锥齿轮装配的顺序应根据箱体的结构而定，一般是先装主动轮再装从动轮，把齿轮装到轴上的方法与圆柱齿轮装法相似。圆锥齿轮装配的关键是正确确定圆锥齿轮的轴向位置和啮合质量的检验与调整。
（1）箱体上孔的质量检验　锥齿轮副的装配质量，首先取决于镗孔质量，故装配前应先检查两孔的中心线，保证轴心线在同一平面内相交（见图 16－21）。
（2）轴向位置的确定　锥齿轮装配时，两齿轮的轴线位置，均用调整垫圈的方法进行调整（见图 16－22）。一般先不装调整垫圈 1、4，而是将两齿轮啮合并使背锥面对成平齐，用塞尺测量出安装垫圈处的间隙，再按该尺寸配磨垫圈厚度。装配后，再检查两齿轮的轴向窜动量和侧隙，要求齿轮传动灵活，正反向转动时，无明显间隙的感觉。
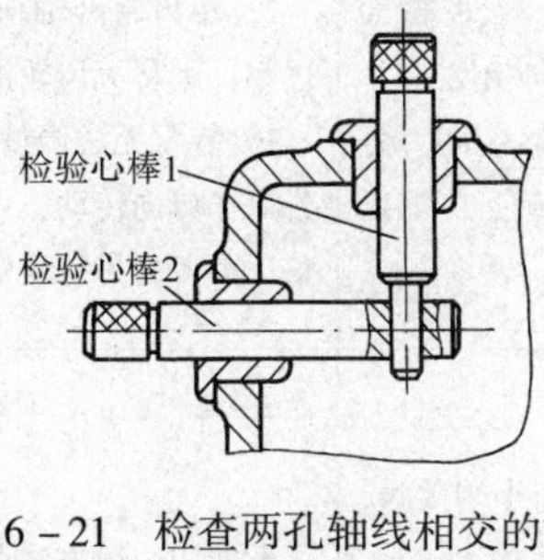

图 16－21　检查两孔轴线相交的方法
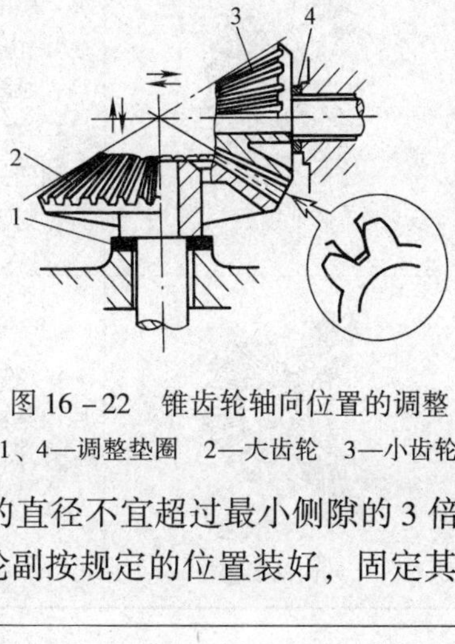

图 16－22　锥齿轮轴向位置的调整
1、4—调整垫圈　2—大齿轮　3—小齿轮
齿侧间隙可用压铅丝的方法检查，铅丝的直径不宜超过最小侧隙的 3 倍。也可用百分表测定（见图 16－23）。测定时，齿轮副按规定的位置装好，固定其中一个
</td></tr>
</table>

名称	操作要点及图解

齿轮，用百分表测量另一齿轮的非工作齿面间的最短距离。

（3）圆锥齿轮啮合质量的检验　圆锥齿轮接触精度可用涂色法进行检验。根据齿面上啮合印痕的位置、形状、大小来判断啮合质量。对于工作载荷较大的锥齿轮副，当受轻载荷时，斑点应略偏向小端；而受重载荷时，接触斑点应从小端移向大端，且斑点的长度和高度均应增大（见图 16－24）。

图 16－23　用百分表检查锥齿轮侧隙

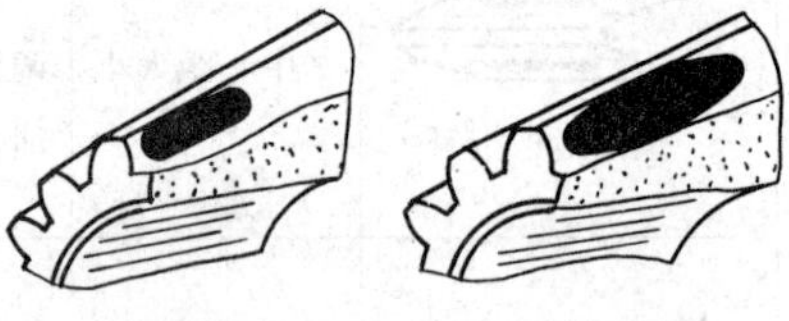

a) 轻载荷　　b) 重载荷

图 16－24　锥齿轮受载荷后接触斑点的变化

如果接触斑点不符合上述情况，可参照表 16－4 分析产生的原因，再有针对性地进行调整。

圆锥齿轮传动机构的装配

表 16－4　　锥齿轮接触斑点及其调整方法

接触斑点	现象及原因	调整方法
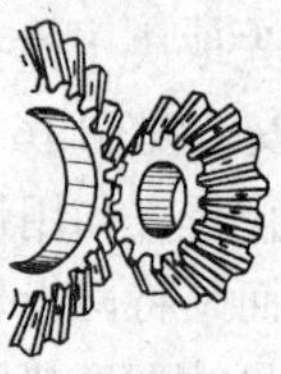 正常接触（中部偏小端接触）	在轻载荷下，接触区在齿宽中部，略宽于齿宽的一半，稍近于小端，在小齿轮齿面上较高，大齿轮上较低，但都不到齿顶	
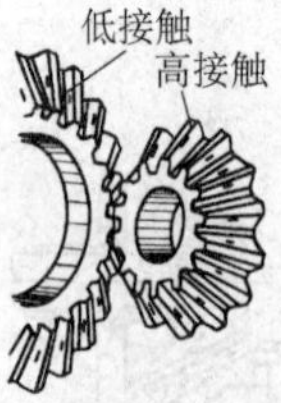 高低接触	1. 小齿轮接触区太高，大齿轮太低，原因是小齿轮轴向定位有误差 2. 小齿轮接触区太低，大齿轮太高，原因同 1，但误差方向相反 3. 在同一齿的一侧接触区高，另一侧低，如小齿轮定位正确且侧隙正常，则为加工不良所致	1. 小齿轮沿轴向移出，如侧隙过大，可将大齿轮沿轴向移进 2. 小齿轮沿轴向移进，如侧隙过小，则将大齿轮沿轴向移出 3. 装配无法调整，需调换零件。若只作单向传动，可按 1 或 2 法调整，可考虑另一齿侧的接触情况
 同向偏接触	1. 两齿轮的齿两侧同在小端接触，原因是轴线交角太大 2. 同在大端接触，原因是轴线交角太小	不能用一般方法调整，必要时修刮轴瓦

<table>
<tr><th>名称</th><th>操作要点及图解</th></tr>
<tr><td>圆锥齿轮传动机构的装配</td><td>续表
<table>
<tr><th>接触斑点</th><th>现象及原因</th><th>调整方法</th></tr>
<tr><td>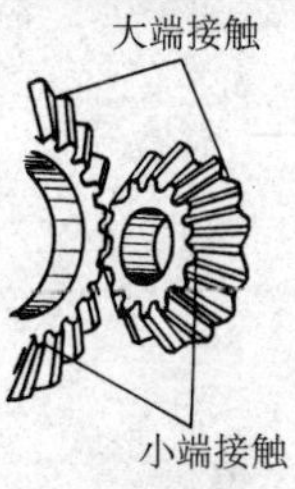
异向偏接触</td><td>大小两齿轮在齿的一侧大端接触，另一侧小端接触，原因是两轴心线有偏移</td><td>应检查零件加工误差，必要时修刮轴瓦</td></tr>
</table></td></tr>
<tr><td>注意事项</td><td>（1）要保证齿轮与轴的同轴度要求，严格控制齿轮的径向圆跳动和轴向窜动。
（2）保证齿轮有准确的中心距和适当的齿侧间隙。
（3）保证齿轮啮合有足够的接触面积和正确的接触位置。
（4）保证滑动齿轮在轴上滑移的灵活性和定位的准确性。
（5）对转速高、直径大的齿轮，装配前应进行动平衡。
（6）在要求齿轮传动噪声小和传递扭矩较大的场合，避免采用直齿圆柱齿轮；可选用圆柱斜齿轮或人字齿轮。
（7）一对啮合齿轮中，小齿轮的齿面硬度应高于大齿轮的齿面硬度，以提高小齿轮的使用寿命。
（8）低速重载时应增大齿面硬度，并采用黏度较高的润滑油，以防止轮齿产生塑性变形；高速重载时，应建立保持足够油膜厚度的润滑条件，采用抗胶合能力强的润滑油。</td></tr>
</table>

五、蜗杆传动机构的装配

<table>
<tr><th>名称</th><th>操作要点及图解</th></tr>
<tr><td>蜗杆传动机构的装配顺序</td><td>（1）应先将蜗轮齿圈压入轮毂上，然后用螺钉固定。
（2）将蜗轮装到轴上，其装配方法和装圆柱齿轮相似。
（3）把蜗轮组件装入箱体后再装蜗杆，蜗杆的位置精度由箱体制造精度保证。要使蜗杆轴线位于蜗轮轮齿的对称中心平面内，应通过改变调整垫片厚度来调整蜗轮轴向位置。</td></tr>
<tr><td>蜗杆传动机构啮合质量的检验</td><td>（1）啮合间隙检测　蜗杆传动啮合间隙的大小是否合适，一般可以用手转动蜗杆，根据空程量的大小来判断。要求较高的可用百分表进行测量。如图 16－25a 所示，在蜗杆轴上固定一带量角器的刻度盘 2，百分表测头抵在蜗轮齿面上，用手转动蜗杆，在百分表指针不动的条件下，用刻度盘相对固定指针 1 的最大转角推算出侧隙大小。</td></tr>
</table>

名称	操作要点及图解
蜗杆传动机构啮合质量的检验	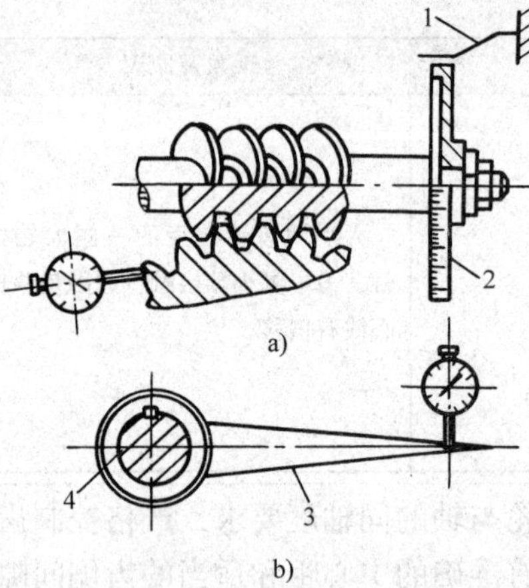 图 16－25　蜗杆传动机构侧隙检验 a）直接测量　b）用测量杆测量 1—固定指针　2—刻度盘　3—测量杆　4—蜗轮轴 如果用百分表直接与蜗轮齿面接触有困难，可在蜗轮轴 4 上装测量杆 3（见图 16－25b）。 （2）蜗轮接触斑点的检验　用涂色法检验。即先将红丹粉涂在蜗杆螺旋面上，转动蜗杆，根据蜗轮轮齿上的接触斑点情况，判断啮合质量。正确的接触斑点位置应在啮合面中部略偏于蜗杆旋出方向，如图 16－26a 所示。图 16－26b、c 为不正确的接触斑点情况。 （3）检查转动的灵活性　用手转动蜗杆时，是否松紧一致，是否有卡住现象等。 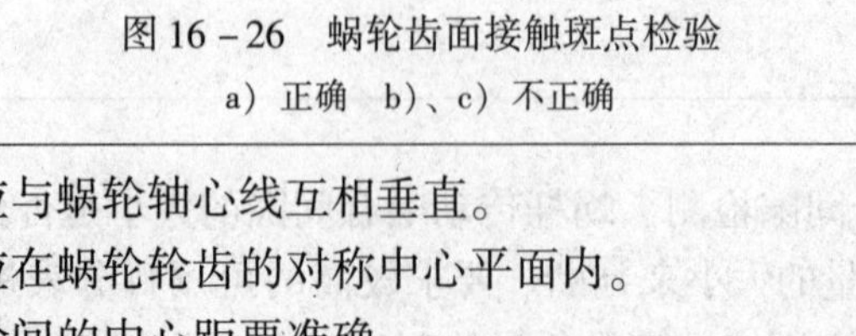 图 16－26　蜗轮齿面接触斑点检验 a）正确　b）、c）不正确
注意事项	（1）蜗杆轴线应与蜗轮轴心线互相垂直。 （2）蜗杆轴线应在蜗轮轮齿的对称中心平面内。 （3）蜗杆、蜗轮间的中心距要准确。 （4）有适当的齿侧间隙。 （5）应保证传动的接触精度。 （6）应保证润滑及散热条件，并注意润滑油的清洁。

六、螺旋传动机构装配

<table>
<tr><th>名称</th><th>操作要点及图解</th></tr>
<tr><td>丝杠和螺母配合间隙的调整</td><td>
丝杠和螺母配合间隙包括径向间隙和轴向间隙两方面。径向间隙由制造精度保证，无法调整。当丝杠和螺母的径向间隙大于规定的数值时，则需更换螺母，重新配制。
丝杠和螺母配合中的轴向间隙将直接影响传动精度和加工精度。常设置调整机构对其进行调整。常见的结构及调整方法如下：
（1）单螺母消隙机构（见图 16－27）　这些机构消隙的基本方法是使丝杠和螺母始终保持单面接触，使丝杠正、反回转时无空行程。但须注意消隙力与切削力的方向一致，以防止进给时发生“爬行”现象，影响进给精度。
（2）双螺母消隙机构（见图 16－28）　这些机构消隙的基本方法是调整两螺母相对轴向位置，使两螺母与丝杠之间各自单边接触，即与丝杠螺纹的左面、右面分别接触。
图 16－28a 所示为利用中间楔块消隙。其过程是：松开螺钉 3，再逐步拧动螺钉 1，使楔块 2 向上移动，以推动带斜面的螺母右移，从而消除轴向间隙，调整好后用螺钉 3 锁紧。
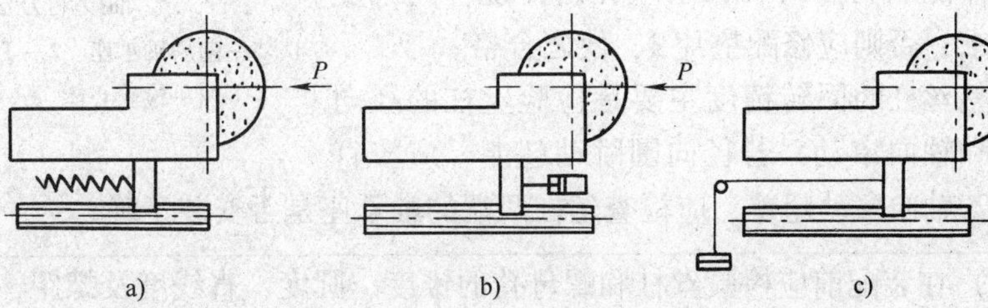

图 16－27　单螺母消隙机构
a）弹簧拉力消隙　b）油缸压力消隙　c）重锤重量消隙
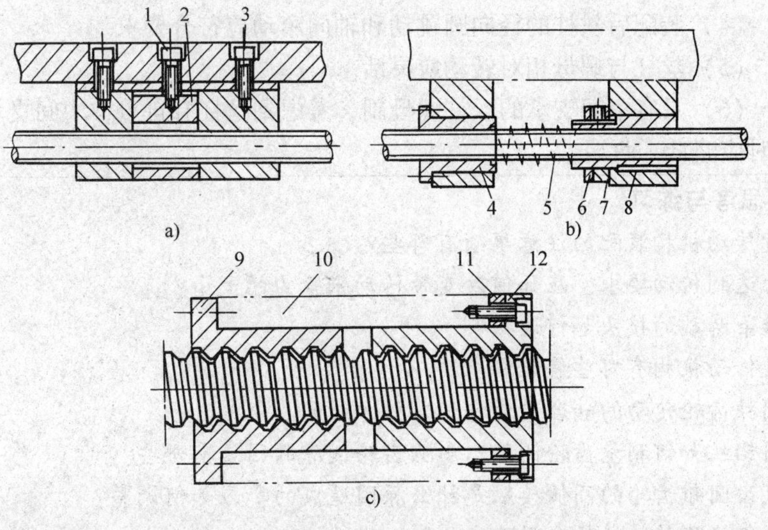

图 16－28　双螺母消隙
a）楔块消隙　b）弹簧消隙　c）修磨垫片消隙
1、3—螺钉　2—楔块　4、8、9、12—螺母　5—压缩弹簧　6—垫圈　7—调节螺母　10—工作台　11—垫片
</td></tr>
</table>

名称	操作要点及图解
丝杠和螺母配合间隙的调整	图 16－28b 所示为利用弹簧力达到消隙。过程是：转动调节螺母 7，通过垫圈 6 及压缩弹簧 5，使螺母 8 轴向移动，以消除轴向间隙。 图 16－28c 所示为通过修磨垫片厚度消隙。
丝杠与螺母的同轴度及丝杠与导轨基准平面的平行度的调整	调整方法是先找正，使支承丝杠的两轴承座上轴承孔的轴线在同一轴线上，并与导轨基准面平行。若不合格应修刮轴承座底面，再调整水平位置，使其达到要求。最后找正螺母对丝杠的同轴度，其找正方法如图 16－29 所示。找正时将检验心棒 4 插入螺母座 6 的孔中，移动工作台 2，若检验心棒能顺利插入两轴承座孔内，说明同轴度符合要求；否则应修配垫片 3，使之合格。 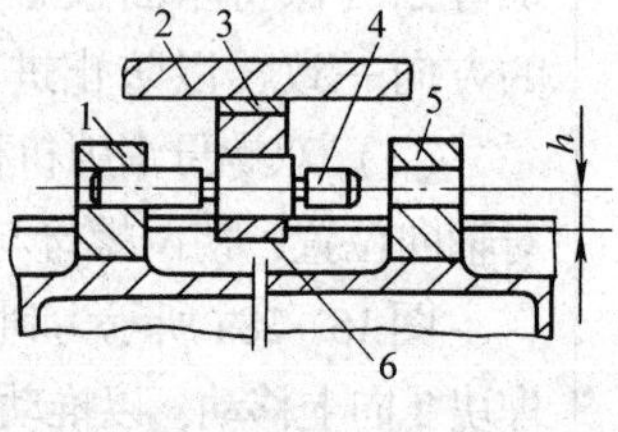 图 16－29　找正螺母对丝杠同轴度的方法 1、5—前后轴承座　2—工作台　3—垫片　4—检验心棒　6—螺母座 调整丝杠的回转精度主要是检验丝杠的径向圆跳动和轴向窜动，若径向圆跳动超差，应校直丝杠；若轴向窜动超差，应检查丝杠两端的轴承座是否安装正确。
注意事项	（1）在装配前应检验丝杠和螺母孔的锥度、圆度、直线度及螺距，避免出现传动时松时紧等传动困难现象。 （2）丝杠螺母副应有较高的配合精度和准确的配合间隙。 （3）丝杠与螺母轴线的同轴度及丝杠轴线与基准面的平行度应符合要求。 （4）装配后丝杠的径向圆跳动和轴向窜动应符合要求。 （5）丝杠与螺母相对转动应灵活。 （6）具有中间支承的丝杠螺母副，考虑到丝杠有自重，中间支承孔中心位置校正时应略低于两端。

七、思考与练习

1. 带传动机构装配的注意事项有哪些？
2. 为达到传动要求，应如何改变带传动张紧力的大小？
3. 链条两端的接头如何连接？
4. 链传动机构有哪些装配要求？
5. 圆柱齿轮传动的啮合质量包括哪些方面的要求？
6. 用铅丝如何测量齿轮侧隙？影响齿轮侧隙的因素有哪些？
7. 直齿圆锥齿轮的高低接触是什么原因造成的？应如何调整？
8. 如何消除丝杠的轴向间隙？
9. 如何校正丝杠两轴承孔中心线与基准导轨的平行度？
10. 蜗杆传动机构的装配顺序是怎样的？

课题十七

轴承和轴组的装配

一、教学要求

1. 掌握滑动轴承的种类和特点；能对整体式、剖分式滑动轴承进行装配。
2. 掌握滚动轴承的性能、代号及装配方法；能对滚动轴承进行轴向固定与密封。
3. 掌握轴承润滑剂的作用、种类及选用。

二、滑动轴承的装配

名称	操作要点及图解
整体式滑动轴承的装配	（1）将加工合格的轴套和轴承孔去除毛刺并擦洗干净之后，在轴承外径或轴承座孔内涂抹机油。 （2）根据轴套的尺寸和配合的过盈量的大小选择压入方法，将轴套压入机体中。若尺寸或过盈量较大，则宜用压入或拉紧夹具（见图 17－1）把轴套压入机体中。压入时，应注意轴套上的油孔应与机体上的油孔对准。 （3）在压入轴套之后，要用紧定螺钉或定位销固定承受较大负荷的滑动轴承的轴套。定位方式如图 17－2 所示。 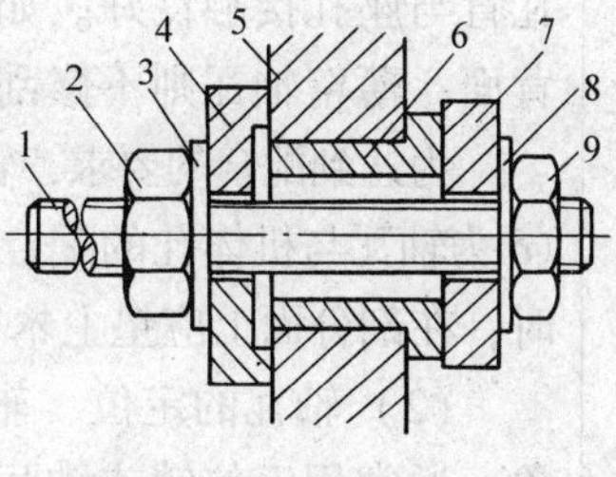 图 17－1　压轴套用拉紧工具 1—螺杆　2、9—螺母　3、8—垫圈　4、7—挡圈　5—机体　6—轴套 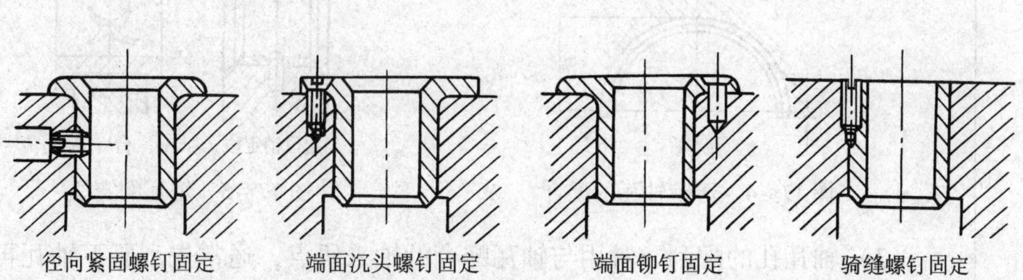 径向紧固螺钉固定　端面沉头螺钉固定　端面铆钉固定　骑缝螺钉固定 图 17－2　轴套的定位方式 （4）压装后，要检查轴套内孔。若内孔缩小或变形，可用铰削或刮削等方法对轴套进行修整，以保证良好的配合精度要求。

名称	操作要点及图解

剖分式滑动轴承的装配

图 17－3 所示为剖分式滑动轴承未总装的零件图。

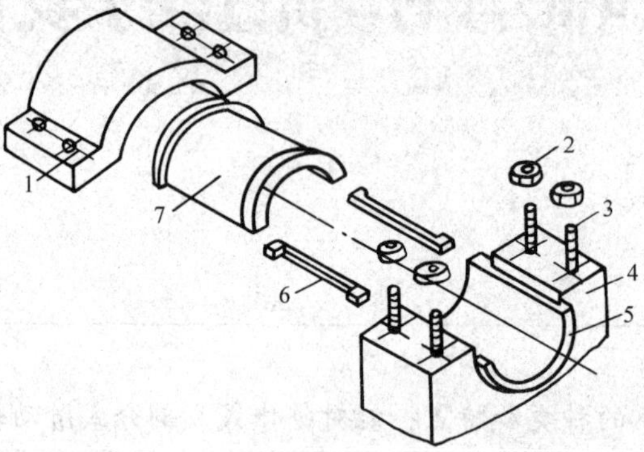

图 17－3　剖分式滑动轴承的零件组成

1—轴承盖　2—螺母　3—双头螺柱　4—轴承座

5—下轴瓦　6—垫片　7—上轴瓦

（1）轴与轴承座、轴承盖的装配　上下轴瓦与轴承座、轴承盖装配时，应使轴瓦背与座孔接触良好。如不符合要求时，厚壁轴瓦应以座孔为基准，显点修刮轴瓦背面；薄壁轴瓦则不修刮，其接触精度靠选配法保证。

为达到配合的要求，轴瓦的剖分面应比轴承座的剖分面高出一些，其值 $\Delta h = \pi\delta/4$（δ 为轴瓦与机体孔的配合过盈量），一般 Δh 取0.05～0.10 mm（见图 17－4）。装轴瓦时，在剖分面上应垫上木板，用锤子轻轻敲入，避免将剖分面敲毛，影响装配质量。

（2）轴瓦的定位　轴瓦安装在机体中，无论在径向和轴向都不允许有位移现象。通常用定位销或轴瓦上的台肩来止动（见图 17－5）。

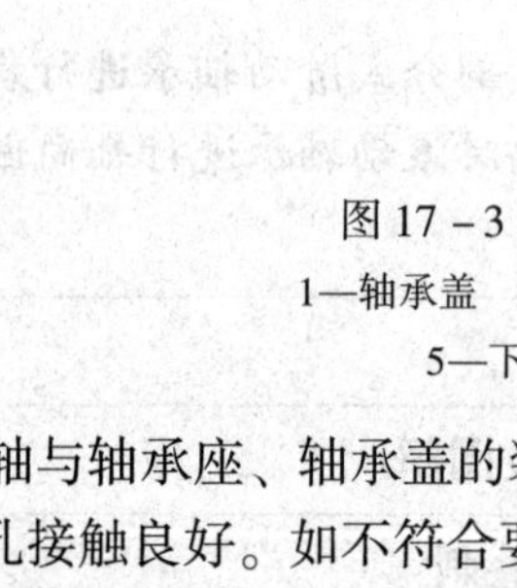

图 17－4　薄壁轴瓦的配合

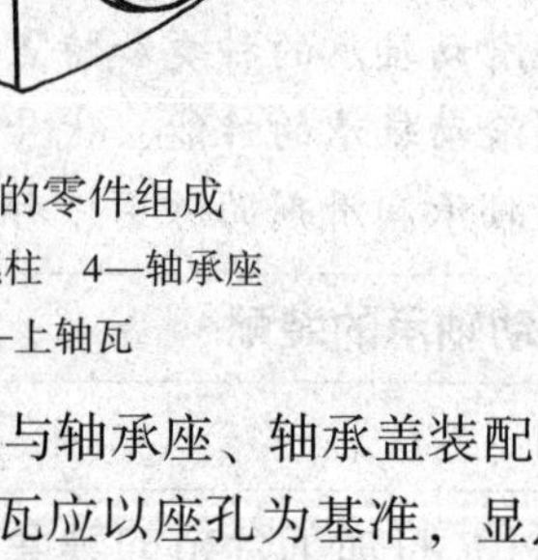

图 17－5　轴瓦的定位

（3）轴瓦孔的配刮　常用与轴瓦配合的轴来研点，通常先刮研下轴瓦再刮研上轴瓦。在刮研下轴瓦时可不装上轴瓦盖，当下轴瓦接触点基本符合要求时，再将上轴瓦压紧，并拧上螺母，在修刮上轴瓦的同时进一步修正下轴瓦的接触点。配刮轴的松紧可随着刮削次数调整垫片尺寸。当螺母均匀紧固后，配刮轴能够轻松地转动，而且无明显间隙，接触点也符合要求时即可。

名称	操作要点及图解
注意事项	（1）轴颈与轴承配合面应有合理的间隙，根据使用要求、精度要求确定其间隙量。 （2）轴颈与轴承配合应有精确的几何形状和较小的表面粗糙度值。 （3）多支承的轴承，应保证各支承孔的同轴度。 （4）要有充足的润滑油供油量及适合的润滑油黏度。 （5）滑动轴承的润滑油槽不得开在油膜承载区内，且油槽的边缘不得有锐边及棱角。 （6）用敲入法装配轴套时不能用锤子直接敲打，为了防止损坏零件，应该加垫板保护。 （7）轴套直径过大或过盈量超过 0.1 mm 时，在常温下压装容易损坏零件，应采用温差法装配，不宜采用压入装配法。 （8）液体静压轴承装配前必须对全部零件和管道系统进行彻底清洗。清洗时应用毛刷或丝绸，油液必须经过过滤，方可加入油箱。开机前用手轻轻地转动轴，感到转动灵活时方可启动。如感到太紧，必须及时检查并排除故障后才能启动。
三、滚动轴承的装配	
装配前的准备工作	（1）按所要装配的轴承准备好所需的工具和量具。 （2）按图样要求检查与轴承相配的零件，如轴颈、箱体孔、端盖等的尺寸是否符合图样要求，是否有凹陷、毛刺、锈蚀和固体微粒等，并用汽油或煤油清洗，仔细擦净，然后薄薄地涂上一层油。 （3）检查轴承型号与图样是否一致，并清洗轴承。如轴承是用防锈油封存的，可用汽油或煤油清洗；如用厚油和防锈油脂封存的，可用轻质矿物油加热溶解清洗（油温不超过 100 ℃），冷却后再用汽油或煤油清洗，擦净待用。
滚动轴承的装配	滚动轴承的装配方法应视轴承尺寸大小和过盈量来选择。一般滚动轴承的装配方法有锤击法、用螺旋或杠杆压力机压入法及热胀法等。 （1）向心球轴承的装配　向心球轴承常用的装配方法有锤击法和压入法。图 17－6a 所示为用铜棒垫上特制套，用锤子将轴承内圈装到轴颈上。图 17－6b 所示为用锤击法将轴承外圈装入壳体内孔中。图 17－7 所示为用压入法将轴承内、外圈 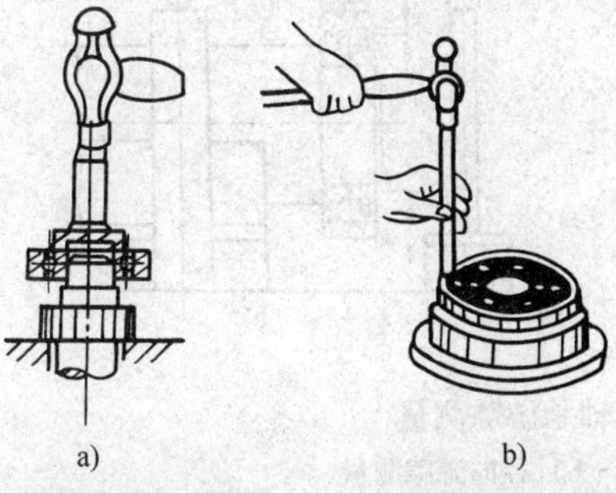 图 17－6　锤击法装配滚动轴承 a）将内圈装到轴颈上　b）将外圈装入孔内 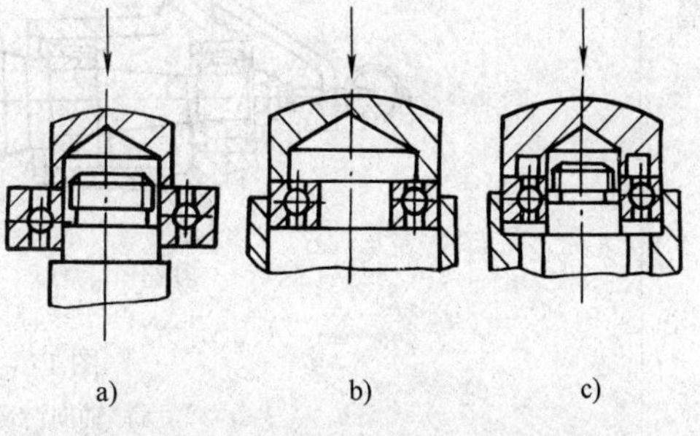 图 17－7　压入法装配滚动轴承 a）将内圈压入轴颈上　b）将外圈装入轴承孔内 c）将内、外圈同时压入轴孔中

名称	操作要点及图解
滚动轴承的装配	分别压入轴颈和轴承座孔中的方法。如果轴颈尺寸较大、过盈量也较大时，为装配方便可用热胀法，即将轴承放在温度为 80～100 ℃的油中加热，然后和常温状态的轴配合。 （2）角接触球轴承的装配　因角接触球轴承的内、外圈可以分离，所以可用锤击、压入或热胀的方法将内圈装到轴颈上，用锤击法或压入法将外圈装到轴承孔内，然后调整工作游隙。 （3）推力球轴承的装配　推力球轴承有松圈和紧圈之分，松圈内孔比紧圈大。装配时一定要注意不能装反，否则将造成轴承发热甚至卡死现象。装配时应使紧圈靠在转动零件的端面上，松圈靠在静止零件（或箱体）的端面上（见图 17－8）。 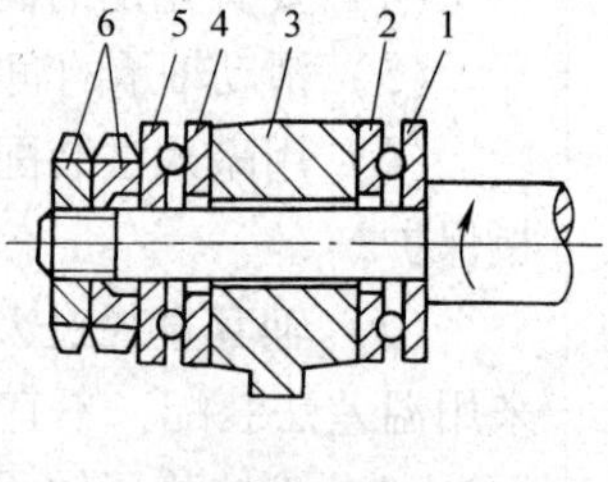 图 17－8　推力球轴承的装配 1、5—紧圈　2、4—松圈 3—箱体　6—圆螺母
游隙的测量和调整	（1）滚动轴承游隙的要求和测量　滚动轴承的游隙分为径向游隙和轴向游隙两类（见图 17－9）。它们分别表示将一个套圈固定时，另一个套圈沿径向或轴向由一个极限位置到另一个极限位置的位移量。测量游隙的方法如图 17－10 所示。 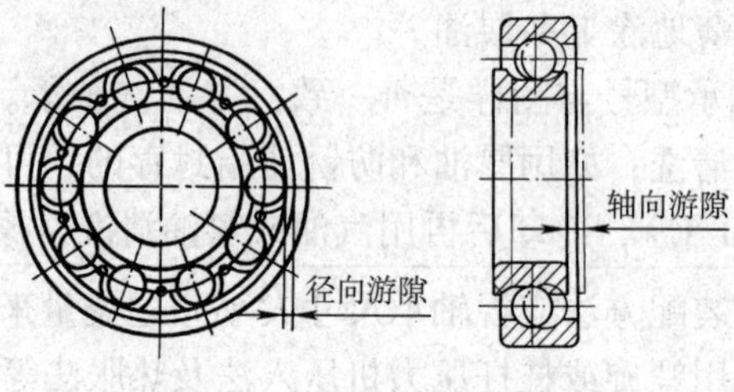 图 17－9　滚动轴承的游隙 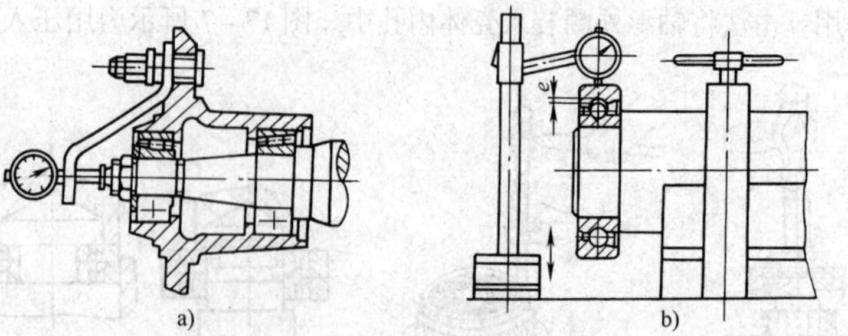 图 17－10　轴承游隙测量 a）轴向游隙测量　b）径向游隙测量 安装轴承时工作游隙不可太大或太小。工作游隙过大，同时承受载荷的滚动体数量减少，使轴承内载荷不稳定，运转时产生振动，从而降低旋转精度，减少使用

<table>
<tr><th>名称</th><th>操作要点及图解</th></tr>
<tr><td>游隙的测量和调整</td><td>
寿命；工作游隙过小，摩擦加剧，将造成运转温度过高，易产生过热“咬住”现象，甚至损坏轴承。所以安装轴承时，应根据工作精度、使用场合、转速高低严格控制和调整轴承工作游隙。选用时，一般高速运转的轴承采用较大工作游隙；低速重载荷的轴承采用较小工作游隙。
（2）调整滚动轴承游隙的方法
1）垫片调整法　通过调整轴承盖与壳体端面间的垫片厚度 δ 来调整轴承的轴向游隙（见图 17 – 11）。
2）螺钉调整法　图 17 – 12 的结构中，调整的顺序为先松开锁紧螺母 2，再调整螺钉 3，待游隙调整好后再拧紧螺母 2。
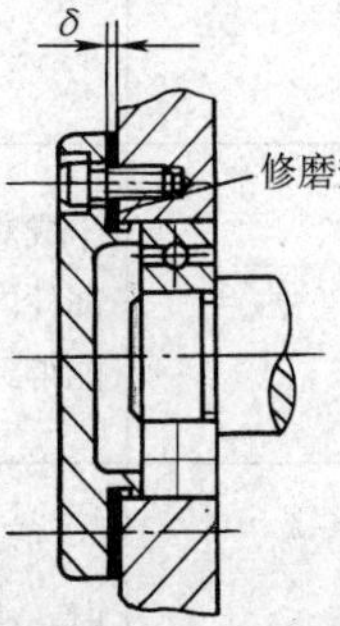

图 17 – 11　用垫片调整轴承游隙
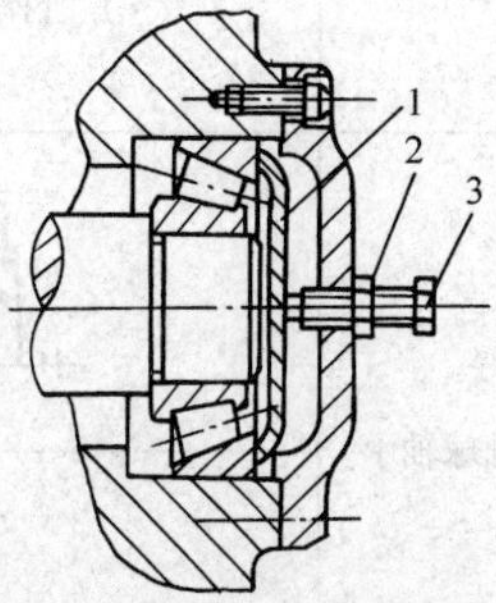

图 17 – 12　用螺钉调整轴承游隙
1—压盖　2—螺母　3—螺钉
</td></tr>
<tr><td>预紧方法</td><td>
给轴承内圈或外圈以一定的轴向预负荷，使内、外圈发生相对的位移（见图 17 – 13），以消除内、外圈与滚动体的游隙，并产生初始的接触弹性变形。这种方法称为预紧。
预紧后的轴承能控制正确的游隙，从而提高轴的旋转精度和轴承在工作状态下的刚度。
预紧分为径向预紧和轴向预紧两类。径向预紧可利用锥孔轴承在其配合锥颈上作轴向位移，使内圈胀大来实现（见图 17 – 14）。
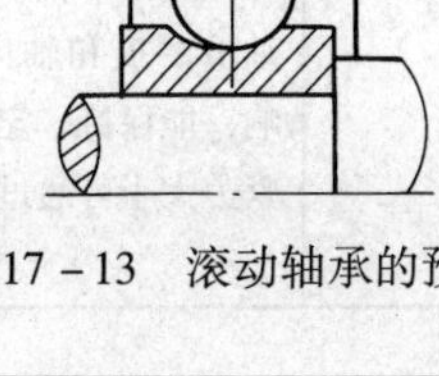
图 17 – 13　滚动轴承的预紧
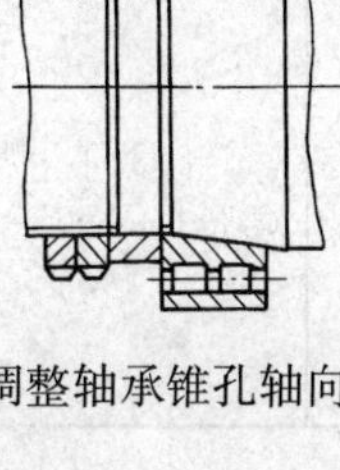
图 17 – 14　用调整轴承锥孔轴向位置的预紧方法
</td></tr>
</table>

名称	操作要点及图解
预紧方法	轴向预紧常用的方法见表 17 – 1。

表 17 – 1　　　　　　　　　　轴向预紧常用方法

轴承类型	图　　例	预紧方法
角接触球轴承	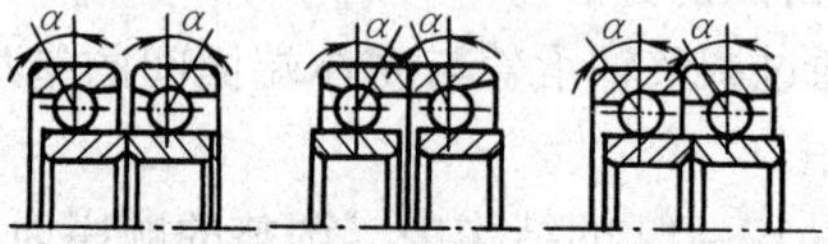 a)　　b)　　c) a）磨窄外圈（面对面安装）　b）磨窄内圈（背对背安装） c）外圈宽、窄相对安装（同向安装）	采用成对安装使用，安装后无须进行调整，即能获得精确的预紧力。适用于成批生产及精度要求较高的轴承部件
角接触球轴承	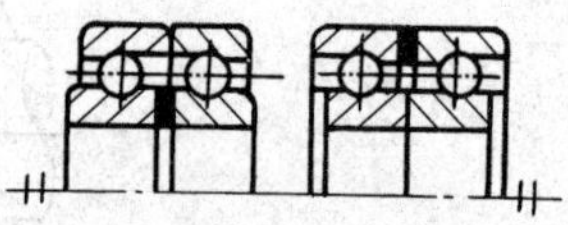	成对组合的轴承并排安装在部件内时，用不同厚度的衬垫能得到不同的预紧力
	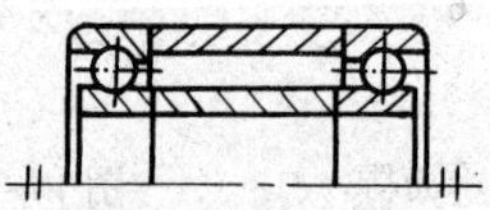	两轴承有一定的轴向距离时，改变内圈和外圈间隔套的厚度，能得到不同的预紧力
内圈为圆锥孔的轴承	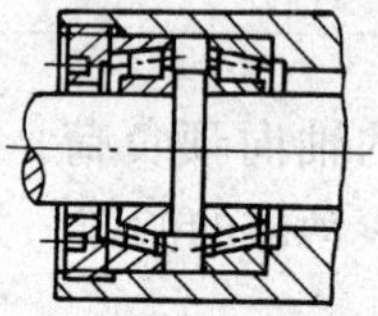	用带螺纹的端盖预紧，调整端盖轴向位置，即可得到所需要的预紧力
	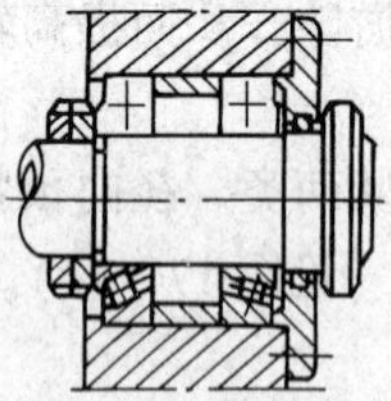	用双螺母预紧，调整螺母轴向位移，获得不同的预紧力
单个轴承	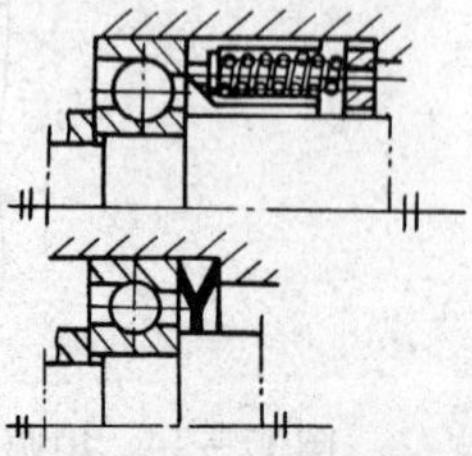	利用经常作用于轴承外圈上的弹簧定压预紧，此方法不受轴承磨损和轴向热变形的影响，能保持一定的预紧力。预紧力大小可通过弹簧调整

名称	操作要点及图解
润滑剂与密封装置的选择	见下

（1）润滑剂的选择　要使滚动轴承正常运转，就必须有良好的润滑。常用的润滑剂有润滑油和润滑脂。

1）润滑油适用于高速旋转的轴承。转速高时选用黏度较低的润滑油；负荷重时选用黏度较高的润滑油，一般常用的有机械油、变压器油等。

2）润滑脂常用于速度不高的场合，润滑脂一般以填满轴承自由空间的1/4～1/3为宜，常用润滑脂的特点及适用范围见表17－2。

表17－2　　常用润滑脂的特点及适用范围

种类	特点	适用范围
钙基润滑脂	不溶于水、滴点低	70 ℃以下，环境潮湿，易于添加润滑脂的场合
钠基润滑脂	易溶于水、耐高温	70～135 ℃，环境干燥，易于添加润滑脂的场合
钙钠基润滑脂	略溶于水、滴点高	100 ℃左右，环境较潮湿的场合
锂基润滑脂	抗水、耐热、耐磨、化学稳定性好、使用周期长	－6～150 ℃，不易添加润滑脂场合

（2）密封装置的选择　密封装置的作用是防止灰尘、水分等异物侵入轴承，同时也防止润滑剂从轴承内流出。常见密封装置见表17－3。

表17－3　　密封装置的基本形式

种类	基本形式	结构示意图	特点及应用
非接触式密封（用于高速、高温、无压力场合）	间隙式密封	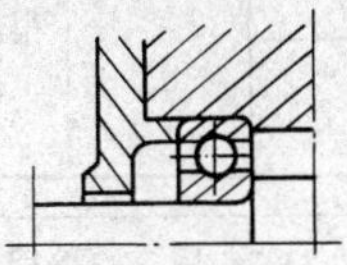	径向间隙一般为0.1～0.3 mm，主要用于工作环境较好的脂润滑场合
	油沟式密封	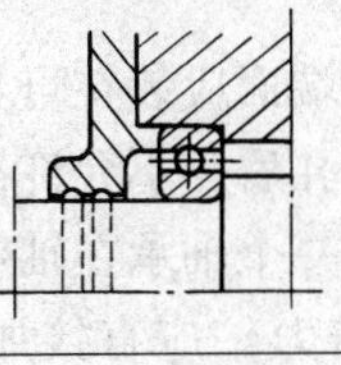	轴或轴承盖上有直槽或螺旋槽。可用于油润滑场合
	迷宫式密封	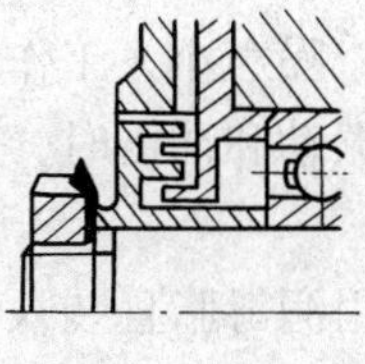	轴颈 $d \leqslant 50$ mm，径向间隙不大于0.1～0.2 mm，轴向间隙1～2 mm 轴颈 $d > 50$ mm，径向间隙不大于0.2～0.4 mm，轴向间隙2～4 mm 可用于脂润滑或油润滑场合。轴的圆周速度越高，密封效果越好

名称	操作要点及图解

润滑剂与密封装置的选择

续表

种类	基本形式	结构示意图	特点及应用
非接触式密封（用于高速、高温、无压力场合）	垫圈式密封	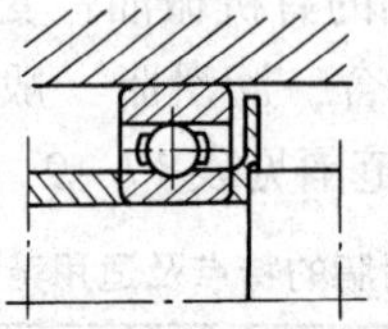	垫圈与轴一起转动，转速越高，密封效果越好
接触式密封（用于低中速场合）	毡封圈密封	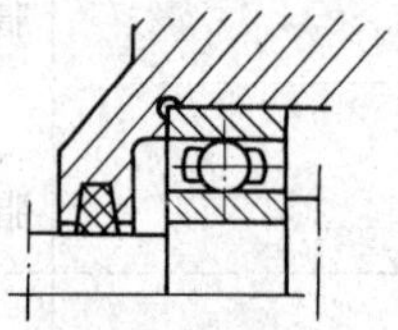	轴的圆周速度 5 m/s 以下，工作温度 90 ℃以下，工作环境比较清洁的场合使用
接触式密封（用于低中速场合）	径向密封圈密封	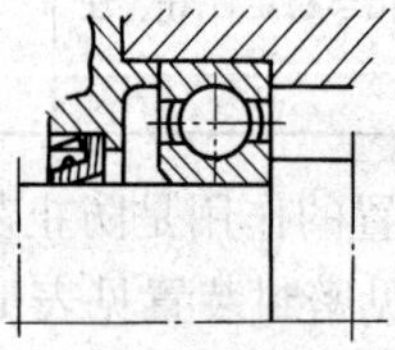	轴的圆周速度小于 7 m/s，工作温度在 -40～100 ℃范围内的场合使用。主要采用皮碗密封，如果密封唇朝外安装，可防止外界杂质进入轴承箱；如果密封唇朝内安装，可防止润滑油流出。必要时可按规定方向，同时安装两只皮碗来提高密封效果
	弹簧密封圈密封	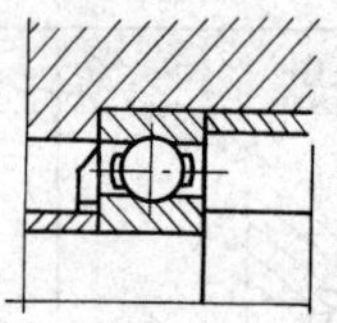	弹簧密封圈与轴承面跑合后，便形成间隙很小的间隙式密封

注意事项

（1）做好装配前的准备工作，包括工具、量具的准备，检查轴承和清洗轴承等工作。

（2）滚动轴承上带有标记代号的端面应装在可见方向，以便更换时查对。

（3）轴承装在轴上或装入轴承座孔后，不允许有歪斜现象。

（4）同轴的两个轴承中，必须有一个轴承在轴受热膨胀时有轴向移动的余地。

（5）装配轴承时，压力（或冲击力）应直接加在待配合套圈端面上，压力不允许通过滚动体传递。

（6）装配后的轴承应运转灵活，噪声小，工作时温升不得超过允许值。

（7）负荷越大、转速越高并有振动和冲击时，配合应越紧，以免轴承与配合件之间产生松动现象。

（8）高精度滚动轴承应正确选用润滑脂且装入量不宜过多，装配时不允许用力敲打。

四、轴组的装配

名称	操作要点及图解
轴组装配的方法	轴、轴上零件与两端轴承支座的组合，称为轴组。轴组装配主要是指将轴组装入箱体（或机架）中，进行轴承固定、游隙调整、轴承预紧、轴承密封和轴承润滑装置的装配等。 轴承固定的方式有两端单向固定法和一端双向固定法两种。 （1）轴承两端单向固定法（见图 17－15） 在轴承两端支点处，用轴承盖固定，分别限制两个方向的轴向移动。为避免轴承受热伸长将轴卡死，在右端轴承外圈与端盖间留 0.5～1 mm 的间隙，以便游动。 （2）轴承一端双向固定法（见图 17－16） 将右端轴承双向固定，左端轴承可随轴轴向游动。这种固定方式可以保证工作时不会产生轴向窜动，且轴受热时又能自由地向一端伸长，避免轴被卡死。 轴组装配时轴承游隙的调整和预紧方法，参照前文所述，这里不再叙述。 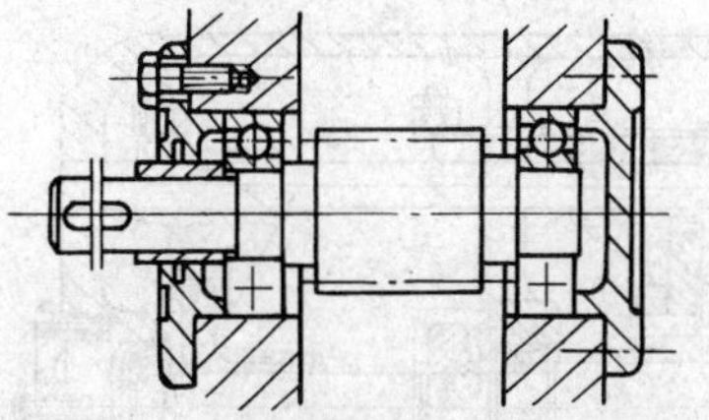 图 17－15 轴承两端单向固定法 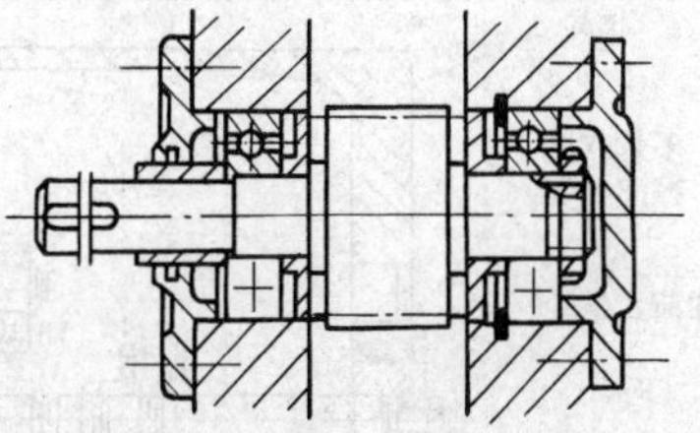 图 17－16 轴承一端双向固定法
注意事项	（1）为了提高主轴的旋转精度，应采用合理的装配方法。 （2）必要时应保持规定的湿度和恒温条件及环境清洁条件，并注意范围内的振源影响。 （3）应根据温度、载荷和转速等工作条件的不同，合理选取润滑剂的类型及其型号。 （4）应根据结构和润滑剂的类型不同来合理选择密封装置。

五、思考与练习

1. 整体式滑动轴承的装配要点是什么？
2. 如何选择适合的轴承游隙？
3. 轴向预紧常用的方法有哪些？
4. 影响滚动轴承精度主要有哪几个方面？
5. 什么是轴组装配？
6. 在进行轴承固定时，可采用什么方法？各有什么特点？

课题十八

卧式车床的结构与总装配

一、教学要求

1. 熟悉 CA6140 型卧式车床主要结构。
2. 掌握 CA6140 型卧式车床总装配工艺。
3. 掌握 CA6140 型卧式车床几何精度与工作精度的检验。

二、CA6140 型卧式车床主轴箱的装配与调整

CA6140型卧式车床主轴箱

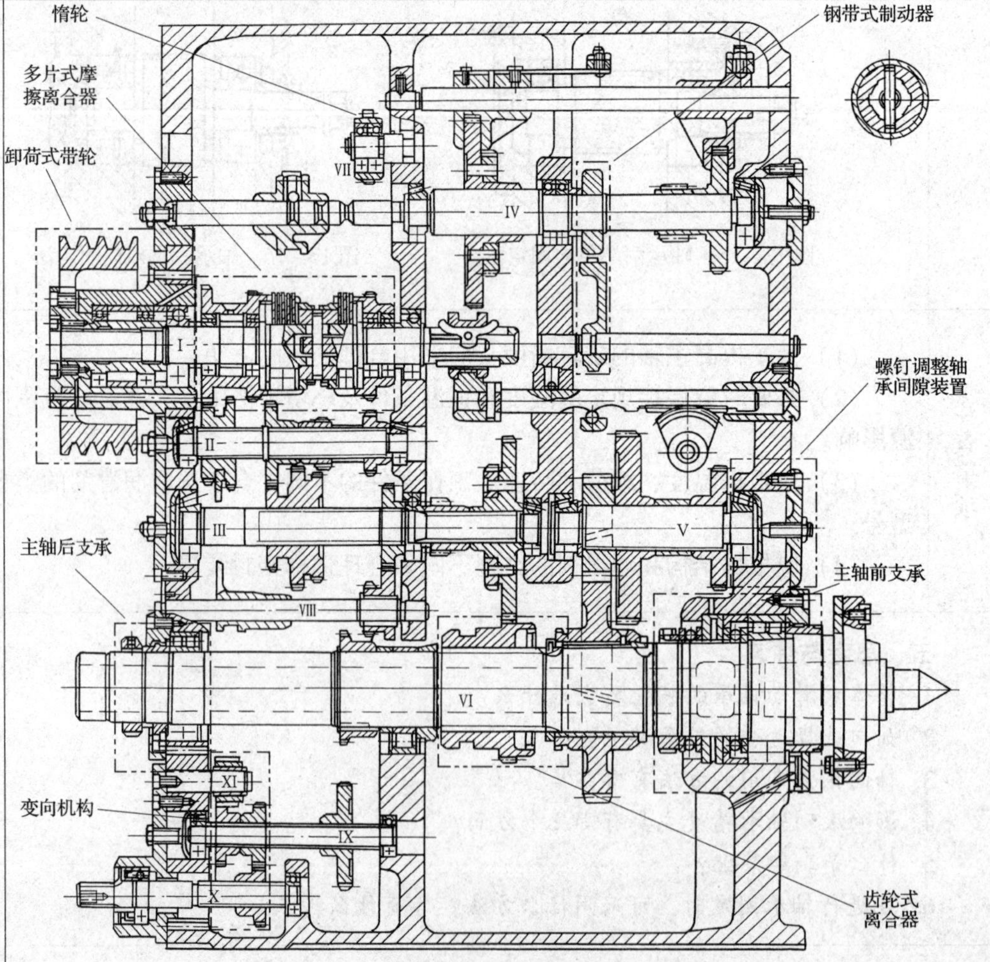

图 18－1　CA6140 型卧式车床主轴箱

<table>
<tr><th>名称</th><th>图解</th></tr>
<tr><td>多片式摩擦离合器</td><td>

多片式摩擦离合器（见图18－2）及操纵机构（见图18－3）

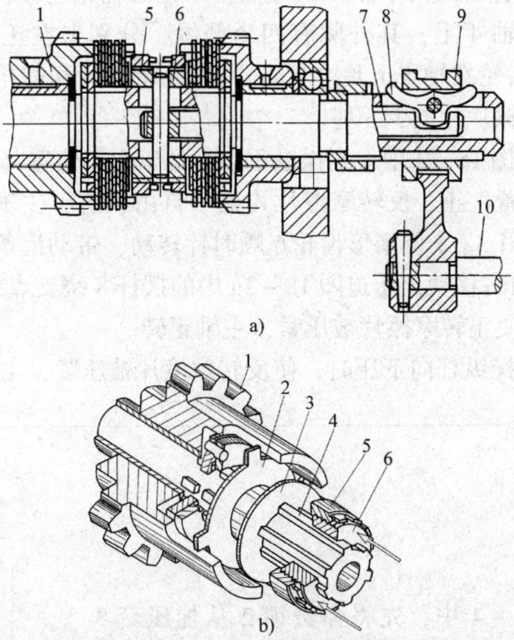

图18－2　多片式摩擦离合器

a）剖视图　b）立体图

1—齿轮　2—外摩擦片　3—内摩擦片　4—主轴箱内的Ⅰ轴　5—加压套

6—螺圈　7—连杆　8—摆杆　9—滑环　10—连杆轴

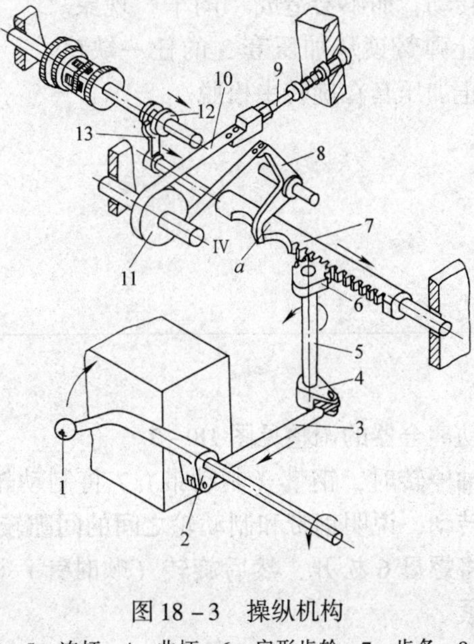

图18－3　操纵机构

1—操纵手柄　2—销轴　3、5—连杆　4—曲柄　6—扇形齿轮　7—齿条　8—制动杠杆　9—双头螺杆

10—制动带　11—制动轮　12—滑环　13—拨叉

</td></tr>
</table>

名称	操作要点及图解
多片式摩擦离合器	（1）离合器的内摩擦片 3 与轴 4 以花键孔相连接，随轴 4 一起转动。外摩擦片 2 空套在轴 4 上，其外圆有四个凸缘，分别卡在正、反转齿轮的四个缺口中（正、反转齿轮在轴 4 上是空套的）。内外摩擦片相间排列，正转摩擦片片数多一些，反转摩擦片片数少一些。 （2）在图 18－3 中，当操纵手柄 1 处于中间位置（停止位置）时，滑环 12 也处于中间位置，正、反转摩擦片均处于自由状态，主轴停转。当操纵手柄向上抬起时，经连杆 3、5 使扇形齿轮 6 顺时针转动，带动齿条 7 向右移动，经拨叉 13 带动滑环 12 向右移动，压迫图 18－2a 中的摆杆 8 绕支点销摆动，下端则拨动连杆 7 向左移动，使正转摩擦片被压紧，主轴正转。 （3）当操纵杆向下压时，使反转摩擦片被压紧，主轴反转。
离合器摩擦片的调整方法	在图 18－4 中，先将弹簧锁 2 从加压套 3 的缺口中按下，然后转动加压套 3，使其相对于螺圈 1 做少量的轴向移动，即可改变摩擦片的间隙。摩擦片间隙合理的标准是：机床停止时内外摩擦片能完全脱开；主轴在最大切削力情况下，能正常转动，而不会造成“闷车”现象。调整完毕后，让弹簧锁从加压套 3 的任一缺口中弹出，以防止加压套在旋转中松脱。 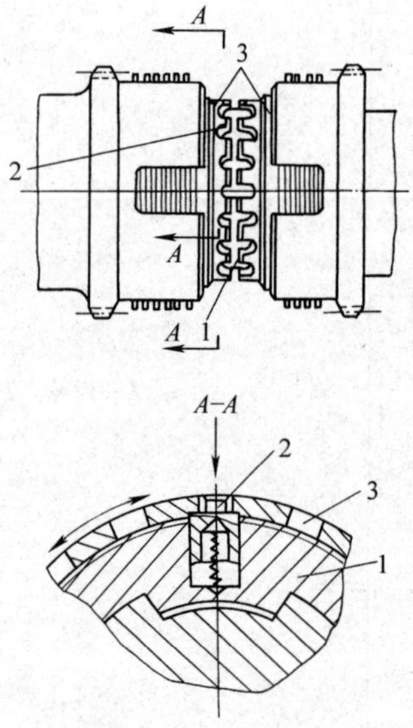 图 18－4　离合器摩擦片 1—螺圈　2—弹簧锁　3—加压套
钢带式制动离合器的调整	钢带式制动离合器的调整见图 18－5。 当车床主轴停转时，钢带（制动带）7 将制动轮 8 抱紧。若机床停止时主轴不能迅速停止转动，说明钢带和制动轮之间的间隙较大（即钢带较松），应调紧制动带，即：先将螺母 6 松开，然后旋转（顺时针）调整螺钉 5，调整合适后再将锁紧螺母 6 拧紧。

<table>
<tr><th>名称</th><th>操作要点及图解</th></tr>
<tr><td>钢带式制动离合器的调整</td><td>

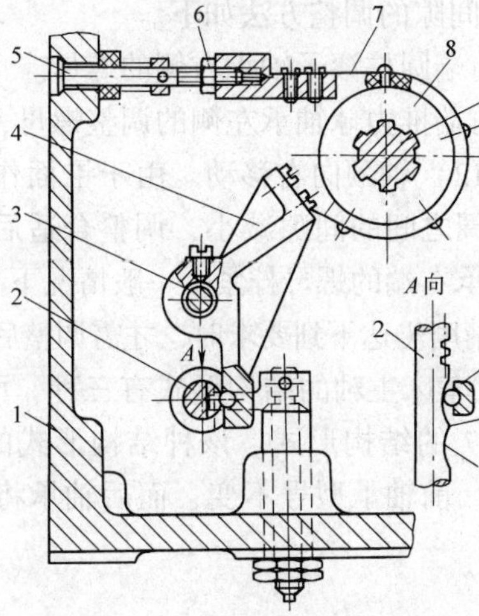

图 18－5　钢带式制动离合器的调整

1—主轴箱体　2—齿条　3—轴　4—杠杆　5—调整螺钉　6—锁紧螺母　7—制动带　8—制动轮

</td></tr>
<tr><td>主轴部件的调整</td><td>

（1）CA6140 型车床主轴（见图 18－6）是一个空心的台阶轴，其内孔直径为 ϕ48 mm，可通过 ϕ47 mm 以下的长棒料或铁棒，用于卸下顶尖及检验棒，也可用于装夹气动装置、电动或液动夹紧机构。主轴前端锥孔为莫氏 6 号锥度，用于安装顶尖或检验棒，有自锁作用，可借助锥面的摩擦力直接带动心轴和工件转动。后端 1∶20 锥孔是加工主轴的工艺基准面。主轴前端采用短锥法兰式结构，用于安装卡盘或拨盘，由主轴前端面上的锥形拨块传递扭矩。

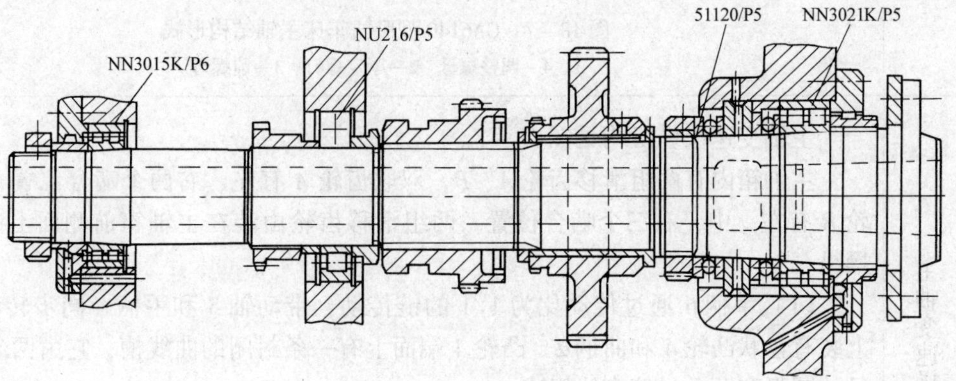

图 18－6　主轴

（2）CA6140 型车床主轴由前、中、后三种轴承支承，以保证主轴有较好的刚度。前端是 NN3021K/P5 圆柱滚子轴承，用于承受径向力；另外采用两个 51120/P5 推力球轴承，用于承受前、后两个方向的轴向力。后端采用一个 NN3015K/P6 的圆柱滚子轴承支承。中间的支承是 NU216/P5 调整滚子轴承。

</td></tr>
</table>

<table>
<tr><th>名称</th><th>操作要点及图解</th></tr>
<tr><td>主轴部件的调整</td><td>
（3）主轴轴承间隙的调整方法如下。
1）松开主轴前端圆柱滚子轴承右侧的螺母。
2）拧紧主轴前端推力球轴承左侧的调整螺母，使 NN3021K/P5 轴承的内圈相对于主轴锥形（1∶12）轴颈向右移动。由于锥面作用，轴承内圈产生径向弹性膨胀，将轴承内、外圈之间的间隙减小，调整合适后，将调整螺母上的锁紧螺钉拧紧，并将松开的轴承右端的螺母拧紧。一般情况下只需调整前轴承；只有当调整前轴承后主轴的回转精度仍达不到要求时，才需调整后轴承；中间轴承不需要调整。
CA6140 型卧式车床主轴的结构形式有三种，而现在生产的 CA6140 型车床主轴大都采用图 18－7 的结构形式。该种结构形式的主要特点是采用双支承结构，而不是三支承结构。前轴承型号不变，而后轴承将圆柱滚子轴承改换成较经济的角接触球轴承。
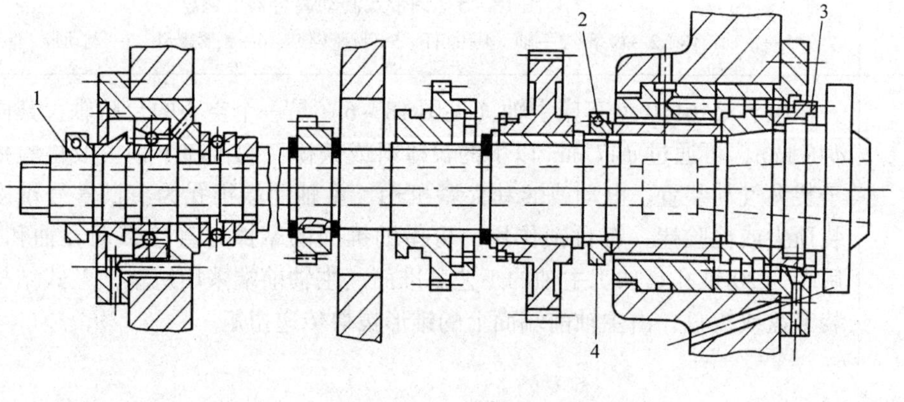

图 18－7　CA6140 型卧式车床主轴结构形式
1、4—调整螺母　2—紧定螺钉　3—前螺母
</td></tr>
<tr><td>主轴变速操纵机构</td><td>
主轴变速操纵机构见图 18－8。
主轴箱内有两组滑移齿轮 A、B，双联齿轮 A 有左、右两个啮合位置，三联齿轮 B 有左、中、右三个啮合位置。两组滑移齿轮由装在主轴箱前侧面上的手柄 6 操纵。
（1）手柄 6 通过传动比为 1∶1 的链传动，带动轴 5 和手柄 6 同步转动。轴 5 上装有盘状凸轮 4 和曲柄 2。凸轮 4 端面上有一条封闭的曲线槽，它由两条不同半径的圆弧和两条过渡直线组成。
在凸轮上标有 a～f 六个位置（见图 18－9），通过杠杆 3 操纵双联齿轮 A，当杠杆 3 的滚子处于凸轮曲线 a、b、c 大半径处时，齿轮 A 在左端位置；当处于 d、e、f 小半径处时，齿轮 A 则移动到右端位置。
（2）曲柄 2 上的圆柱销、滚子安装在拨叉 1 的长槽中，当曲柄 2 随着轴 5 转动时，可拨动滑移齿轮 B，使齿轮 B 处于左、中、右三个不同位置（见图 18－10）。
</td></tr>
</table>

<table>
<tr><th>名称</th><th>操作要点及图解</th></tr>
<tr><td>主轴变速操纵机构</td><td>

（3）由于凸轮 4 和曲柄 2 同轴，两者同步转动，通过手柄 6 的旋转和曲柄 2 及杠杆 3 的协同动作，即可使齿轮 *A* 和齿轮 *B* 的轴向位置实现六种不同的组合，得到六种不同的转速。所以，该种机构又称单手柄六速操纵机构。

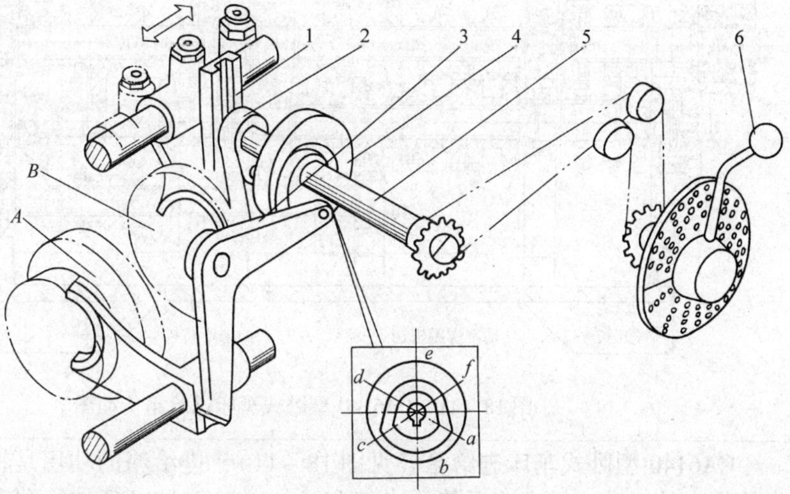

图 18－8　主轴变速操纵机构

1—拨叉　2—曲柄　3—杠杆　4—凸轮　5—轴　6—手柄

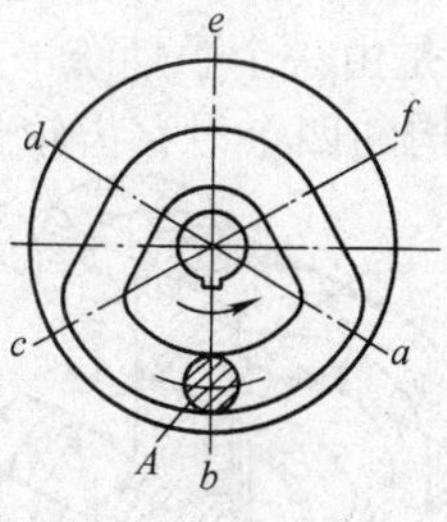

图 18－9　在凸轮上标六个位置

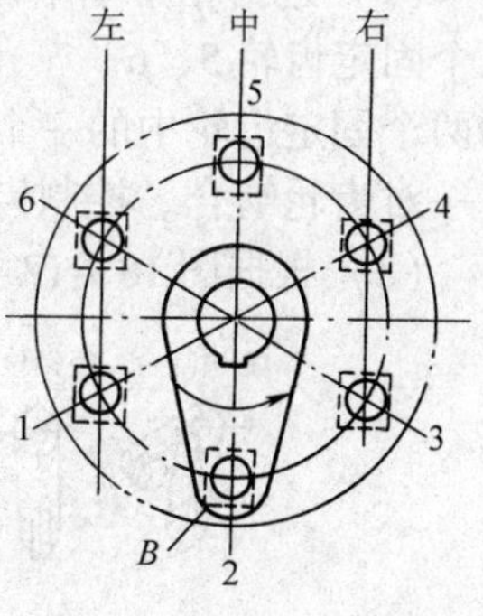

图 18－10　齿轮的三个位置

</td></tr>
<tr><td>注意事项</td><td>

（1）调整多片式摩擦离合器摩擦片间隙时，间隙既不能太大，也不能太小。太大时，传递扭矩不足，易造成“闷车”现象；太小，易造成摩擦片的磨损，甚至会损坏操纵装置。

（2）调整钢带式制动器，既不能太紧，也不能太松。合适的标准是：当主轴转动时钢带能完全松开，主轴停转时钢带能将制动轮抱死，使主轴立即停止转动。

（3）主轴前后轴承的调整螺母上都有锁紧螺钉，调整时应先将锁紧螺钉拧松，调整好后，一定要把锁紧螺钉拧紧。

</td></tr>
</table>

三、CA6140 型卧式车床进给箱结构

名称	操作要点及图解
CA6140 型卧式车床进给箱传动图	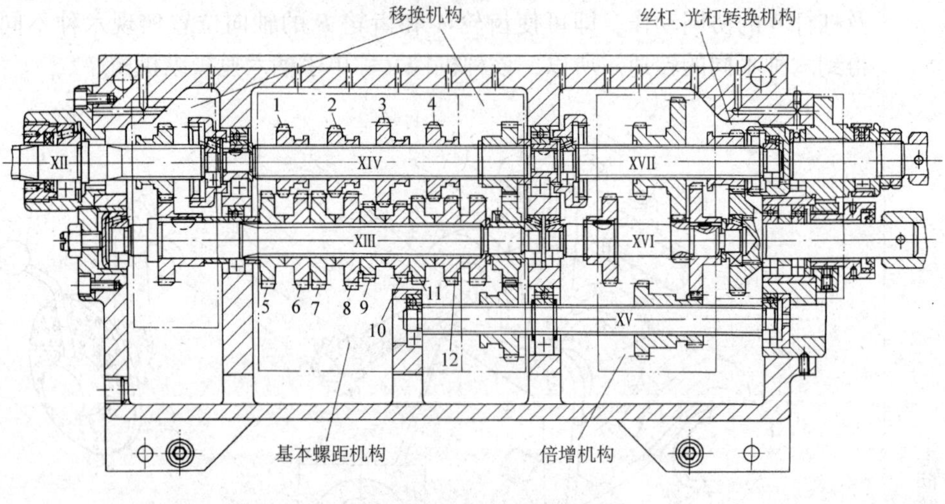 图 18－11　CA6140 型卧式车床进给箱传动图
CA6140 型卧式车床传动系统分析	CA6140 型卧式车床进给箱（见图 18－11），进给箱的功用是将主轴箱经交换齿轮传来的运动，经变速后传给光杠和丝杠，以满足机动进给和车削不同螺纹螺距的需要。进给箱主要由基本螺距机构、倍增机构、移换机构、光杠、丝杠转换机构和操纵机构等组成。 （1）进给箱中基本螺距机构由 XⅣ 轴上四个滑移齿轮 1、2、3、4 和 XⅢ 轴上八个固定齿轮 5、6、7、8、9、10、11、12 组成。每个滑移齿轮依次与 XⅢ 轴相邻的两个固定齿轮中的一个啮合，而且要保证在同一时刻内，基本螺距机构中只能有一对齿轮啮合。控制齿轮啮合的四个滑块是由一个手柄统一操纵的。 （2）根据图 18－12 可知，基本螺距机构的四个滑移齿轮分别由四个拨块 2 来 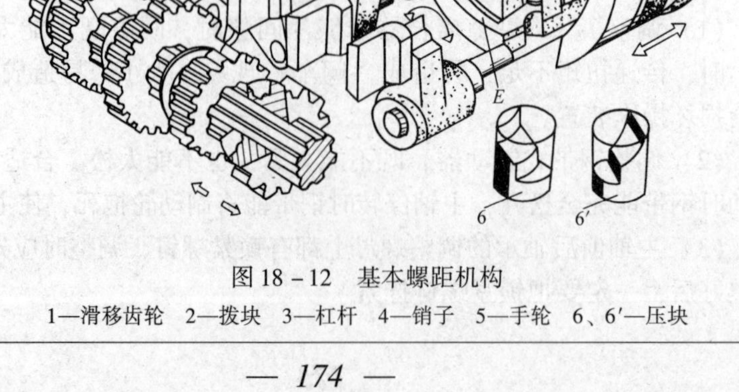 图 18－12　基本螺距机构 1—滑移齿轮　2—拨块　3—杠杆　4—销子　5—手轮　6、6′—压块

CA6140型卧式车床传动系统分析	拨动，每个拨块的位置是由各自的四个销子通过杠杆 3 来控制。四个销子均匀地分布在操纵手轮 5 背面的环形槽 E 中。环形槽上有两个间隔 45°的孔 a 和孔 b，孔中分别装有带斜面的压块 6、6′。安装时压块 6 的斜面应向外斜，以便与销子 4 接触时能向外抬起销子 4；压块 6′的斜面应向里斜，以便与销子 4 接触时能向里压销子 4。这样通过环形槽和压块 6、6′，可操纵销子 4 和杠杆 3，使每个拨块及其滑移齿轮能依次有左、中、右三个位置。 （3）操纵手轮 5 在圆周方向有八个均匀分布的位置。它在图 18－13 所示位置时，只有左上角的销子 4′在压块 6′的作用下靠在孔 b 的内壁上。此时杠杆将拨动滑移齿轮右移，使 XIV 轴上的第三个滑移齿轮 3 向左移动，与 XIII 轴上的齿轮 9 啮合（见图 18－11）。其余三个销子因在环形槽 E 内，相应的其他三个滑移齿轮都在中间位置，从而保证 XIV 轴和 XIII 轴之间只有一对齿轮啮合。 当手轮 5 旋转一周时，能使基本螺距机构的八个速比依次啮合。

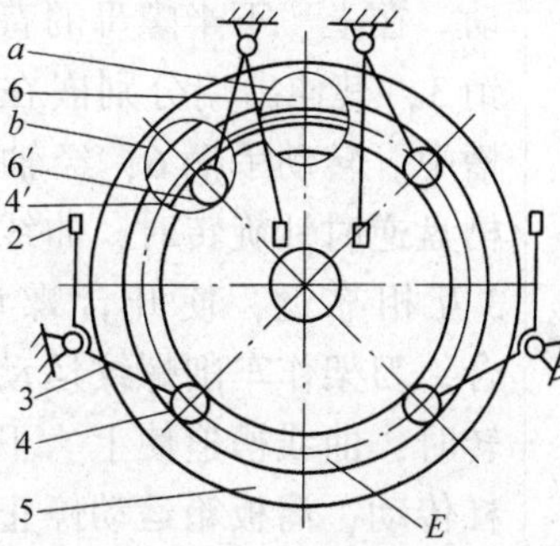

图 18－13　操纵手轮

四、CA6140 型卧式车床溜板箱的结构与调整

名称	操作要点及图解
CA6140型卧式车床溜板箱	图 18－14 所示为 CA6140 型卧式车床溜板箱传动图。溜板箱的功用是将进给箱传来的运动，经操纵机构传给刀架，使刀架作纵向、横向机动进给或车削螺纹运动。溜板箱在机动进给运动时还有过载保护的作用。

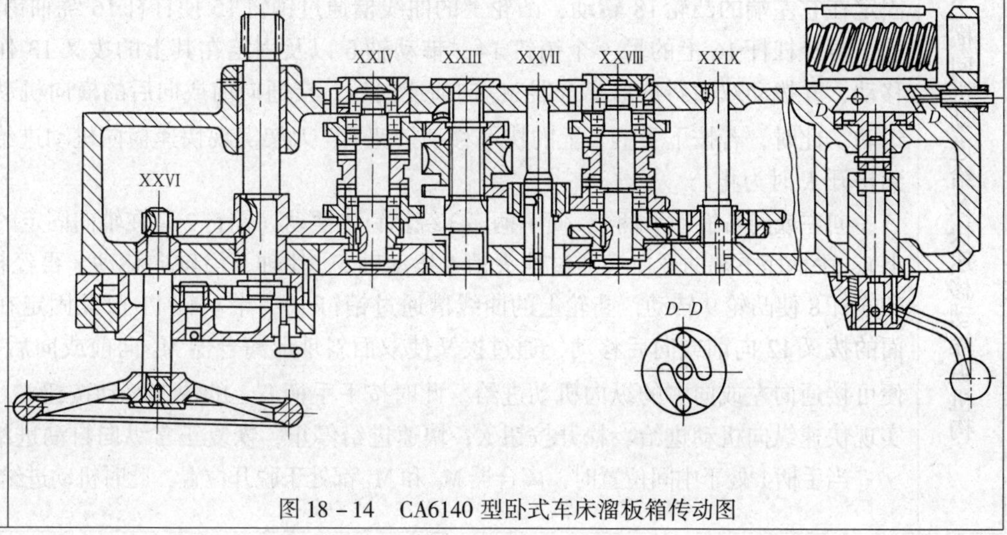

图 18－14　CA6140 型卧式车床溜板箱传动图

名称	操作要点及图解
开合螺母机构	开合螺母机构见图 18－15。 开合螺母的功用是接通或断开由丝杠传来的运动。车削螺纹时，将开合螺母合上，丝杠通过开合螺母带动溜板箱及刀架运动。 开合螺母机构的两半螺母 1、2 装在溜板箱背后的燕尾形导轨中，可作上、下移动。在上、下半螺母的背面各装有一个圆柱销 3，其伸出端分别嵌在槽盘 4 的两条曲线槽中。转动手柄 6，经轴 7 使槽盘转动，当槽盘逆时针旋转时，曲线槽迫使两个圆柱销 3 互相靠近，使开合螺母合拢，与丝杠啮合，刀架作车削螺纹运动。当槽盘顺时针旋转时，曲线槽迫使上、下螺母分开，脱离丝杠传动，溜板箱运动停止。 开合螺母的松紧程度可由调整螺钉 8 来调整。调整时，先松开锁紧螺母 9，拧动调整螺钉 8，当开合螺母的松紧程度调整合适后，再将锁紧螺母 9 拧紧。 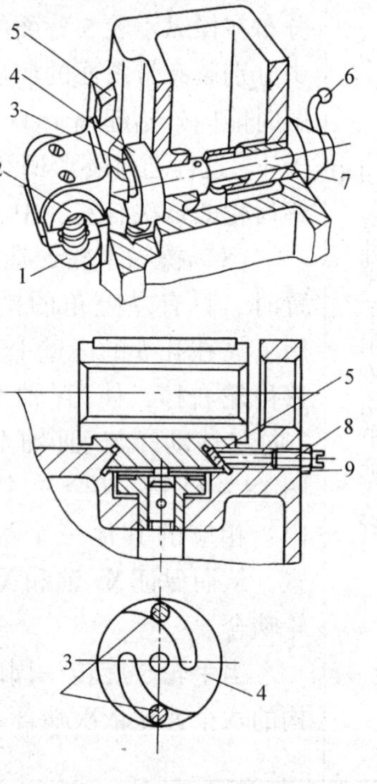 图 18－15　开合螺母机构 1—下半螺母　2—上半螺母　3—圆柱销 4—槽盘　5—平塞铁　6—手柄 7—轴　8—调整螺钉　9—锁紧螺母
纵向、横向机动进给及快速移动操纵机构	图 18－16 所示为溜板箱传动操纵机构示意图。车床纵向、横向机动进给的接通、断开及变向，都是由装在溜板箱右侧的手柄 1 集中操纵，手柄扳动方向与进给方向一致，使用非常方便。向前或向后扳动手柄 1，通过手柄座 3 使轴 19 以及固定在它左端的凸轮 18 转动，凸轮上的曲线槽通过销钉 15 使杠杆 16 绕轴销 17 摆动，再经杠杆 16 上的另一个销钉 14，带动轴 6 以及固定在其上的拨叉 13 作轴向移动，并拨动双面斜爪形离合器 M_9 向前或向后，接通向前或向后的横向机动进给运动。此时，若按下手柄 1 上的快速移动按钮 *K*，刀架实现快速横向机动进给，直到松开 *K* 时为止。 向左或向右扳动手柄 1，使手柄座 3 绕销钉 2 摆动（销钉 2 装在轴向固定的轴 19 上），手柄座下端的开口槽通过球头销 4 拨动轴 5，使轴 5 沿轴向移动，再经杠杆 7 和连杆 8 使凸轮 9 转动，凸轮上的曲线槽通过销钉 10，带动轴 11 以及固定在它上面的拨叉 12 向前或向后移动，通过拨叉使双面斜爪形离合器 M_8 向前或向后啮合，便可接通向左或向右的纵向机动进给。此时按下手柄 1 上的快速移动按钮 *K*，刀架实现快速纵向机动进给，松开按钮 *K*，快速进给停止，恢复正常纵向自动进给。 当手柄 1 处于中间位置时，离合器 M_8 和 M_9 都处于脱开位置，此时机动进给停止。

<table>
<tr><th>名称</th><th>操作要点及图解</th></tr>
<tr><td>纵向、横向机动进给及快速移动操纵机构</td><td>
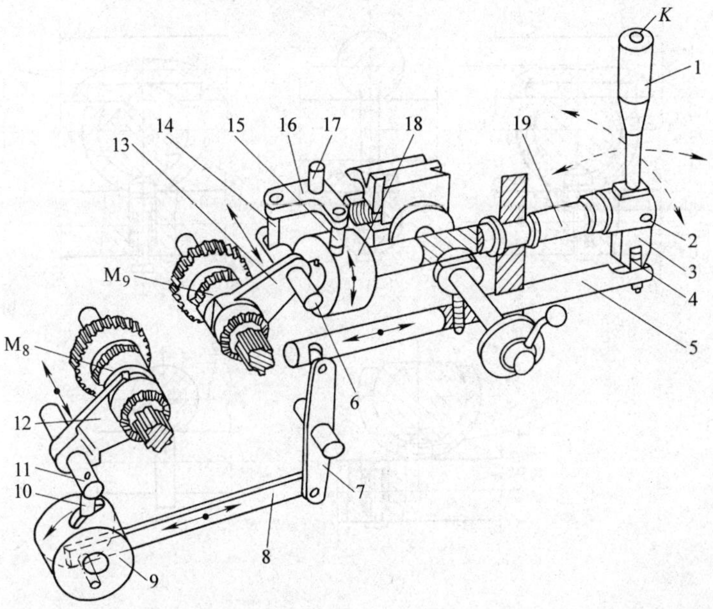

图 18－16　溜板箱传动操作机构
1—手柄　2、10、14、15—销钉　3—手柄座　4—球头销　5、6、11、19—轴
7、16—杠杆　8—连杆　9、18—凸轮　12、13—拨叉　17—轴销　K—快速按钮
</td></tr>
<tr><td>互锁机构</td><td>
车床工作时，为防止因操纵错误将开合螺母和纵、横向机动进给（或快速进给）同时接通而损坏机床，在溜板箱内安装有互锁机构。互锁机构的功用是当开合螺母合上时，机动进给（或快速进给）不能接通；反之，机动进给接通时，开合螺母不能合上。
（1）在车床停止位置状态（见图 18－17a），即开合螺母脱开，机动进给也未接通，此时可任意扳动图 18－16 中的操纵手柄 1 或开合螺母的手柄。
（2）开合螺母处于合上时的状态（见图 18－17b），由于开合螺母的操纵轴 2 转过了一定的角度，它的凸肩 T 进入横向机动进给操纵轴 1（即图 18－16 中轴 19）的槽中，将轴 1 卡住，使之不能转动，无法接通横向机动进给。同时凸肩 T 又将固定轴套 3 横向孔中的球头销 4 往下压，使它的下端插入轴 6（即图 18－16 中的轴 5）的孔中，将轴 6 锁住，无法接通纵向机动进给。由此可知，当开合螺母合上时，机动进给和快速进给就不能接通。
（3）处于接通纵向机动进给的状态时（见图 18－17c），轴 6 沿轴向移动了位置，其上的横向孔与球头销 4 错开被轴外圆顶住，开合螺母手柄轴 2 就无法转动，开合螺母就不能合上。
（4）处于接通横向机动进给的状态时（见图 18－17d），由于轴 1 转动了一个角度，其上的沟槽不再对准轴 2 上的凸肩 T，使轴 2 不能转动，所以开合螺母就不能闭合。
</td></tr>
</table>

名称	操作要点及图解
互锁机构	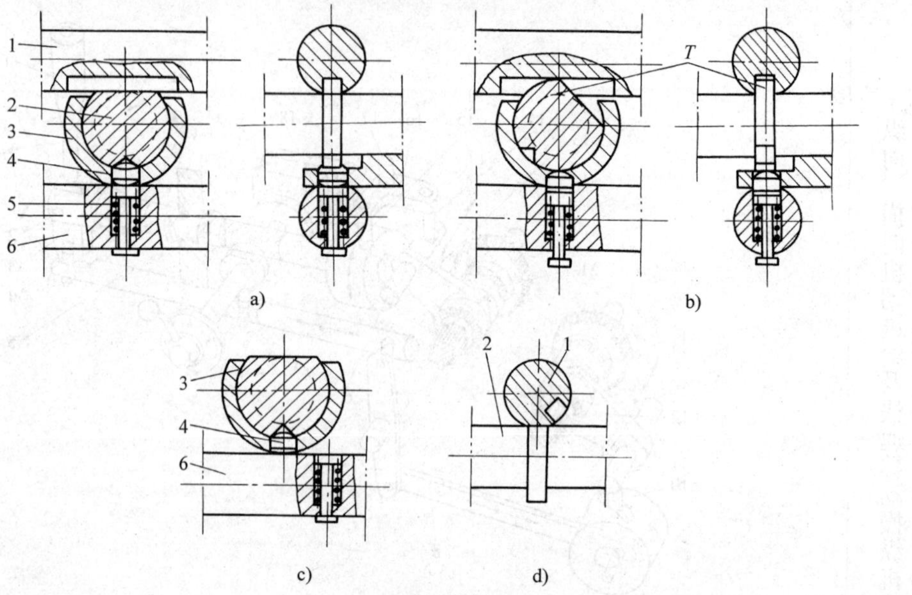 图 18－17　互锁机构 a）停止状态　b）机动进给、快速进给锁定状态　c）接通纵向机动进给状态　d）接通横向机动进给状态 1、6—轴　2—操纵轴　3—固定轴套　4—球头销　5—弹簧
安全与超越离合器	安全与超越离合器见图 18－18。 （1）安全离合器（又称过载保护机构）　安全离合器的功用是在机动进给中，当进给抗力过大或刀架受阻时，能自动断开机动进给，保证传动件不发生损坏。 1）安全离合器由两个端面带齿爪的接合子 4 和 5 组成，左接合子 5 和单向超越离合器星形体 9 连接在一起，且空套在蜗杆轴 XXII 上；右接合子 4 和蜗杆轴用花键连接，并可在花键轴上轴向滑动，依靠弹簧 2 的弹力与左接合子 5 紧紧地啮合在一起传递机动进给运动。 2）图 18－19 所示为安全离合器的工作原理图。图 18－19a 所示为正常机动进给的状态。运动由单向超越离合器传给左接合子 5，弹簧 2 将右接合子 4 和左接合子 5 压在一起，完成运动传递，由右接合子 4 带动蜗杆轴运动，形成正常的机动进给运动。图 18－19b 所示为机动进给过载或刀架受阻时，蜗杆轴扭矩增大，使两结合子之间的轴向力大于弹簧弹力，右接合子 4 被推开。图 18－19c 所示为右接合子 4 被彻底推开，此时左接合子 5 继续转动，而右接合子 4 不能被带动而出现打滑现象，使自动进给停止，保护传动件不被损坏。 （2）单向超越离合器　超越离合器的功用是当有快慢两种速度交替传到轴上时，能实现自动转换。CA6140 型卧式车床为实现机动进给和快速移动之间的自动转换，在溜板箱内安装有单向超越离合器（见图 18－20）。超越离合器由星形体 4、

<table>
<tr><th>名称</th><th>操作要点及图解</th></tr>
<tr><td>安全与超越离合器</td><td>
三个滚柱 3、三个弹簧销 7 以及齿轮 2（相当于图 18－18 中的 6）及右端的套筒 m 等组成。齿轮 2 空套在轴Ⅱ（相当于图 18－18 中轴的XXⅡ）上，星形体 4 用键与轴Ⅱ连接。慢速运动由轴Ⅰ传给齿轮 2，使套筒 m 逆时针旋转，靠摩擦力带动滚柱 3（相当于图 18－18 中的 8）楔紧在星形体 4 和套筒 m 之间，带动星形体和轴Ⅱ一起逆时针旋转。
当齿轮 2 在慢速转动的同时，启动快速电动机 M，快速运动经齿轮副 6 和 5 传给轴Ⅱ，带着星形体 4 逆时针快速旋转。由于星形体 4 的运动大于套筒 m 的运动，滚柱 3 压缩弹簧销 7 并离开楔缝，于是套筒 m 与星形体 4 之间的运动联系便自动断开。当快速电动机停止时，轴Ⅱ又恢复慢速转动，刀架又重新获得机动进给。
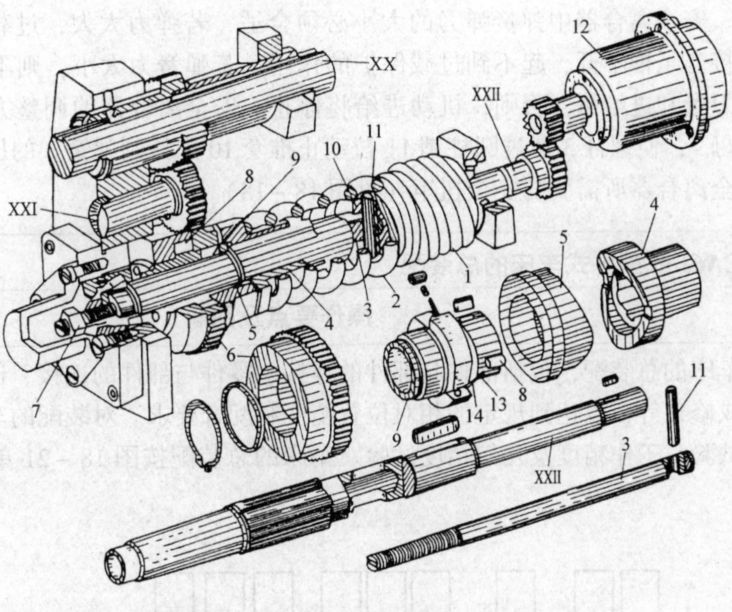

图 18－18　安全与超越离合器
1—蜗杆　2、14—弹簧　3—螺杆　4—右接合子　5—左接合子　6—齿轮　7—螺母
8—滚柱　9—星形体　10—止推套　11—圆柱销　12—快速电动机　13—顶销
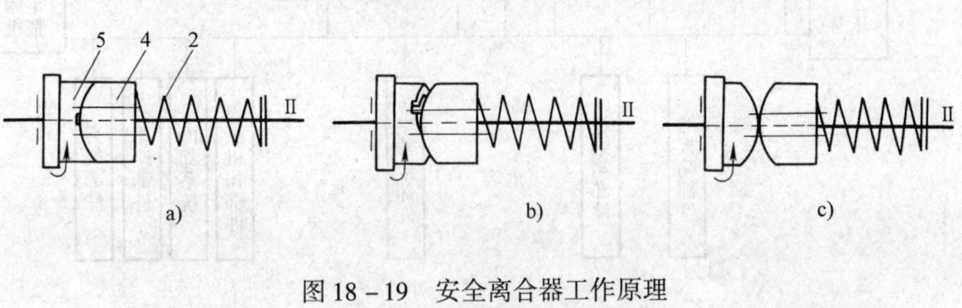

图 18－19　安全离合器工作原理
a）正常机动进给状态　b）机动进给过载或刀架受阻状态　c）自动进给断开状态
</td></tr>
</table>

名称	操作要点及图解
安全与超越离合器	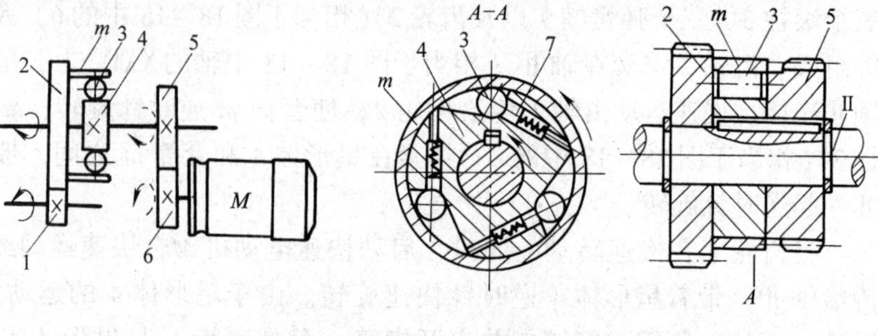 图 18－20　单向超越离合器 1、2、5、6—齿轮　3—滚柱　4—星形体　7—弹簧销 *m*—套筒　*M*—快速电动机
安全离合器的调整	安全离合器中弹簧弹力的大小必须合适，若弹力太大，过载时，离合器右边的接合子推不开，起不到过载保护的作用；若弹簧力太小，则不能选用较大的背吃刀量和进给量，否则，机动进给将停止。安全离合器的调整方法是：旋转调整螺母 7，使螺杆 3 通过圆柱销 11 拉动止推套 10 来控制弹簧 2 的压力大小，以适应安全离合器所需要的安全扭矩（见图 18－18）。

五、CA6140 型卧式车床的总装配

名称	操作要点及图解

卧式车床的总装配，包括部件与部件的连接、零件与部件的连接、连接过程中相对位置的调整或修正等，以达到规定的相对位置精度和配合要求。对装配的车床进行空运转试验、负荷试验、工作精度及几何精度试验。车床的总装配按图 18－21 单元系统图上的顺序进行。

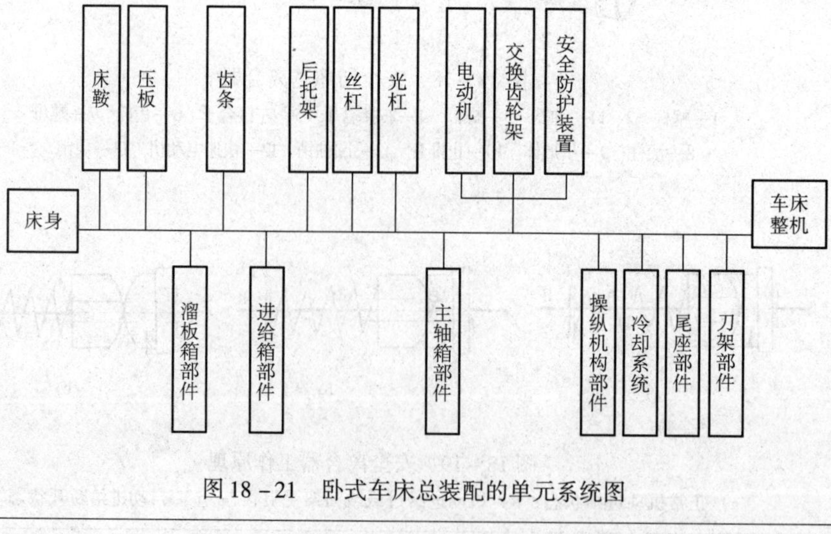

图 18－21　卧式车床总装配的单元系统图

名称	操作要点及图解
1. 床鞍与床身的装配	
床身的安装	1）床身装在床脚上，将各结合面的毛刺清除并倒角，在结合面间装入（1 ~2 mm）厚纸垫，并涂以密封胶，以防止漏油，装上紧固螺钉。 2）在床身下面安放调整垫铁，应使整个床身搁置稳定。用水平仪调整各垫铁，使床身平导轨面处于自然水平位置，使床鞍导轨的扭曲误差最小。 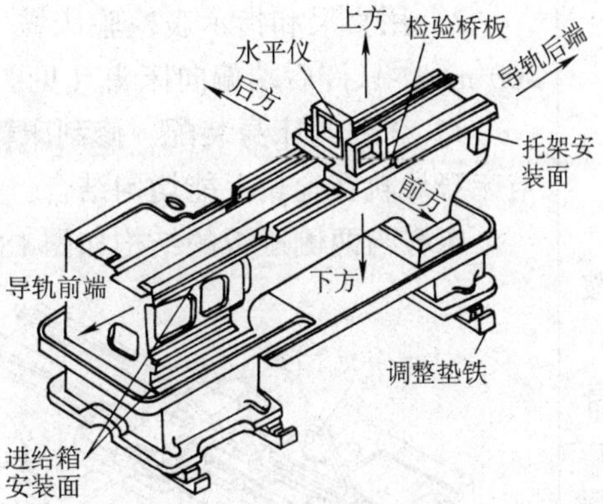 图 18 – 22　床身的安装 3）当导轨几何精度由刮削来达到时，在调整好床身安装位置后，进行导轨面刮削（见图 18 – 22）。 4）用光学平直仪检查床身导轨的直线度误差：在垂直平面内，全长为 0.03 mm，在任意 500 mm 测量长度上的局部误差为 0. 015 mm，只许凸；在水平面内全长为 0. 025 mm。床鞍用导轨与尾座用导轨的平行度误差，在两垂直平面内全长均为 0. 04 mm，在任意 500 mm 测量长度上局部误差均为 0. 03 mm；床鞍用导轨与下滑面的平行度误差，全长为 0. 03 mm，在任意 500 mm 测量长度上局部误差为 0. 02 mm，只许近床头处厚。刮削导轨面表面粗糙度值达到 *Ra*1. 6 μm 以下，每 25 mm ×25 mm 内不少于 10 点（见图 18 –23）。 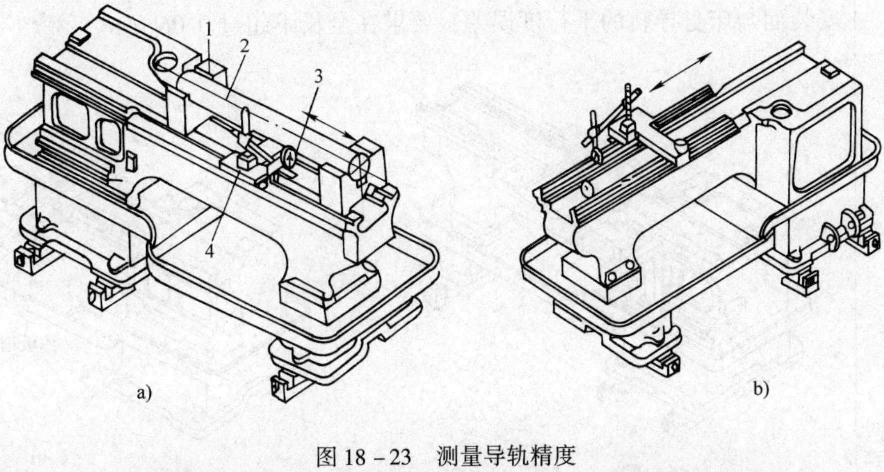 a)　　b) 图 18 – 23　测量导轨精度 a）测量导轨在水平面内的直线度　b）尾座导轨对床鞍导轨平行度的测量 1—等高垫块　2—检验心轴　3—百分表　4—检验桥板

名称	操作要点及图解
床鞍与床身的配刮	1）以床身平导轨和 V 形导轨为基准，配刮横向燕尾导轨、配刮床鞍下导轨面，使其两端接触点和表面粗糙度均符合要求为止。 2）用直尺和指示表检验床鞍上、下导轨面，使垂直度误差不超过 0.02 mm/300 mm，只许后端偏向床头（见图 18－24）。 3）床鞍与床身装配，修刮床鞍两侧压板安装面及配刮床鞍压板，以达到床鞍与床身导轨在全长上能均匀结合，平稳移动。 床鞍与两侧压板的结构如图 18－25 所示。 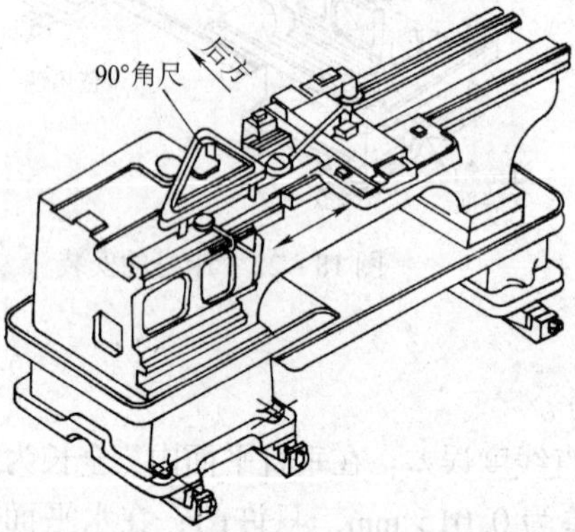 图 18－24　测量床鞍上、下导轨面的垂直度误差 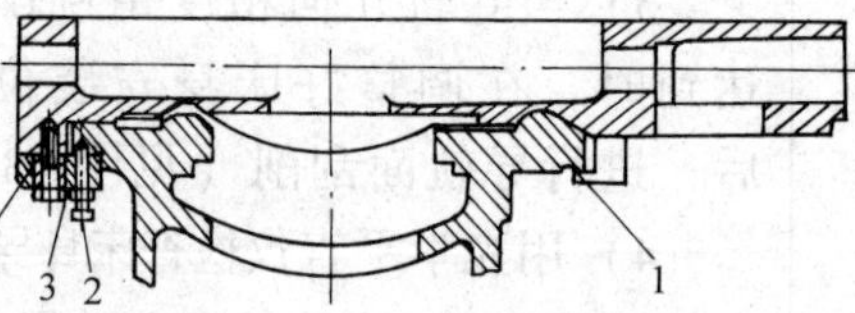 图 18－25　床鞍与两侧压板的结构 1—内侧压板　2—调整螺钉　3—镶条　4—外侧压板
检查床鞍的溜板安装面	1）用 90°角尺或框式水平仪检测，溜板箱安装面与进给箱安装面的垂直度误差，要求在每 100 mm 长度内不超过 0.03 mm（见图 18－26a）。 2）如图 18－26b 所示，用百分表固定在床身上，纵向移动床鞍检测。溜板箱安装面与床身导轨的平行度误差，要求在全长不超过 0.06 mm。 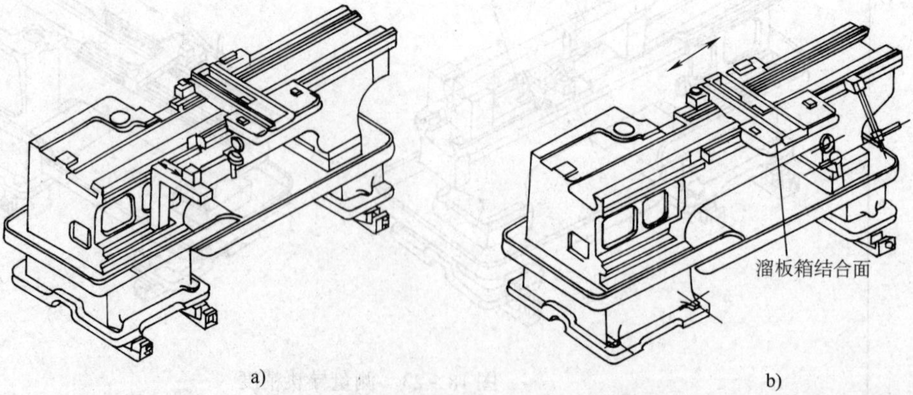 a)　b) 图 18－26　检查床鞍的溜板安装面 a）测量溜板箱安装面与进给箱安装面的垂直度　b）测量溜板箱安装面与床身导轨的平行度

2. 安装齿条

<table>
<tr><th>名称</th><th>操作要点及图解</th></tr>
<tr><td>测量齿条的安装位置</td><td>

1）先用装配夹具把溜板箱初装在装配位置，塞入齿条，并在啮合面间垫上铅丝作双面压入实验，测出溜板箱与齿条啮合侧隙大小，通过修磨达到侧隙量。一般控制在 0. 1 ~ 0. 16 mm 之内（见图 18 – 27a）。

2）侧隙符合要求后，用 C 形夹头将齿条夹持在床身上，钻、攻床身螺纹孔和钻、铰定位销孔，对齿条定位固定（见图 18 – 27b）。

3）车床床身需几根齿条拼接装配而成。为了保证相邻齿条接合处的齿距精度，必须用标准齿条进行跨接校正（见图 18 – 27c）。

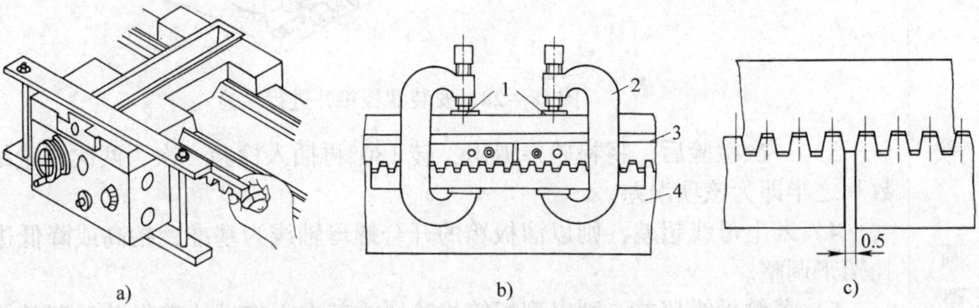

图 18 – 27　测量齿条的安装位置

a）测量齿条的安装位置　b）确定齿条的安装位置　c）齿条跨接校正

1—纯铜垫片　2—C 形夹头　3—垫片　4—床身

</td></tr>
</table>

3. 进给箱、溜板箱和托架的装配

进给箱、溜板箱和托架的装配主要应保证进给箱、溜板箱和托架上安装丝杠、光杠三孔的同轴度要求，并保证丝杠轴线与床身导轨的平行度要求。

<table>
<tr><th>名称</th><th>操作要点及图解</th></tr>
<tr><td>安装溜板箱</td><td>

1）用装配夹具把溜板箱初步安装在装配位置，在开合螺母处夹持一根螺纹检验棒。

用百分表分别在溜板箱两端校正检验棒的上母线、侧母线与床身导轨的平行度误差。通过调整溜板箱位置，使平行度误差值均在 0. 15 mm 以内（见图 18 – 28）。

2）溜板箱纵向位置的确定，应保证溜板箱齿轮与横向进给丝杠上的传动齿轮具有正确的啮合间隙，其最大间隙量应使横向进给手柄的空程量不超过 1/30 转为宜。

检测方法是将一张厚度为 0. 08 mm 的纸放在齿轮啮合处，转动齿轮使印痕呈现将断不断的状态时，即为齿轮间有正常侧隙。

调整进给箱和托架时应保证进给箱、溜板箱和托架上安装丝杠的三孔同轴度要求，并保证丝杠轴线与床身导轨的平行度要求。

1）在三孔内各装入配合间隙不大于 0. 005 mm 的检验棒。

2）用百分表分别测量检验棒Ⅰ、Ⅱ、Ⅲ的上、侧母线，上母线要求为0. 02 mm / 100 mm，只许前端向上偏；侧母线要求为 0. 01 mm/100 mm，只许向床身方向偏（见图 18 – 29a）。

</td></tr>
</table>

名称	操作要点及图解
调整进给箱和托架	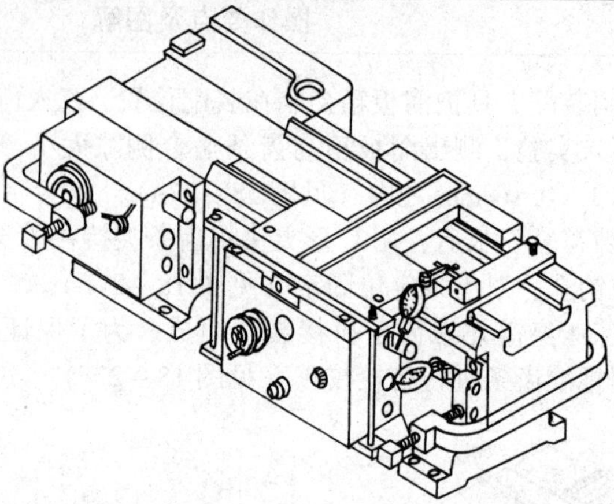 图 18－28　安装溜板箱并进行检验 3）一次检验后，将检验棒退出，转 180°再插入检验一次，两次测量结果的代数和之半即为该项误差。 4）若上母线超差，则以溜板箱的开合螺母轴线为基准，抬高或降低进给箱和托架来调整。 5）若侧母线超差，则以溜板箱检验棒为基准，将进给箱做前后调整，托架则用垫片进行调整（见图 18－29b）。 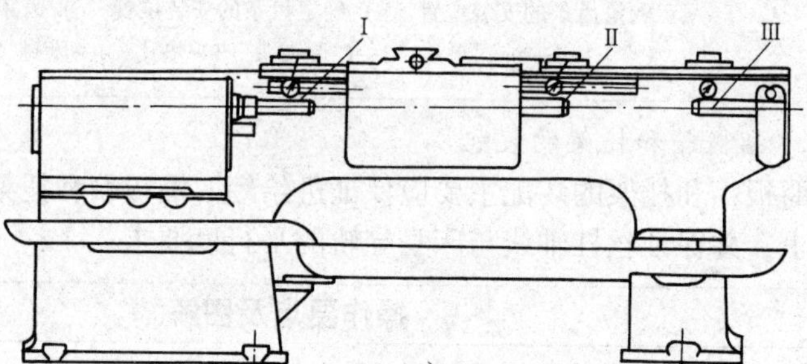 a) 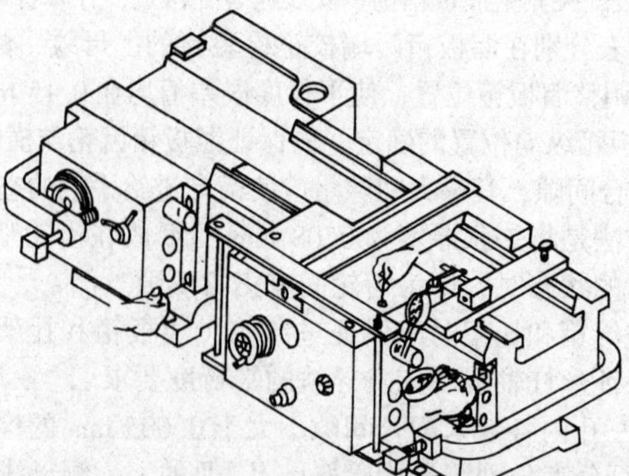 b) 图 18－29　调整进给箱和托架 a）丝杠三孔同轴度测量　b）调整进给箱和托架

名称	操作要点及图解
安装进给箱、溜板箱和托架	1）用螺钉安装进给箱、溜板箱和托架，装入丝杠和光杠。 2）当用手旋转光杠时，溜板箱在任何位置都应转动灵活，手感轻重均匀。 3）测量丝杠轴线对床身导轨的等距误差，要求上母线、侧母线均在0.15 mm。测量丝杠的轴向窜动，要求窜动量不大于0.015 mm（见图18－30）。 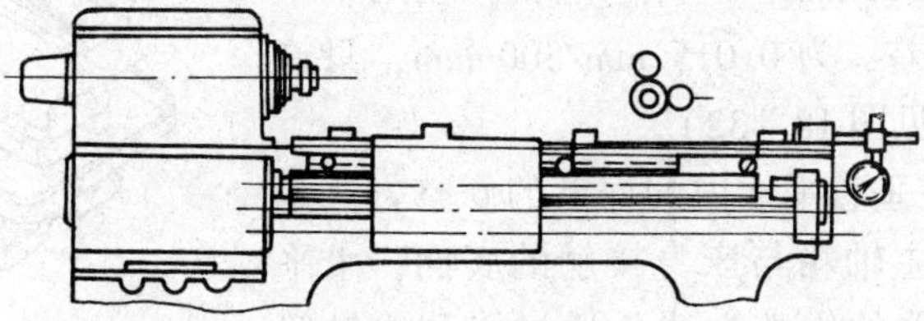 图18－30　丝杠与导轨等距误差及轴向窜动量的测量
攻螺纹及钻铰定位销孔	1）达到要求后，即可进行钻孔、攻螺纹并用螺钉固定，然后对其各项精度再复校一次。 2）钻、铰进给箱、溜板箱和托架上的定位销锥孔。 3）装入定位销。

4. 安装操纵杆

名称	操作要点及图解
安装操纵杆	操纵杆对床身导轨在两垂直平面内的平行度，是以溜板箱中操纵支撑孔为基准，通过调整前支架的高低位置和修刮前支架与床身的结合面来保证。 其检验方法与检验丝杠的等距误差方法相似，检验装置如图18－31所示。后支架中操纵杆中心位置的误差变化，可用增大后支架操纵杆支撑孔与操纵杆直径的间隙来补偿。最后完成操纵杆与主轴箱的传动连接。 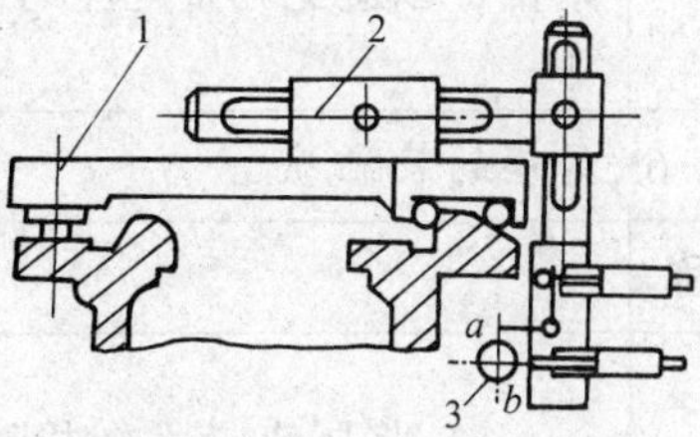 图18－31　检验方法示意图 1—桥板　2—检验工具　3—检验心轴

5. 主轴箱的装配

主轴箱是以其底平面和凸块侧面与床身主轴箱安装面接触来保证正确的安装位置。主轴箱的装配如下。

名称	操作要点及图解
安装主轴箱	1）将主轴箱安装在床身上，在主轴锥孔内装入检验棒，用百分表测量检验棒。 2）应保证主轴中心线对大溜板移动方向的位置精度：在垂直平面内的误差为 0.02 mm/300 mm，只许向上偏；在水平平面内的误差，为 0.015 mm/300 mm，只许向前偏（见图 18－32）。 3）在垂直平面内的误差的修整方法是通过修刮主轴箱与床身接触的底面；水平面内的误差的修整方法是通过修刮主轴箱与床身接触的侧面。 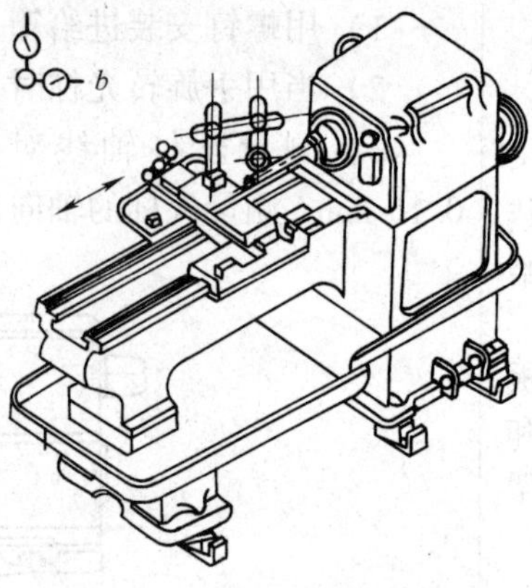 图 18－32　主轴轴线与床身导轨平行度测量
注意事项	测量和调整时应注意以下几点： 1）检验心轴在插入主轴锥孔前应检查其锥面配合精度，要求与心轴接触点在 50% 以上且大端接触点多。 2）要消除检验心轴本身误差对测量的影响，测量时旋转主轴 180°后做两次测量，两次测量结果的代数和之半就是平行度误差。 3）超差时，只能通过刮削主轴箱相应接触面来修正，决不能图方便刮削床身相应的连接面（因为床身连接面是装配的基准面）。 4）在确定的主轴中心线相对于床身导轨的高度时，应预留出尾座的高度调整余量，以避免调整尾座时因余量不足而重新要下降主轴箱的安装高度。

6. 尾座的装配

名称	操作要点及图解
尾座的安装	1）将尾座紧固在检验位置，尾座套筒伸出量约为伸出长度的一半，并将其锁紧。 2）将百分表固定在床鞍上，移动床鞍测量尾座套筒表面，检查尾座套筒轴线对大溜板移动方向在垂直平面内误差为 0.015 mm/100 mm，只许向上偏；在水平平面内误差为 0.01 mm/100 mm，只许向前偏（见图 18－33a）。 3）检查尾座套筒锥孔轴线对大溜板移动的平行度误差：在垂直平面和水平平面内的误差要求均为 0.03 mm/300 mm（见图 18－33b）。

名称	操作要点及图解
尾座的安装	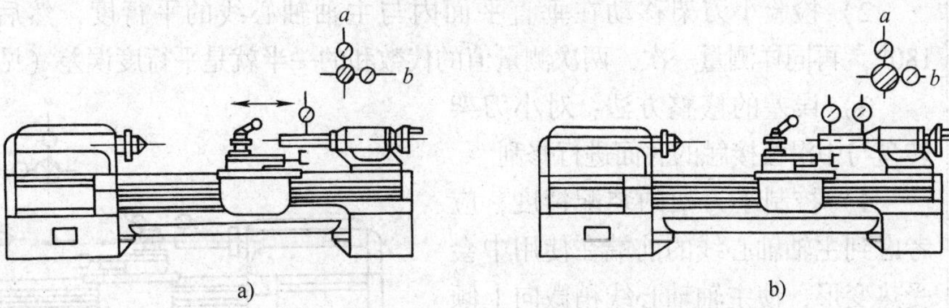 图 18－33　安装尾座 a）检查尾座套筒轴线对大溜板移动的平行度误差 b）检查尾座套筒锥孔轴线对大溜板移动的平行度误差 4）在尾座锥孔内插入量棒，用固定在床鞍上的百分表测量量棒表面。移动床鞍检验在垂直平面内和在水平平面内误差。 5）误差的修整方法：对尾座底板的顶面或底面进行刮研。
主轴和尾座两顶尖的等高度误差的检验	1）为保证机床在冷热状态下，主轴和尾座两锥孔中心线均等高，等高度误差应控制在 0.05～0.07 mm，只许尾座高。 2）等高误差检查：在装配修整过程中，在两顶尖间顶一根标准检验棒，百分表固定在床鞍上，测量头在垂直平面内触及检验棒，移动床鞍在检验棒两端进行测量（见图 18－34）。 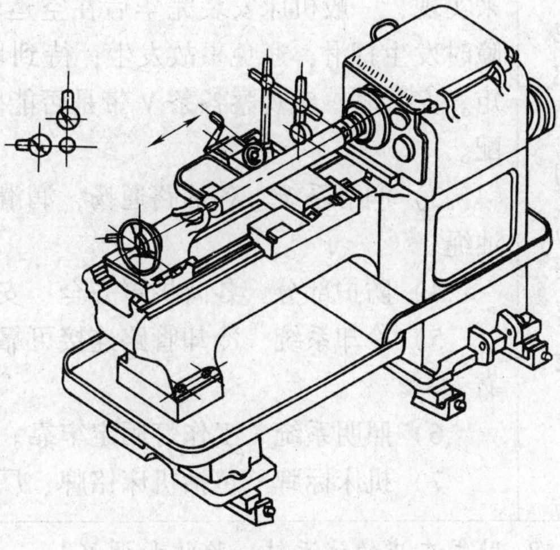 图 18－34　检验主轴和尾座两顶尖的等高度误差

7. 安装小刀架和其他部件

小刀架部件安装在中溜板上，要求小刀架移动对主轴轴心线在垂直平面内的平行度误差不大于 0.04 mm/300 mm。小刀架部件的安装和其他部件的安装要求如下。

名称	操作要点及图解
小刀架部件的安装	1）将小刀架部件安装在中溜板上，在主轴锥孔中紧密地插入一根检验棒。用百分表调整小刀架移动在水平平面内与主轴轴心线的平行度，使两端该数相等，再固定好小刀架部件。

名称	操作要点及图解
小刀架部件的安装	2）检验小刀架移动在垂直平面内与主轴轴心线的平行度，然后将主轴旋转180°，再同样测量一次，两次测量值的代数和的一半就是平行度误差（见图 18－35）。 3）误差的修整方法：对小刀架转盘与中滑板接触的底面进行修刮。 4）控制小刀架的装配精度，应考虑到主轴轴心线的前端在使用中会受热变形，使主轴轴心线稍微向上倾斜。故在冷态装配校正时，应控制其平行度在 0.03 mm/300 mm 以内，且使小刀架移动在近主轴端处向上抬。 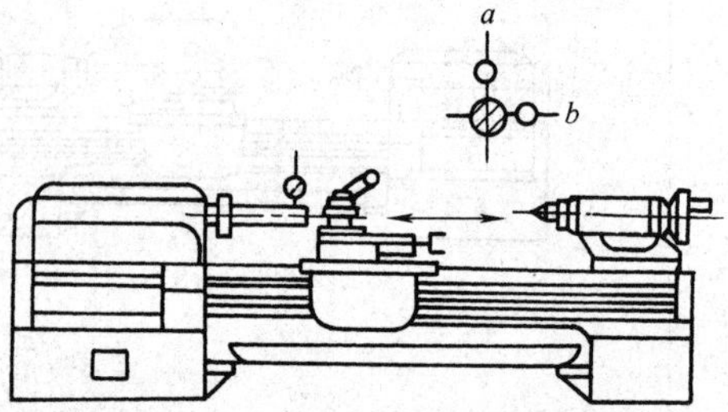 图 18－35　测量小刀架移动对主轴轴心线的平行度误差
其他部件的安装要求	1）挂轮架安装　交换齿轮要配合良好、且固定可靠。并把车削米制、英制螺纹、普通进给等挂轮基本备齐。 2）安装电动机并调整 V 带　V 带的松紧可通过调节电动机底座的安装倾斜度来实现，一般机床安装完毕后在空运转试验时，V 带可调得松些，以便出意外故障时发生打滑，避免事故发生；待到切削试验时再适度张紧 V 带以便传递驱动力矩。安装时，应观察各条 V 带是否能同时起作用，如 V 带长度不一致时应进行选配。 3）润滑系统　各油路通畅，润滑部位有明显标记，用油绳润滑的地方应备齐油绳。 4）防护部分　各防护罩齐全、安装美观可靠，床鞍两端刮屑油毡高度合适。 5）冷却系统　冷却管路连接可靠。接头不漏水、不松脱，水泵与床腿紧固牢靠。 6）照明系统　工作灯固定牢靠。 7）机床标牌　包括机床铭牌、厂家标记、操作铭牌等。

8. 卧式车床的试运转、验收和调整

车床经总装配后，必须进行试运转和验收。试运转验收包括静态检查、空运转试验、负荷试验和精度检验。

名称	操作要点及图解
车床静态检查	1）检查各传动件和操纵手柄，应运转灵活、操纵安全、准确可靠。用拉力器检查手柄的转动力，不应超过 80 N。有刻度的手柄，其反向空程量不可超过规定值。 2）检查各连接件，应连接可靠。 3）各滑动导轨在行程范围内移动时，应均匀平稳，无轻重感觉。 4）开合螺母机构应开合准确，无阻滞和过松的感觉。 5）安装保护装置应安全可靠。

名称	操作要点及图解
车床静态检查	6）润滑系统应畅通无阻，油液清洁，标记清楚。 7）电气设备在启动和停止时，应安全可靠。
空运转试验	1）机床空运转前对其进行清洗，加注润滑油，使机床处于安装水平位置。 2）机床主运动机构从最低转速起，依次升速运转，每级速度的运转时间不得少于5 min。在最高转速时，应运转足够的时间（不得少于0.5 h），使主轴轴承达到稳定温度和温升。主轴的滚动轴承温度不超过70 ℃，温升少于40 ℃；滑动轴承温度不超过60 ℃，温升少于30 ℃。 3）机床的进给机构做低、中、高进给量的空运转。 4）在所有转速下，机床的工作机构应正常，无明显冲击和振动，各操纵机构应平稳可靠，噪声不超过规定标准。 5）润滑系统正常、可靠、无泄漏现象。 6）电气装置、安全防护装置和保险装置正常、可靠。
机床的负荷试验	1）全负荷强度试验 ①试验目的是检验车床主传动系统能否承受设计所允许的最大转矩和功率。 ②试验方法是将尺寸为 ϕ100 mm×250 mm 的45钢试件，一端用卡盘夹紧，一端用顶尖顶住。用YT5硬质合金的45°标准外圆车刀，在主轴转速为50 r/min、背吃刀量为12 mm、进给量为0.6 mm/r的切削用量下，强力切削外圆。 ③要求在全负荷试验时，机床所有机构均正常工作，主轴转速不得比空运转时的转速降低5%以上。 ④试验时，允许将摩擦离合器适当调紧些，待切削结束后再调松至正常状态。 2）精车外圆试验 ①试验目的是检验机床在正常工作温度下，主轴轴心线与大溜板移动方向是否平行，主轴的旋转精度是否合格。 ②试验方法是在车床卡盘上夹持尺寸为 ϕ80 mm×300 mm 的45钢试件，不用尾座顶尖。采用高速钢60°车刀，在主轴转速为397 r/min、背吃刀量为0.15 mm，进给量为0.1 mm/r的切削用量下，精车外圆表面。精车后试件圆度为0.01 mm，圆柱度为0.04/300 mm，表面粗糙度值 *Ra* 不大于3.2 μm。 3）精车端面试验 ①试验目的是检查机床在正常工作温度下，刀架横向移动方向对主轴轴心线的垂直度误差和横向导轨的直线度误差。 ②试件为 ϕ250×50 mm 的铸铁试件，用卡盘夹持。采用YG8硬质合金45°车刀，在主轴转速为230 r/min、背吃刀量为0.2 mm、进给量为0.15 mm/r的切削用量下，精车端面。 ③要求试件的平面度误差不大于0.02 mm，而且只许中凹。

名称	操作要点及图解
机床负荷试验	4）切槽试验 ①试验目的是考核车床主轴系统和刀架系统的抗振性能。检验主轴部件的装配精度和主轴的旋转精度，以及滑板刀架系统刮研配合面的接触质量及配合间隙的调整是否合格。 ②试件为 ϕ80 mm×150 mm 的 45 钢试件，用卡盘夹持，采用前角为 8°～10°、后角为 5°～6°、宽度为 5 mm 的 YT15 硬质合金车刀，在主轴转速为 200～300 r/min、进给量为0.1～0.2 mm/r 的切削用量下，距卡盘端 75～100 mm 处车槽，不应有明显的振动和振痕。 5）精车螺纹试验 ①试验目的是检查在车床上车螺纹时的传动系统的准确性。 ②试件为 ϕ40 mm×500 mm 的 45 钢试件，两端用顶尖安装，采用高速钢 60°标准螺纹车刀，在主轴转速为 19 r/min、背吃刀量为 0.02 mm，进给量为 6 mm/r 的切削用量下车螺纹。螺距累积误差应小于 0.04/300 mm，表面粗糙度值 *Ra* 不大于 3.2 μm，无振动波纹。
机床几何精度检验	1）完成上述各项试验之后，在车床热平衡状态下，应根据机床几何精度和工作精度的验收标准，进行一次全面检验。 2）在精度检验过程中，不应对影响精度的机构或零件进行调整，否则应对检验过的有关项目重新复验，同时在复验前还要进行温升试验。 3）整机清理，喷漆。

六、CA6140 型车床几何精度与工作精度的检验

名称	操作要点及图解
车床总装配后，应进行空运转试验和负荷试验。在车床空运转试验后的热平衡状态下，应按 GB/T 4020—1997（可参见本套书《钳工工艺学（第六版）》附录）进行几何精度检验，并做好记录，合格后方可使用。序号 G1～G15 为卧式车床几何精度检验；序号 P1～P3 为卧式车床工作精度检验。	
检验序号 G1（床身导轨调平）	（1）检验导轨在竖直平面内的直线度　在床鞍上靠近前导轨处，沿纵向放一台水平仪，等距离（近似等于规定的局部误差的测量长度）移动床鞍检验，画出导轨误差曲线。 也可将水平仪直接放在床身上进行检验（见图 18－36 中的 *a*、*b*、*c*、*d* 位置）。 （2）检验导轨在垂直平面内的平行度（见图 18－36）　在床鞍上横向 *f* 放置一台水平仪，等距离移动床鞍检验（移动距离与检验竖直面内的直线度相同）。

名称	操作要点及图解
检验序号G1（床身导轨调平）	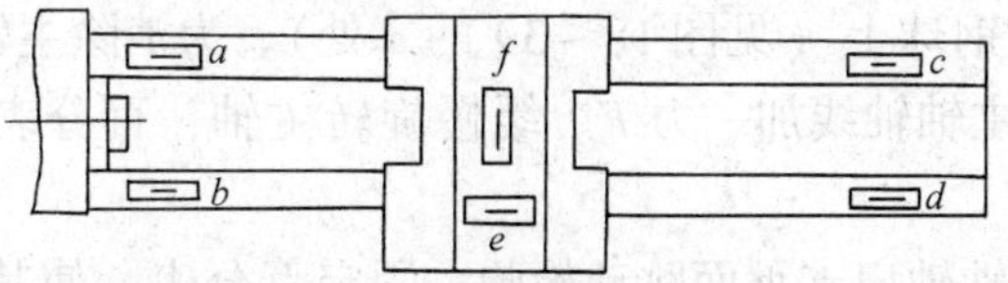 图 18－36　检验导轨在垂直平面内的直线度和平行度
检验序号G2（床鞍在水平面内移动的直线度）	（1）当床鞍行程小于或等于1 600 mm时，可利用检验棒和百分表检验（见图18－37a）。将百分表固定在床鞍上，使测头触及检验棒表面，调整尾座，使百分表在检验棒两端的读数相等。移动床鞍在全部行程上检验，百分表读数的最大差值即为直线度误差。 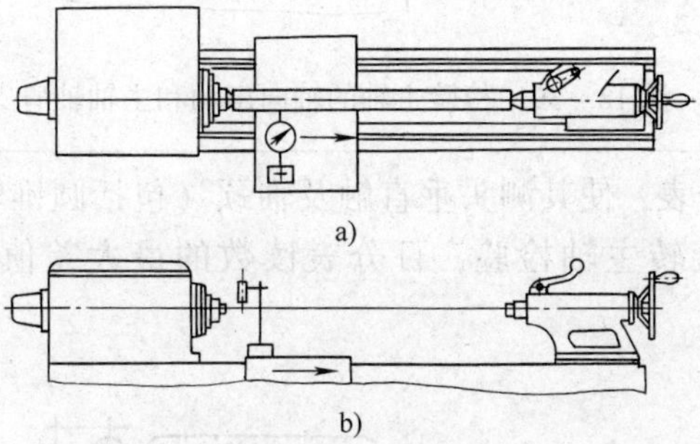 图 18－37　检验床鞍在水平面内移动的直线度 （2）当床鞍行程大于1 600 mm时，用直径约为0.1 mm的钢丝和读数显微镜检验（见图18－37b）。在机床中心高的位置上绷紧一根钢丝，显微镜固定在床鞍上，调整钢丝，使显微镜在钢丝两端的读数相等。等距离移动床鞍，在全部行程上检验，显微镜读数的最大差值即为该导轨直线度误差。
检验序号G3（尾座移动对床鞍移动的平行度）	将百分表固定在床鞍上，使其测头触及尾座体端面的顶尖套上（见图18－38）：*a*为在垂直平面内；*b*为在水平平面内。锁紧顶尖套，使尾座与床鞍一起移动，在床鞍全部行程上检验。百分表在任意500 mm行程上和全部行程上读数的最大差值就是局部长度和全长上平行度误差。*a*、*b*的误差应分别计算。 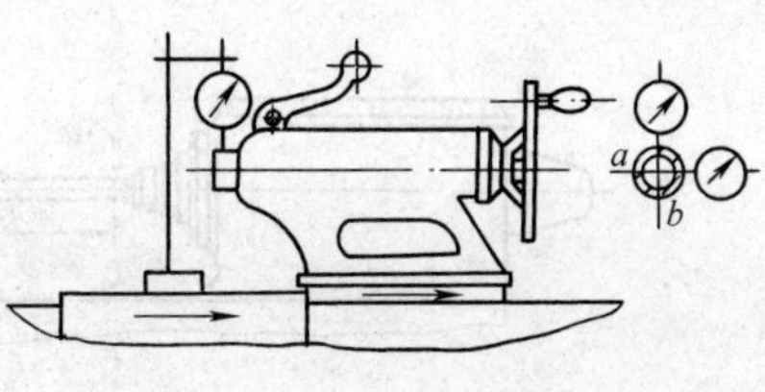 图 18－38　检验尾座移动对床鞍移动的平行度

名称	操作要点及图解
检验序号G4（主轴的轴向窜动和主轴轴肩支承面的圆跳动）	（1）主轴的轴向窜动检验　固定百分表，使百分表测头触及检验棒端部中心孔内的钢球上（见图18－39的a处）。为消除主轴游隙对测量的影响，在测量方向上沿主轴轴线加一力F。缓慢旋转主轴，百分表读数的最大差值就是轴向窜动误差。 （2）主轴轴肩支承面跳动检验　固定百分表，使其测头触及主轴轴肩支承面上（见图18－39的b处），沿主轴轴线加一力F。慢慢旋转主轴，将百分表放置在轴肩支承面不同直径处的一系列位置上检验，其中最大误差值就是包括轴向窜动误差值在内的轴肩支承面的跳动误差。 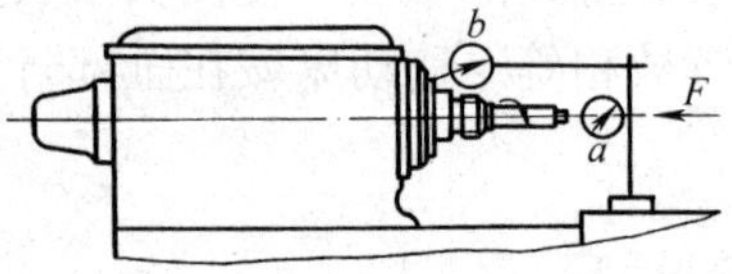 图18－39　检验主轴的轴向窜动和主轴轴肩支承面的圆跳动
检验序号G5（主轴定心轴颈的径向圆跳动）	固定百分表，使其测头垂直触及轴颈（包括圆锥轴颈）的表面，沿主轴轴线加一力F。旋转主轴检验，百分表读数的最大差值就是径向圆跳动误差（见图18－40）。 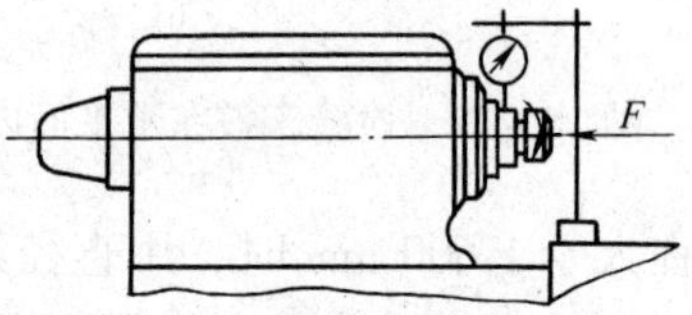 图18－40　检验主轴定心轴颈的径向圆跳动
检验序号G6（主轴锥孔轴线的径向圆跳动）	（1）将检验棒插入主轴锥孔内，固定百分表，使其测头触及检验棒的表面，a为靠近主轴端面，b为距主轴端面L处，旋转主轴检验。 （2）拔出检验棒，相对主轴旋转90°，重新插入主轴锥孔中，依次重复，共检验四次，四次测量结果的平均值就是径向圆跳动误差值。a、b的误差应分别计算（见图18－41）。 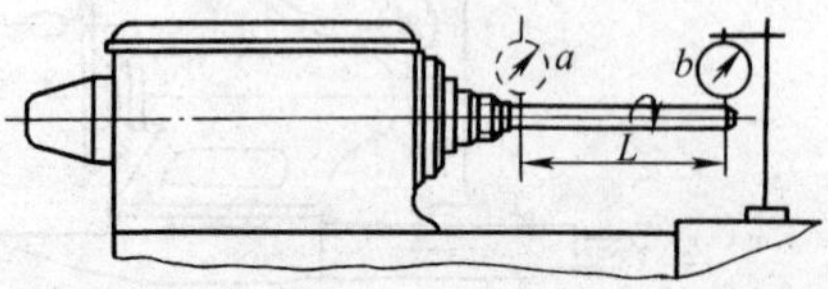 图18－41　检验主轴锥孔轴线的径向圆跳动

名称	操作要点及图解
检验序号G7（主轴轴线对床鞍移动的平行度）	（1）将百分表固定在床鞍上，使其测头触及检验棒表面：a 为在垂直平面内，b 为在水平面内。移动床鞍进行检验。 （2）将主轴旋转180°再重复检验一次，两次测量结果代数和的一半就是平行度误差，a、b 的误差应分别计算（见图18－42）。 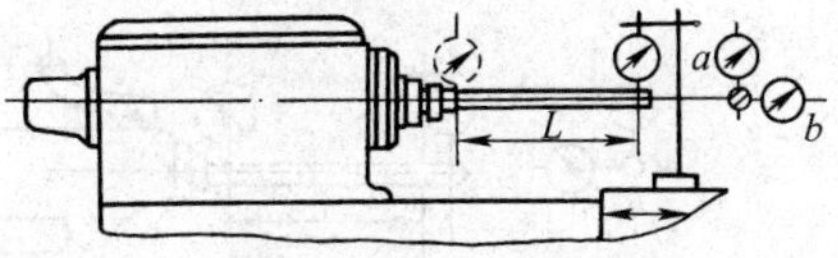 图18－42　检验主轴轴线对床鞍移动的平行度
检验序号G8（主轴顶尖的径向圆跳动）	将顶尖插入主轴锥孔内，固定百分表，使其测头垂直触及顶尖锥面，沿主轴轴线加一力 F。旋转主轴，百分表读数的最大差值乘以 $\cos\alpha$（α 为圆锥半角）后，就是顶尖径向圆跳动误差（见图18－43）。 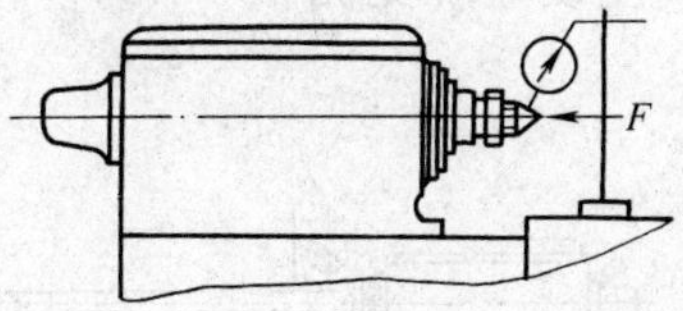 图18－43　检验主轴顶尖的径向圆跳动
检验序号G9（尾座套筒轴线对床鞍移动的平行度）	当被加工工件最大长度 D_c 小于或等于500 mm时，应将尾座紧固在导轨的末端；当 D_c 大于500 mm时，应紧固在 $D_c/2$ 处。尾座套筒伸出量约为最大伸出量的一半，并锁紧。 将百分表固定在床鞍上，使其测头触及尾座套筒表面，a 为在垂直平面内；b 为在水平平面内。移动床鞍检验，百分表读数的最大差值就是平行度误差。a、b 的误差应分别计算（见图18－44）。 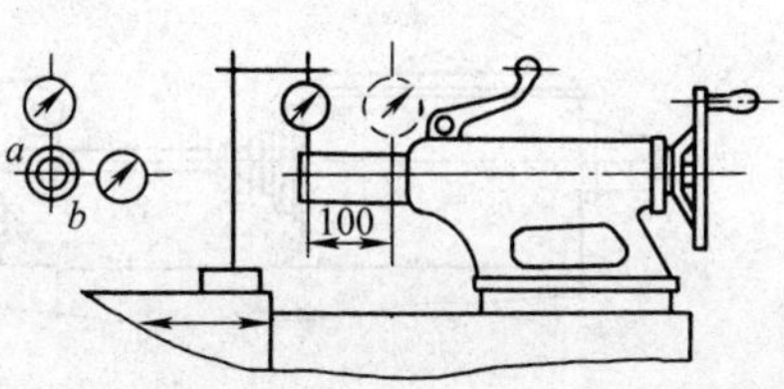 图18－44　检验尾座套筒轴线对床鞍移动的平行度

名称	操作要点及图解
检验序号G10（尾座套筒锥孔轴线对床鞍移动的平行度）	检验时尾座的位置同G9，尾座套筒退入尾座孔内，并锁紧。 在尾座套筒的锥孔内插入检验棒，百分表固定在床鞍上，使其测头触及检验棒表面：*a*为在垂直平面内；*b*为在水平平面内。移动床鞍检验，一次检验后，拔出检验棒，旋转180°重新插入尾座套筒的锥孔内，重复检查一次。两次测量结果的代数和之半就是平行度误差。*a*、*b*误差应分别计算（见图18－45）。 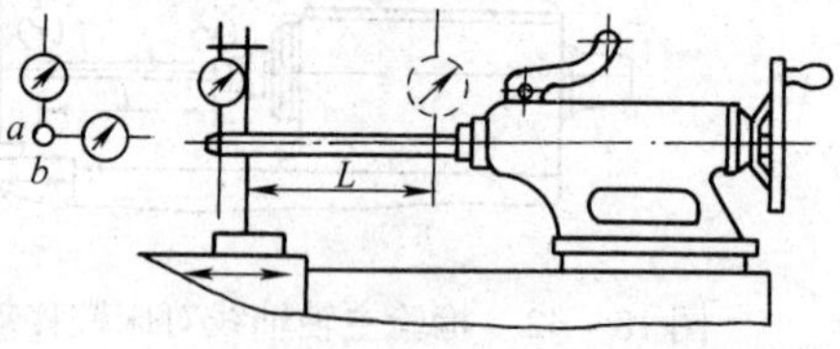 图18－45　检验尾座套筒锥孔轴线对床鞍移动的平行度
检验序号G11（主轴和尾座两顶尖的等高度）	在主轴与尾座两顶尖间装入检验棒，百分表固定在床鞍上，使其测头在竖直平面内触及检验棒，移动床鞍在检验棒两极限位置上检验。百分表在检验棒两端的读数差值就是等高度误差（见图18－46）。检验时尾座套筒应退回尾座体内，并锁紧。 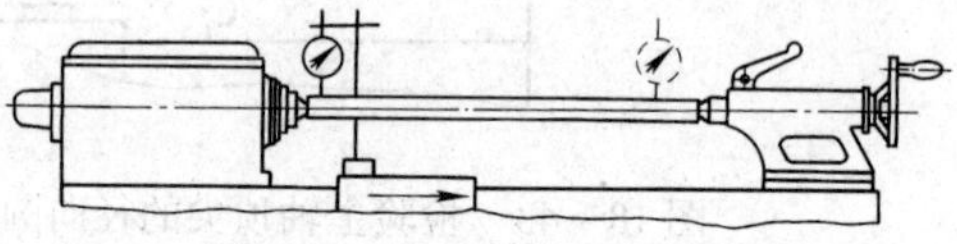 图18－46　检验主轴和尾座两顶尖的等高度
检验序号G12（小滑板纵向移动对主轴轴线的平行度）	将检验棒插入主轴锥孔内，百分表固定在小滑板上，使其测头在水平面内触及检验棒。调整小滑板，使百分表在检验棒两端的读数相等，再将百分表的测头在竖直平面内触及检验棒，移动小滑板检验。检验一次后将主轴旋转180°，再重复检验一次，两次检验结果代数和的一半就是平行度误差（见图18－47）。 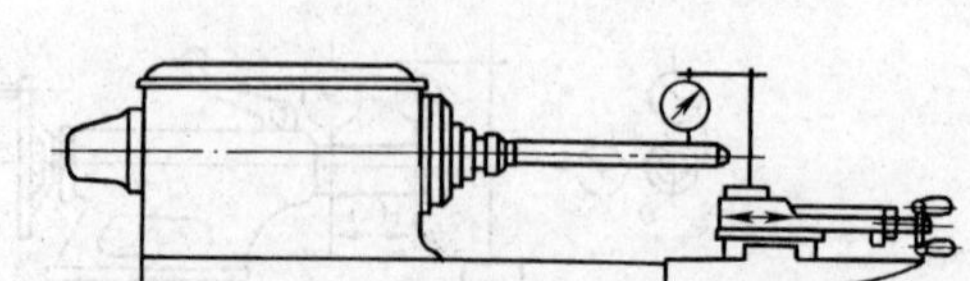 图18－47　检验小滑板纵向移动对主轴轴线的平行度

名称	操作要点及图解
检验序号G13（中滑板横向移动对主轴轴线的垂直度）	将平面圆盘固定在主轴上。百分表固定在中滑板上，使其测头触及圆盘平面，移动中滑板进行检验。检验一次后，将主轴旋转180°再重复检验一次，两次检验结果的代数和之半就是垂直度误差（见图18－48）。 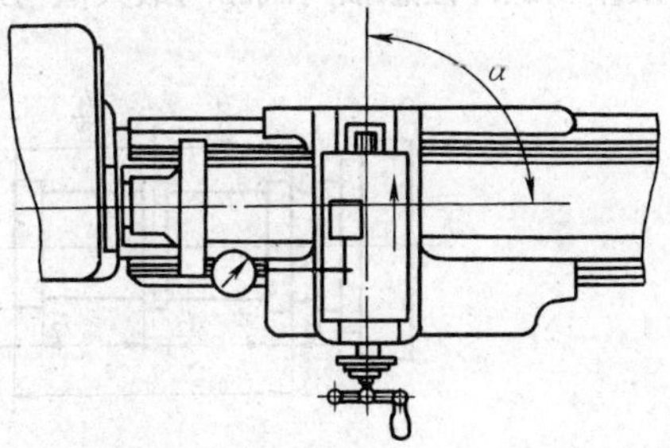 图18－48　检验中滑板横向移动对主轴轴线的垂直度
检验序号G14（丝杠的轴向窜动）	将百分表固定在床身上，使其测头触及丝杠中心孔内的钢球（钢球应用润滑脂粘牢）。在丝杠中段处闭合开合螺母，旋转丝杠检验。检验时，有托架的丝杠应在装有托架的状态下检验。百分表读数的最大差值就是丝杠的轴向窜动误差（见图18－49）。 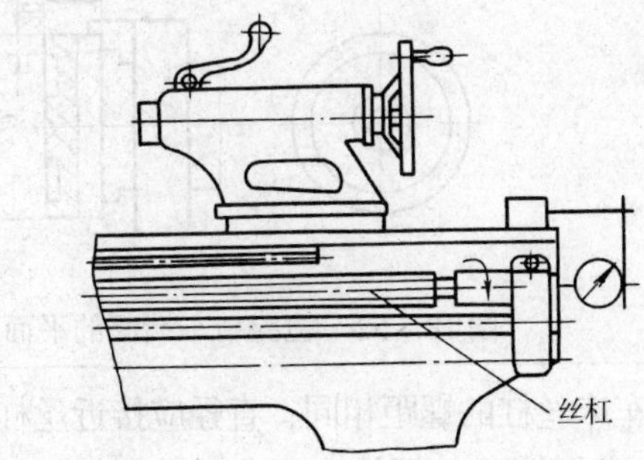 图18－49　检验丝杠的轴向窜动
检验序号G15（由丝杠所产生的螺距累积误差）	将不小于300 mm长的标准丝杠装到主轴与尾座的两顶尖间。电感器固定在刀架上，使其测头触及螺纹侧面，移动床鞍进行检验。电感器在任意300 mm和任意60 mm测量长度内的读数差，就是丝杠所产生的螺距累积误差。也可用螺纹规代替标准丝杠检验（见图18－50）。  图18－50　检验由丝杠所产生的螺距累积误差

<table>
<tr><th>名称</th><th>操作要点及图解</th></tr>
<tr><td>检验序号P1（车削夹在卡盘中的圆柱试件）</td><td>在圆柱试件上车削三段直径，当 $l_1 < 50$ mm 时可车削两段直径。精车后在三段直径上检验圆度和圆柱度。
（1）圆度误差以试件同一横截面内最大与最小值之差计算。
（2）圆柱度误差以试件任意轴向截面内最大值与最小值之差计算（见图 18－51）。
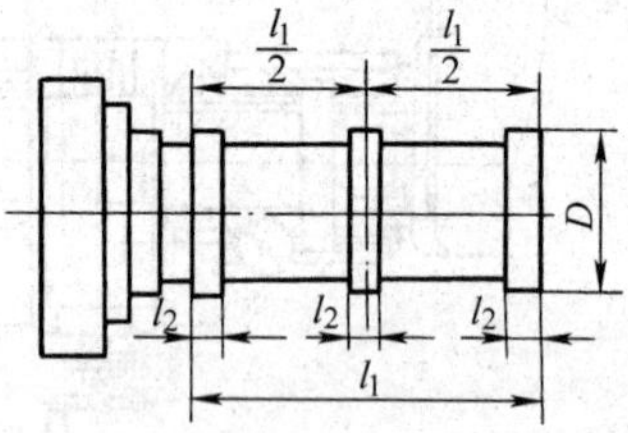

图 18－51　检验精车外圆的精度</td></tr>
<tr><td>检验序号P2（车削夹在卡盘中的圆柱试件）</td><td>（1）精车垂直于主轴的端面（可车两个或三个 20 mm 宽的平面，其中之一为中心平面）。
（2）将百分表固定在中滑板上，使其测头触及端面的后部半径上，移动中滑板检验。百分表读数的最大差值的一半就是平面度误差（见图 18－52）。
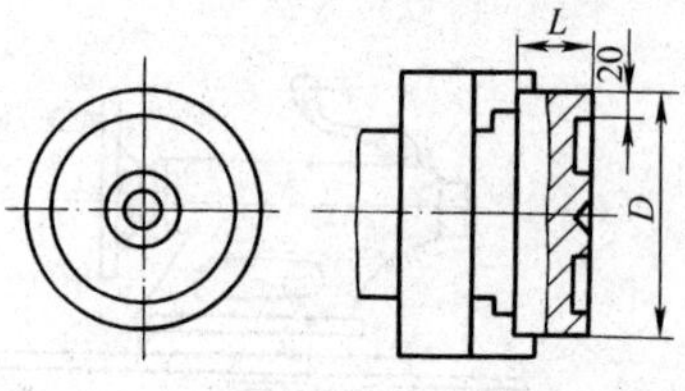

图 18－52　检验精车端面的平面度</td></tr>
<tr><td>检验序号P3（圆柱试件的螺纹加工）</td><td>试件螺距应与车床丝杠的螺距相同，直径应接近丝杠的直径。精车后在300 mm 和任意 50 mm 长度内进行检验，螺纹表面应洁净，无凹陷与波纹（见图18－53）。
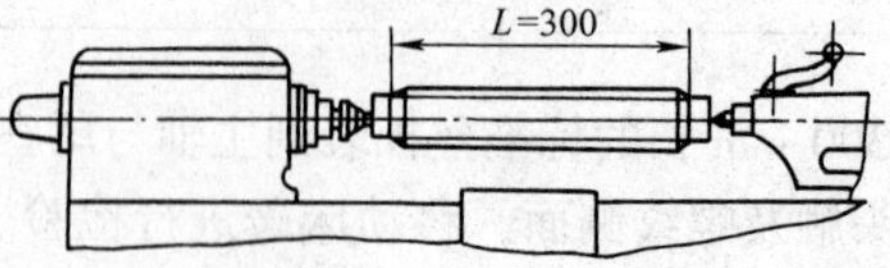

图 18－53　检验精车 300 mm 长螺纹的螺距误差</td></tr>
<tr><td>注意事项</td><td>卧式车床几何精度检验共 15 项，为提高测量精度、减少测量误差，检验时应注意以下几点：
（1）测量时，被测件和量仪等的安装面和测量面都应擦干净。
（2）测量时，被测件和量仪应安置稳定，接触良好，并注意周围振动对测量稳定性的影响。</td></tr>
</table>

注意事项	（3）用水平仪测量时，由于测量时间较长，应特别注意避免环境温度的变化使水准管气泡变形而对测量准确性的影响。 （4）用水平仪移动测量时，必须遵守水平仪单向移动测量的原则。 （5）对水平仪读数时，必须确认水准仪气泡已处于稳定静止的位置。 （6）当被测要素的实际位置不能直接测量而必须通过过渡工具间接测量时（如 G6、G7、G13 等），为消除过渡工具的替代误差对测量的影响，一般应采用正、反两次测量法（或半周期法），并取测量的平均值。

七、车床常见故障及其排除方法

车床发生故障的种类很多，大致可归纳为：车床本身制造精度差，零件磨损或损坏，机构配合松动和受到意外冲击等。各种故障、产生原因及其排除方法如下：

故障名称	产生原因	排除方法
车削圆柱形工件产生锥度	（1）主轴中心线对床鞍导轨平行度超差 （2）原调整的床身导轨水平精度有变化 （3）由于主轴箱温升过高引起热变形	（1）校正主轴中心线与床鞍导轨的平行度 （2）调整垫铁，重新校正床身导轨的水平精度 （3）减低主轴箱温升或调换切削液
车削圆柱形工件时产生椭圆及棱圆	（1）主轴轴承间隙过大 （2）主轴轴颈的圆度误差过大	（1）调整主轴轴承的间隙 （2）修磨主轴轴颈
精车外圆时在圆周表面上出现有规律的波纹	（1）主轴上的传动齿轮齿形不良，齿部损坏或啮合不良 （2）电动机旋转不平衡而引起机床振动 （3）带轮等旋转零件振动过大 （4）主轴间隙过大或过小	（1）出现这种波纹时，如果波纹的条纹与主轴上传动齿轮齿数相同，就可确定是主轴上传动齿轮所引起的，这时必须研磨或更换主轴齿轮 （2）校正电动机转子的平衡，清除其振动 （3）校正带轮等旋转零件的平衡 （4）调整主轴间隙
精车外圆时表面轴向出现有规律的波纹	（1）溜板箱的纵向进给小齿轮与齿条啮合不良 （2）光杠弯曲或光杠、丝杠的三孔不同轴，以及与车床导轨不平行	（1）如波纹之间距离与齿条的齿距相同，即可认为这种波纹是由齿轮与齿条引起的，这时应调整齿轮与齿条的间隙，或更换齿轮、齿条 （2）如波纹出现的规律与光杠回转一周有关，可确定是光杠弯曲引起的，这时必须将光杠拆下校直，装配时应保证三孔在同一轴线上，使滑板移动时不能有轻重不匀的现象

续表

故障名称	产 生 原 因	排 除 方 法
精车外圆时表面轴向出现有规律的波纹	（3）溜板箱内某一传动齿轮损坏或由于节径振摆而引起啮合不良 （4）主轴箱、进给箱中的轴弯曲或齿轮损坏 （5）床鞍在纵向移动时受切削力的作用而使床鞍顺导轨斜面抬起	（3）检查与校正溜板箱内传动齿轮，对已损坏的齿轮必须更换 （4）校直传动轴，用手转动各轴，在空转时应无轻重不匀的现象，更换已损坏的齿轮 （5）检查床鞍、压板与床身导轨的配合间隙
车外圆时表面上有混乱的波纹	（1）主轴滚动轴承磨损，间隙过大 （2）主轴轴向窜动过大 （3）各滑板滑动表面间隙过大	（1）调整或更换主轴滚动轴承 （2）调整主轴推力球轴承的间隙 （3）调整间隙，使各滑板移动平稳轻便
精车后工件端面中凸或中凹	（1）纵向滑板移动对主轴中心线的平行度超差 （2）中滑板导轨与主轴中心线的垂直度超差	（1）校正主轴中心线位置 （2）修刮中滑板导轨
精车工件端面后，振摆超差	主轴的轴向窜动过大	调整主轴推力轴承的间隙
车削螺纹时螺距不均匀及乱牙（指小螺距的螺纹）	（1）丝杠的轴向窜动过大 （2）主轴的轴向游隙太大 （3）溜板箱的开合螺母与丝杠不同轴而造成啮合不良或间隙过大，或因其燕尾闭合时不稳定 （4）由主轴经过交换齿轮而来的传动链间隙过大	（1）调整丝杠连接轴的轴向间隙 （2）调整主轴的轴向游隙 （3）修整开合螺母，并调整开合螺母间隙 （4）调整交换齿轮间隙
重切削时主轴转速减低或自动停机	摩擦离合器调整过松	调整摩擦离合器
停机后主轴有自转现象	（1）摩擦离合器调整得太紧，不能脱开 （2）制动器没有调整好	（1）调松摩擦离合器 （2）调整制动器

八、车床的一级和二级维护保养知识

设备的定期维护保养分为两级，即设备的一级保养和设备的二级保养。一级保养以操作工人为主，维修工人配合，设备每运行500小时，进行一次一级保养。二级保养以维修工人为主，操作工人配合，设备每运行2 500小时，进行一次二级保养。

普通车床一级保养内容及要求

序号	保养部位	保养内容及要求
1	整机及外观	1. 清洗机床外表、各罩盖，达到内外清洁，无黄袍、无锈蚀、无死角 2. 擦拭长丝杠、光杠、操纵杠等外露精密表面，去除毛刺 3. 检查外部螺钉、螺母、手柄（球）、油杯等是否完好
2	传动	1. 检查主轴螺母及防松螺钉有无松动，各轴间隙调整适当 2. 调整摩擦片及制动器 3. 检查清洗导轨面，修光毛刺，清洗、调整楔铁，保持导轨毡垫整洁且接触良好 4. 检查皮带，必要时调整松紧
3	刀架溜板	1. 拆洗大、小溜板丝杠螺母及压板 2. 调整楔铁及丝杠螺母，横向丝杠刻度盘空转量允许1/20
4	挂轮箱	1. 拆洗齿轮、轴套，做到各部位清洁，并注入新油脂 2. 调整齿轮间隙至0.25～0.4 mm 3. 轴套应无晃动现象
5	尾座	1. 擦拭尾座，达到内外清洁，无毛刺 2. 清洗丝杠与套筒，并检查套筒外表及锥孔有无伤痕 3. 调整顶尖同心度
6	润滑	1. 油质油量符合要求 2. 油路畅通，油窗清晰 3. 润滑装置齐全、清洁好用 4. 清洗滤油器、油线、油毡
7	冷却	1. 清洗过滤网 2. 冷却液池无沉淀、无杂物 3. 管道畅通、整齐、固定牢靠
8	附件	清洁、整齐且防锈
9	电气	1. 擦拭电动机及电气箱，达到内外清洁 2. 电气装置固定整齐，动作可靠，触点良好。检查限位装置与接地是否安全可靠

普通车床二级保养内容及要求

序号	保养部位	保养内容及要求
1	变速箱	1. 完成二级保养的各项内容 2. 符合二级保养的规定

续表

序号	保养部位	保养内容及要求
1	变速箱	3. 清洗换油 4. 检查、调整各传动零部件，修复或更换磨损件 5. 检查摩擦片，若磨损过多应更换，检查各齿轮轴，有无轴向窜动，弹簧挡圈有无裂纹，轴承响声是否正常，损坏的应更换 6. 调整主轴轴承间隙，使它符合精度要求 7. 检查、调整各操纵手柄定位是否准确可靠
2	挂轮、拖板、三杠与导轨	1. 分解挂轮，清洗齿轮、轴、轴套至清洁，且无毛刺 2. 调整丝杠、螺母及楔铁间隙至适宜 3. 分解、清洗中拖板及小刀架，调整楔铁 4. 操纵手柄放置空位，各移动部件放置在合理位置 5. 检查导轨面，要求无油污，无毛刺，无伤痕，间隙合理
3	尾座	1. 分解、清洗套筒、丝杠及螺母至清洁 2. 检查尾座，去除毛刺，整修伤痕，修复锥孔
4	润滑与冷却装置	1. 检查、清洗滤油器、分油器及加油点，要求清洁无污，油路畅通，无泄漏 2. 检查油量，使其不缺油 3. 按润滑图表规定加注润滑油，至润滑良好 4. 检查、调整油压至符合要求 5. 清洗冷却系统、冷却箱，必要时更换冷却液，使之清洁且无泄漏
5	整机及外观	1. 清洗防尘毛毡至清洁，清除导轨毛刺至表面光滑 2. 清理机床周围环境，全面擦洗机床表面及脏污死角
6	附件	清洁、整齐且防锈
7	电气	1. 清扫、检查 2. 电气装置固定整齐，动作可靠 3. 检修电气及电气控制系统各接触点及线路，使之安全可靠。拆检电动机，达到内外整洁，安全可靠

九、思考与练习

1. 试述双向多片式摩擦离合器摩擦片的间隙调整方法。
2. 试述 CA6140 型卧式车床主轴前后轴承的间隙调整方法。
3. 试述 CA6140 型卧式车床的总装配顺序。
4. 卧式车床的几何精度与工作精度的检验项目分别有哪些？
5. 车床发生故障的种类大致有哪些？

课题十九

综合技能训练（四）

一、齿轮减速器箱体划线	
技能训练名称	齿轮减速器箱体划线（立体划线）
操作技能要求	划线工具在划线平台上的正确安放；找正工件；能合理确定中等复杂程度工件的找正基准和尺寸基准，并进行立体划线。
工具、量具、刃具及材料	工具、量具、刃具：划线平台、千斤顶、划线盘、划针、样冲、V 形架、楔铁、小锤子、钢直尺、角尺、直尺、塞块。 材料：齿轮减速箱箱盖、箱座。
技能训练图	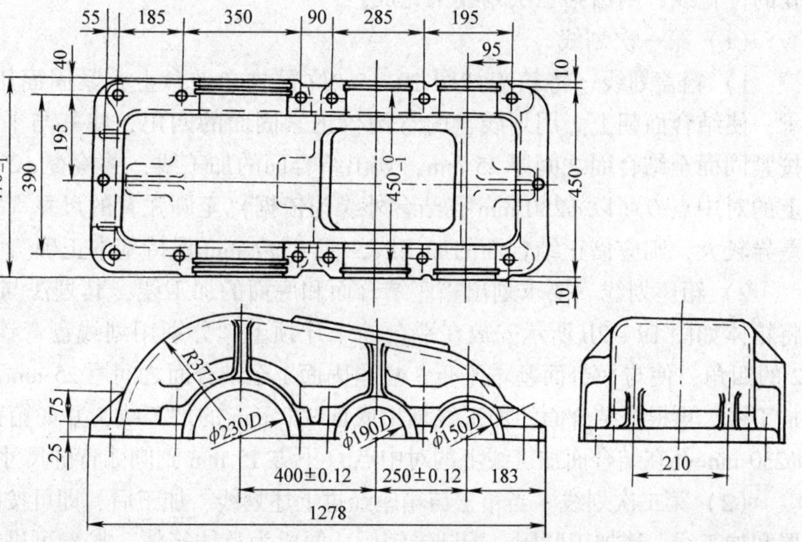 a)箱盖

技能训练图	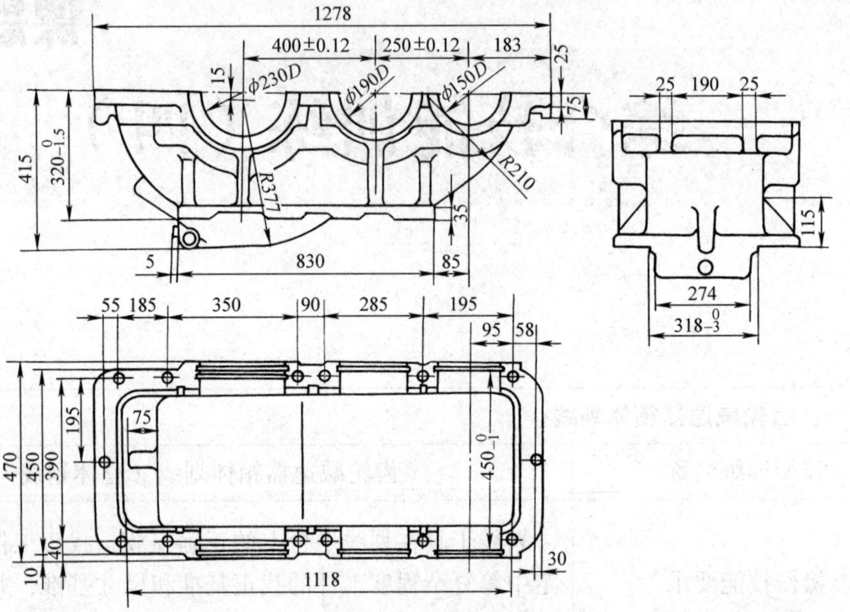 b) 箱座 图 19－1　齿轮减速器箱体划线
名称	**操作要点及图解**
步骤	图 19－1 所示为齿轮减速箱箱体，从图中可以看出，它是由箱盖和箱座组合成的一个整体，所以第一次划线分别划出两个单件结合面的加工线；待加工后用螺钉紧固为一个整体，再进行第二次划线，划出 470 mm 两侧的校正和加工线；至于各孔的位置线，则由第三次划线来完成。 （1）第一次划线 1）箱盖划线　将箱盖如图 19－2a 位置放在平台上，紧固面用三个千斤顶支承，使结合面朝上。用划线盘的弯钩校正紧固面的四角，使其与平台面基本平行，按紧固面至结合面之间厚 25 mm，划出结合面的加工线，并检查 ϕ230 mm 孔在该线上的对中点 O（以 ϕ230 mm 孔凸台外缘为依据）至圆弧背的尺寸（377 mm），如果差异较大，则应借正结合面的加工线，使 R377 mm 保持基本正确。 2）箱座划线　要求划出箱座结合面和底面的加工线，其划法与箱盖大致相同。将箱体如图 19－2b 所示安放在平台的千斤顶上，分别用划线盘弯钩校正紧固面 1、2 的四角，使与平台面基本平行，按紧固面 1 至结合面之间厚 25 mm，划出结合面的加工线，再根据结合面的加工线划出底面 320 mm 的加工线，并如箱盖划线一样检查 ϕ230 mm 孔在结合面加工线上的对中点 O 下方 15 mm 到圆弧背的尺寸 R377 mm。 （2）第二次划线　当箱盖与箱座经过上述划线、加工后，即可按图划出螺孔的位置和加工线，待加工紧固、配圆锥销后，便成为整体箱体。接着可进行第二次划线。 将箱体如图 19－2c 安放在平台上，用角尺校正底面使其与平台垂直，以决定图示前后位置；用划线盘校平 450 mm 毛坯平面使其与平台面基本平行，以决定图

<table>
<tr><th>名称</th><th>操作要点及图解</th></tr>
<tr><td>步骤</td><td>

示左右位置。依据三孔两端凸台高低和中间凸筋，划出校正线Ⅰ—Ⅰ。然后上移 $470/2=235$ mm 划出上端加工线，再由上端加工线下移 470 mm 划出下端加工线，即可加工 $470_{-1}^{\ 0}$ mm 部位。

（3）第三次划线

1）在各毛坯孔中装填塞块，用钢尺测量各孔毛坯凸缘位置（尺寸参阅图 19－1），如基本符合要求，又都有加工余量，即可将箱体如图 19－2d 所示竖立在平台上，两边用千斤顶（或楔铁）支承，仔细调整千斤顶（或斜面），用角尺分别校正底面和三孔的两端面使与平台面垂直，依据 $\phi230$ mm 孔凸台外缘的上下方向，划出 $\phi230$ mm 孔的第一位置线Ⅱ—Ⅱ，接着距此线 400 mm 划出 $\phi190$ mm 孔的第一位置线Ⅲ—Ⅲ，随后再距此线 250 mm 划出 $\phi150$ mm 孔的第一位置线Ⅳ—Ⅳ。

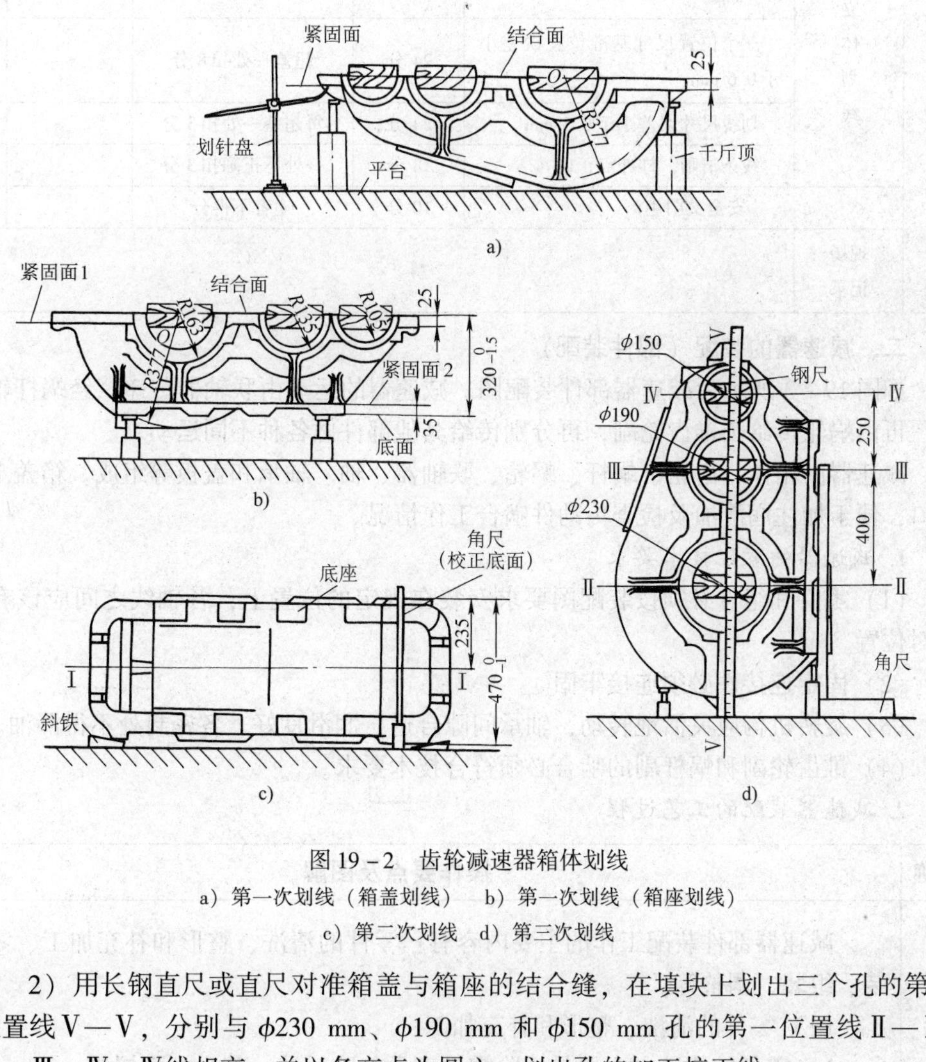

图 19－2　齿轮减速器箱体划线

a）第一次划线（箱盖划线）　b）第一次划线（箱座划线）

c）第二次划线　d）第三次划线

2）用长钢直尺或直尺对准箱盖与箱座的结合缝，在填块上划出三个孔的第二位置线Ⅴ—Ⅴ，分别与 $\phi230$ mm、$\phi190$ mm 和 $\phi150$ mm 孔的第一位置线Ⅱ—Ⅱ、Ⅲ—Ⅲ、Ⅳ—Ⅳ线相交，并以各交点为圆心，划出孔的加工校正线。

</td></tr>
</table>

名称	操作要点及图解
步骤	(4) 当上述划线操作结束后，对照图样检查划线情况，确定无误后，即可在各加工线和位置线上冲样冲眼。
注意事项	(1) 调整千斤顶高低时，不可用手直接调节，以免工件掉下砸伤手。 (2) 用划线盘划线时，要紧贴平台平面移动，所划线条要准确。 (3) 工件安放要稳固，以防止工件倾斜。

成绩评定

工件号		座号	姓名		总得分	
项目	质量检测内容		配分	评分标准	实测结果	得分
立体划线	三个位置垂直度找正误差小于 0.4 mm		24 分	超差一处扣 8 分		
	三个位置尺寸基准位置误差小于 0.6 mm		24 分	超差一处扣 8 分		
	划线尺寸误差小于 0.3 mm		24 分	每超差一处扣 3 分		
	线条清晰、样冲点正确		18 分	一处不正确扣 3 分		
安全文明生产			10 分	违者不得分		
现场记录						

二、减速器的装配（部件装配）

如图 19－3 所示为减速器部件装配图。减速器的运动由联轴器传递，经蜗杆轴传给蜗轮，再由蜗轮传给圆锥齿轮副，再分别传给其他部件做各种不同运动。

减速器由箱体、齿轮、蜗杆、蜗轮、联轴器、轴、轴承和盖板等组成。箱盖上设有观察口，便于加注润滑油及检查传动件啮合工作情况。

1. 减速器的装配技术要求

(1) 零件和组件必须按装配图要求安装在规定的位置上，各轴线之间应该有正确的相对位置。

(2) 固定连接件必须连接牢固。

(3) 旋转机构应灵活地转动，轴承间隙合适，润滑良好，各密封处不得漏油。

(4) 锥齿轮副和蜗杆副的啮合必须符合技术要求。

2. 减速器装配的工艺过程

名称	操作要点及图解
装配工艺过程	减速器部件装配工作的主要内容有：零件的清洗、整形和补充加工、零件的预装、组装、调整等。 (1) 零件的清洗、整形和补充加工 1) 零件的清洗　主要是清除零件表面的防锈油、灰尘、切屑等。

名称	操作要点及图解
装配工艺过程	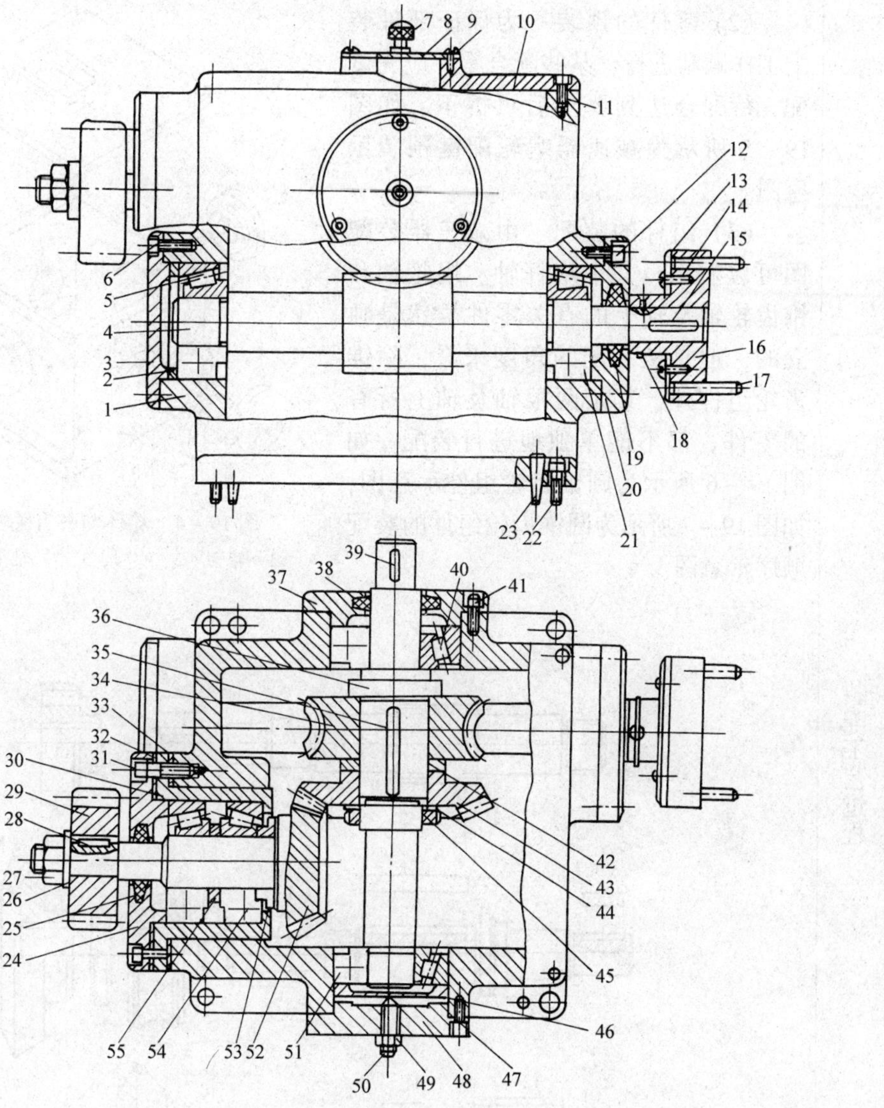 图 19－3　减速器装配图 1—箱体　2、32、33、42—调整垫圈　3、20、24、37、48—轴承盖　4—蜗杆轴　5、21、40、51、54—轴承　6、9、11、12、14、22、31、41、47、50—螺钉　7—手把　8—盖板　10—箱盖　13—环　15、28、35、39—键　16—联轴器　17、23—销　18—防松钢丝圈　19、25、38—毛毡　26—垫圈　27、45、49—螺母　29、43、52—齿轮　30—轴承套　34—蜗轮　36—蜗轮轴　44—止动垫圈　46—压盖　53—衬垫　55—隔圈 2）零件的整形　修整箱盖、轴承盖等铸铁件的非加工表面，使其外形与箱体衔接光滑；同时修整零件上的锐边、毛刺和搬运中因碰撞而产生的印痕；对箱体内部清理后，应涂上淡色底漆。 3）零件的补充加工　对轴承盖与箱体、箱盖与箱体等连接螺孔进行配钻和攻螺纹等（见图 19－4）。

<table>
<tr><th>名称</th><th>操作要点及图解</th></tr>
<tr><td>装配工艺过程</td><td>

（2）零件的预装　为保证部件装配工作顺利进行，某些配合零件应先试配，待配合达到要求后再拆下。如图 19－5 所示为减速器蜗轮配键预装示意图。

（3）组件的装配　由减速器装配图可以看出，其中蜗杆轴、蜗轮轴和锥齿轮轴及轴上的有关零件虽然是独立的，但是从装配的角度来看，除锥齿轮组件外，其余两根轴及轴上所有的零件，都不能单独地进行装配。如图 19－6 所示为圆锥齿轮组件示意图，如图 19－7 所示为圆锥齿轮组件的装配顺序示意图。

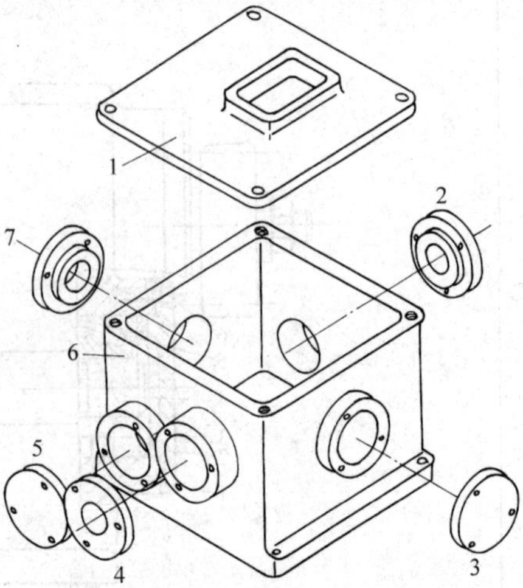

图 19－4　箱体与各有关零件的配钻

1—箱盖　2、3、4、5、7—轴承盖　6—箱体

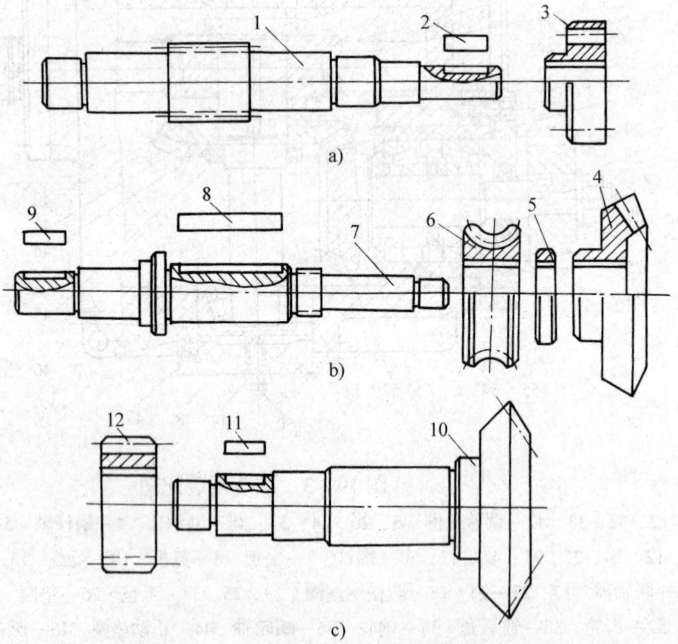

图 19－5　减速器零件配键、预装示意图

a）蜗杆轴装配平键，并与联轴器试配　b）轴装配平键，并与蜗轮、调整垫圈、圆锥齿轮试配

c）圆锥齿轮轴装配平键，并与齿轮试配

1—蜗杆轴　2、8、9、11—平键　3—联轴器　4—圆锥齿轮　5—调整垫圈

6—蜗轮　7—轴　10—圆锥齿轮轴　12—齿轮

</td></tr>
</table>

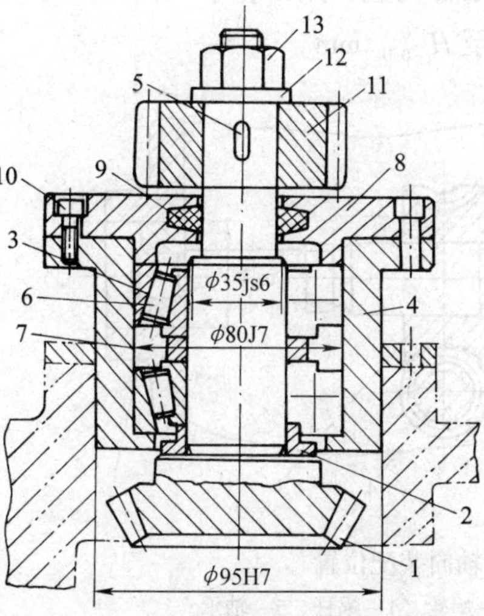

图 19－6　圆锥齿轮轴组件

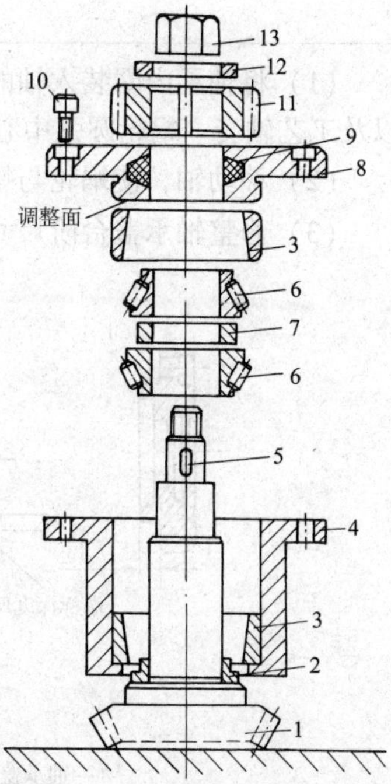

图 19－7　圆锥齿轮轴组件的装配顺序

1—圆锥齿轮轴　2—衬垫　3—轴承外圈　4—轴承套　5—键　6—滚动体

7—隔圈　8—轴承盖　9—毛毡　10—螺钉　11—齿轮　12—垫圈　13—螺母

3．减速器的装配与调整

减速器的装配是从箱体开始，采用先装蜗杆，后装蜗轮的装配顺序。

<table>
<tr><th>名称</th><th>操作要点及图解</th></tr>
<tr><td>蜗杆的装配</td><td>（1）将蜗杆连同两端轴承先装入箱体，再装入右端轴承盖组件，并用螺钉紧固。
（2）轻轻敲击蜗杆轴左端，使右端轴承消除间隙并紧贴轴承盖，再装入调整垫圈和左端轴承盖。
（3）测量间隙Δ，调整垫圈厚度，以保证蜗杆无轴向窜动，并用螺钉紧固（见图 19－8）。
（4）用百分表在轴的伸出端检查轴向窜动量。

图 19－8　调整蜗杆的轴向间隙</td></tr>
</table>

名称	操作要点及图解
蜗轮的装配	（1）将轴承内圈装入轴的大端，通过箱体孔，装上已试配好的蜗轮、轴承外圈以及工艺轴套。蜗轮圆弧中心与已装配好的蜗杆中心在同一平面内（见图 19－9）。 （2）移动轴，使蜗轮与蜗杆达到正确啮合位置，用游标卡尺测出尺寸 H。 （3）修整轴承盖台阶尺寸与垫圈厚度至 $H_{-0.02}^{\ 0}$ mm。 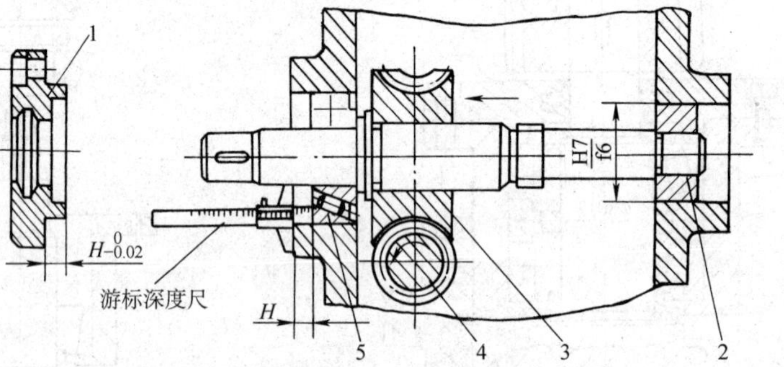 图 19－9　蜗轮轴向装配位置 1—轴承盖　2—工艺套　3—蜗轮　4—蜗杆　5—轴承
装锥齿轮组件	（1）将蜗轮轴上各有关零件装入，再装锥齿轮组件。 （2）调整两锥齿轮轴向位置，使两锥齿轮背锥面平齐，分别测出应放置调整垫圈处 H_1 和 H_2 的尺寸，并拆卸各零件，按 H_1 和 H_2 的尺寸分别修磨两垫圈（见图19－10）。 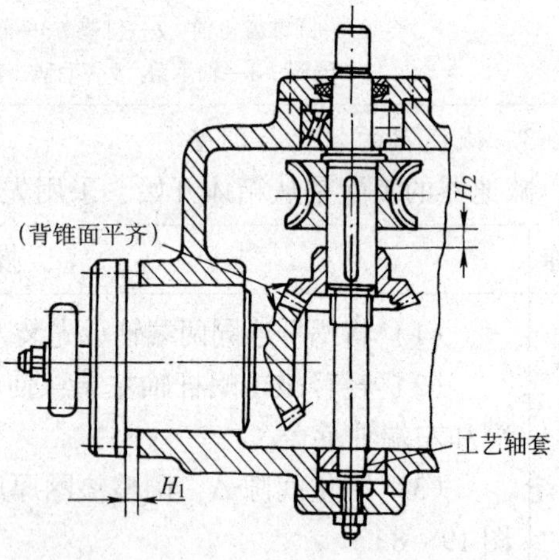 图 19－10　圆锥齿轮副装配位置
总装配	（1）从大轴承孔方向将蜗轮轴装入，同时依次将键、蜗轮、垫圈、圆锥齿轮、止动垫圈和圆螺母装在轴上，从箱体轴承孔的两端分别装入滚动轴承及轴承盖，用螺钉紧固，并调整好轴承间隙。装配后，用手转动蜗杆轴带动蜗轮旋转时，应灵活无阻滞现象。 （2）将锥齿轮组件与垫圈一起装入箱体，用螺钉紧固。复检锥齿轮啮合侧隙量，并作进一步调整直至运转灵活。 （3）安装联轴器及凸轮，用动力轴连接空运转，检验齿轮接触斑痕，并调整。 （4）清理减速器内腔，注入润滑油。安装箱盖组件，装上盖板，连接电动机。

名称	操作要点及图解
部件的空载试运转	（1）试运转时间不少于 30 min，观察运转情况。 （2）轴承的温度及温升值不得超过规定要求。 （3）齿轮和轴承无显著噪声。 （4）达到各项装配技术要求。

课题二十

综合技能训练（五）——初、中级技能考核训练

初级技能考核训练

一、楔角块

1. 备料图

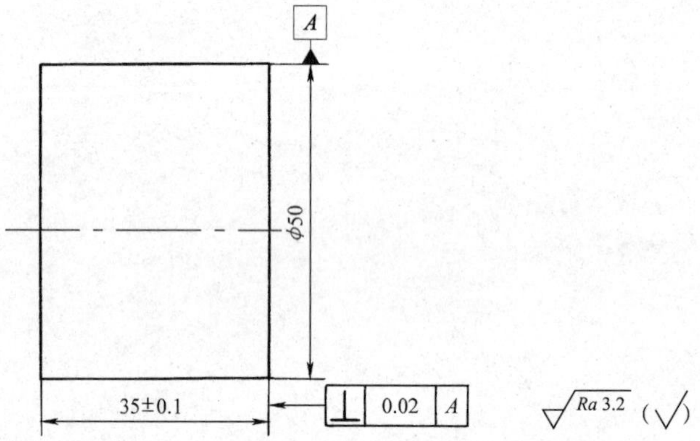

图 20－1　备料图

2. 工件图

考核件名称	材料	件数	额定工时/min
楔角块	Q235	1	240

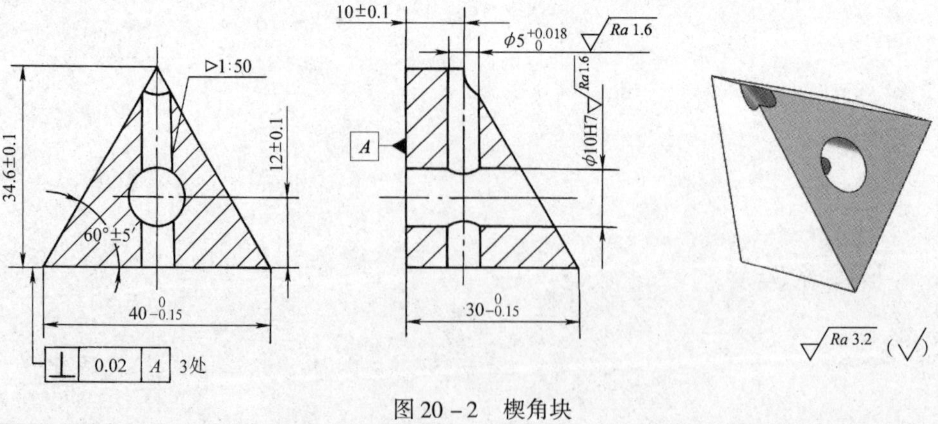

图 20－2　楔角块

3. 楔角块评分表

考件编号		座号		姓名		总得分	
考核内容	考核要求		配分	评分标准	实测结果	扣分	得分
锉削	$30_{-0.15}^{0}$ mm		6分	超差不得分			
	$40_{-0.15}^{0}$ mm		6分	超差不得分			
	(34.6 ±0.10) mm		8分	超差不得分			
	60° ±5′	(3处)	24分	每超差一处扣8分			
	$\perp$ 0.02 *A*		12分	每超差一处扣4分			
	表面粗糙度值 *Ra*3.2 μm		10分	每处升高一级扣2.5分			
铰孔	$\phi 5_{0}^{+0.018}$ mm		5分	超差不得分			
	ϕ10H7		5分	超差不得分			
	(10 ±0.10) mm		5分	超差不得分			
	(12 ±0.10) mm		5分	超差不得分			
	表面粗糙度值 *Ra*1.6 μm		4分	每处升高一级扣2分			
	安全文明生产		10分	违者不得分			

二、锉削直槽、曲槽

1. 备料图

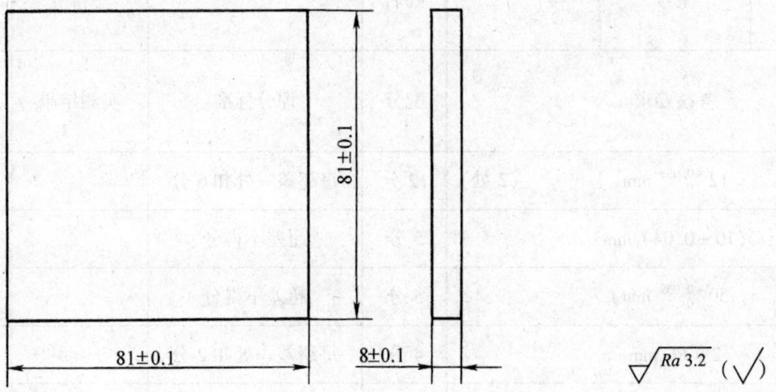

图20-3 备料图

2. 工件图

考核件名称	材料	件数	额定工时/min
锉削直槽、曲槽	45	1	300

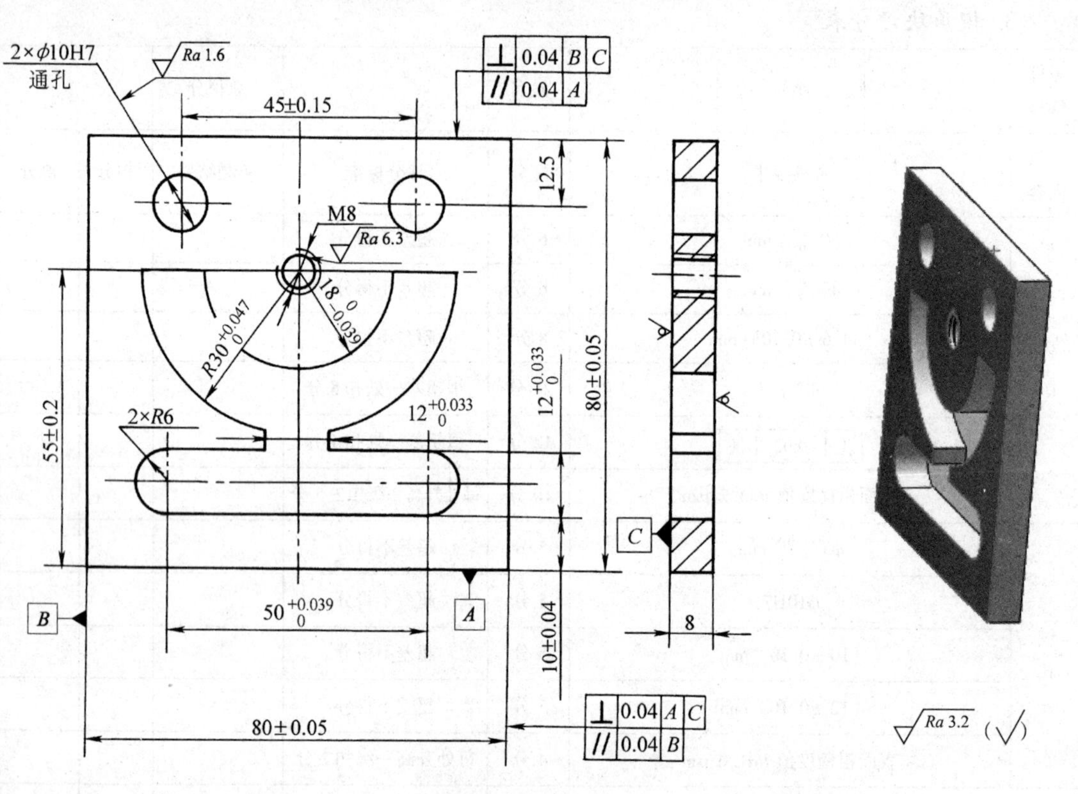

图 20－4　直槽、曲槽

3. 锉削直槽、曲槽评分表

考件编号	座号	姓名		总得分		
考核内容	考核要求	配分	评分标准	实测结果	扣分	得分
锉削	$12^{+0.033}_{0}$ mm　（2 处）	12 分	每超差一处扣 6 分			
	（10 ±0.04）mm	5 分	超差不得分			
	$50^{+0.039}_{0}$ mm	5 分	超差不得分			
	2 × R6 mm	4 分	每超差一处扣 2 分			
	$R18^{0}_{-0.039}$ mm	4 分	超差不得分			
	$R30^{+0.047}_{0}$ mm	4 分	超差不得分			
	（80 ±0.05）mm　（2 处）	8 分	每超差一处扣 4 分			
	∥ 0.04 A	3 分	超差不得分			
	∥ 0.04 B	3 分	超差不得分			

续表

考件编号		座号		姓名		总得分		

考核内容	考核要求	配分	评分标准	实测结果	扣分	得分
锉削	⊥ 0.04 *A* *C*	6分	每超差一处扣3分			
	⊥ 0.04 *B* *C*	6分	每超差一处扣3分			
	表面粗糙度值 *Ra*3.2 μm	10分	每处升高一级扣1分			
铰孔	2×ϕ10H7	4分	每超差一处扣2分			
	(45±0.15) mm	4分	超差不得分			
	表面粗糙度值 *Ra*1.6 μm	4分	每处升高一级扣2分			
攻螺纹	M8	2分	超差不得分			
	(55±0.20) mm	4分	超差不得分			
	表面粗糙度值 *Ra*6.3 μm	2分	升高一级不得分			
安全文明生产		10分	违者不得分			

三、锉配五方开口

1. 备料图

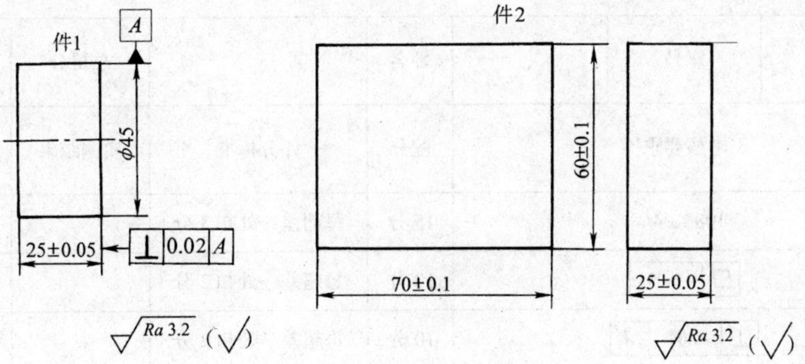

图20-5　备料图

2. 工件图

考核件名称	材料	件数	额定工时/min
锉配五方开口	HT200	2	360

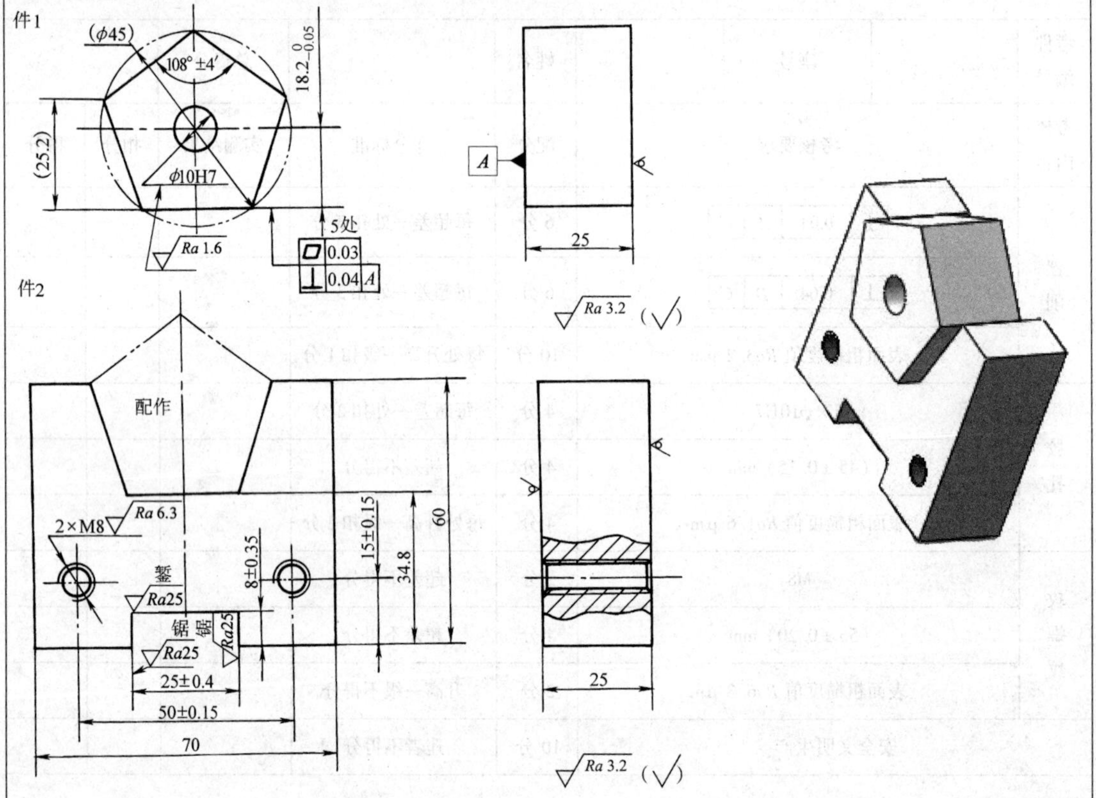

图 20－6　锉配五方开口

3. 锉配五方开口评分表

考件编号		座号		姓名		总得分	
考核内容	考核要求		配分	评分标准	实测结果	扣分	得分
锉配	108°±4′		15 分	每超差一处扣 3 分			
	▱ 0.03		10 分	每超差一处扣 2 分			
	⊥ 0.04 A		10 分	每超差一处扣 2 分			
	配合间隙≤0.10 mm		15 分	每超差一处扣 5 分			
	表面粗糙度值 *Ra*3.2 μm		5 分	每处升高一级扣 1 分			
铰孔	φ10H7		3 分	超差不得分			
	$18.2_{-0.05}^{\ 0}$ mm		10 分	每超差一处扣 2 分			
	表面粗糙度值 *Ra*1.6 μm		2 分	升高一级不得分			

续表							
考件编号		座号		姓名		总得分	
考核内容	考核要求		配分	评分标准	实测结果	扣分	得分
攻螺纹	2×M8		2分	每超差一处扣1分			
	(15±0.15) mm		3分	每超差一处扣1.5分			
	(50±0.15) mm		3分	超差不得分			
	表面粗糙度值 *Ra*6.3 μm		4分	每处升高一级扣2分			
锯、錾	(25±0.40) mm		2分	超差不得分			
	(8±0.35) mm		3分	超差不得分			
	表面粗糙度值 *Ra*25 μm		3分	每处升高一级扣1分			
安全文明生产			10分	违者不得分			

四、长方体转位对配件

1. 备料图

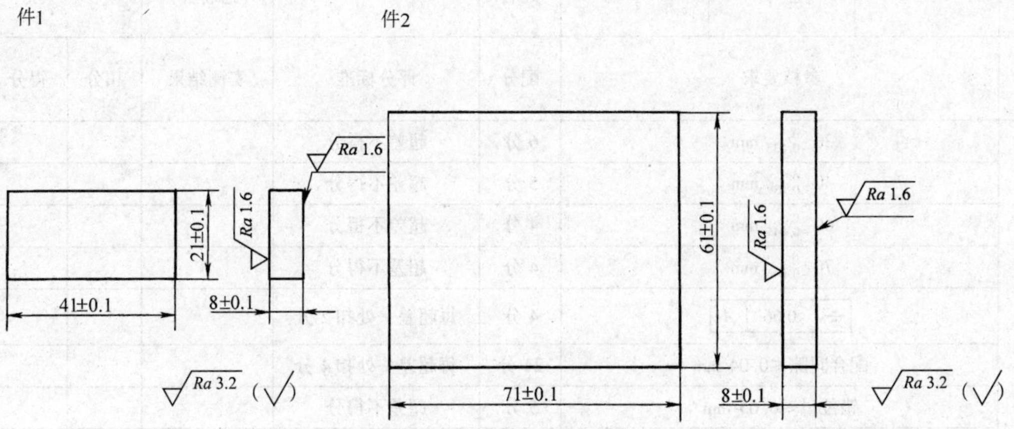

图 20－7　备料图

2. 工件图

考核件名称	材料	件数	额定工时/min
长方体转位对配件	45	2	240

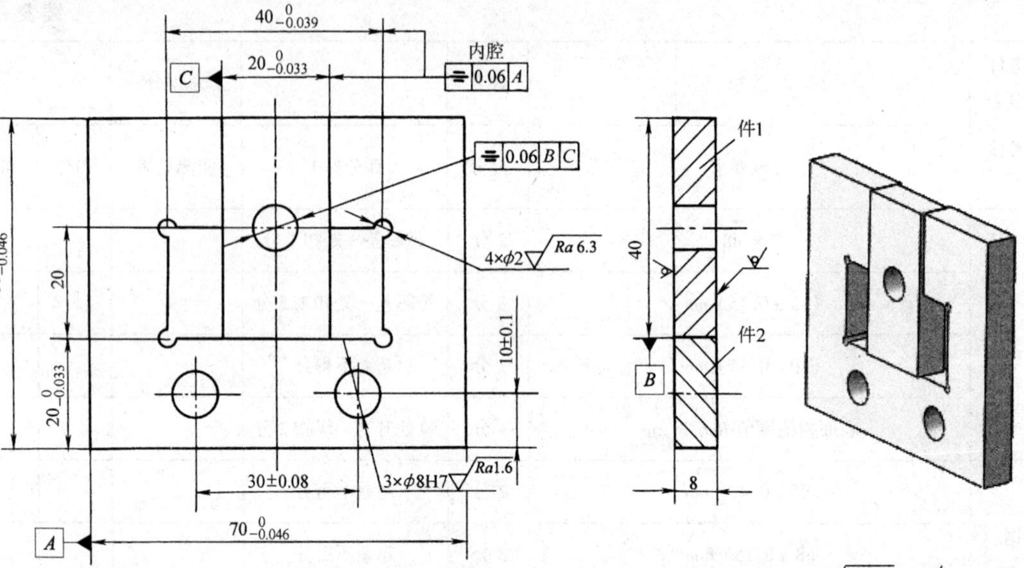

Ra 3.2 (√)

技术要求

1. 件 2 内腔按件1 配作，锐边倒角R0.3mm。
2. 配合（转向90°配合）间隙≤0.04mm。
3. 外形（翻转180°外形）错位量≤0.05mm。

图 20－8　长方体转位对配件

3. 长方体转位对配件评分表

考件编号		座号		姓名		总得分	

考核内容	考核要求	配分	评分标准	实测结果	扣分	得分
锉配	$20^{0}_{-0.033}$ mm	6 分	超差不得分			
	$40^{0}_{-0.039}$ mm	5 分	超差不得分			
	$60^{0}_{-0.046}$ mm	4 分	超差不得分			
	$70^{0}_{-0.046}$ mm	4 分	超差不得分			
	⌯ 0.06 A	4 分	每超差一处扣 2 分			
	配合间隙≤0. 04 mm	24 分	每超差一处扣 4 分			
	错位量≤0. 05 mm	5 分	超差不得分			
	表面粗糙度值 Ra3. 2 μm	10 分	每处升高一级扣 1 分			
铰孔	$3\times\phi8$H7	6 分	每超差一处扣 2 分			
	(10 ±0. 10) mm	4 分	每超差一处扣 2 分			
	(30 ±0. 08) mm	6 分	超差不得分			
	⌯ 0.06 B C	6 分	每超差一处扣 3 分			
	表面粗糙度值 Ra1. 6 μm	6 分	每处升高一级扣 2 分			
安全文明生产		10 分	违者不得分			

五、锉配凹凸件

1. 备料图

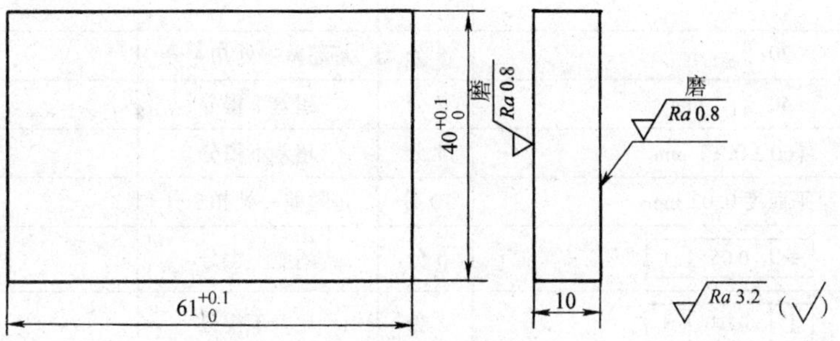

图 20－9　备料图

2. 工件图

考核件名称	材料	件数	额定工时/min
锉配凹凸件	45	2	300

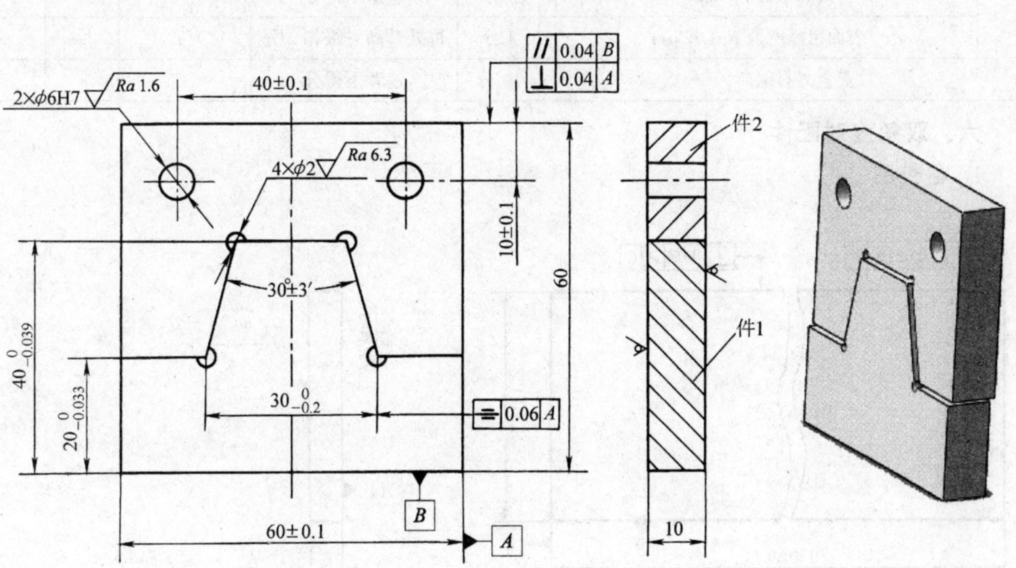

技术要求

1.各配合面平面度为0.02mm。

2.件1为基准，件2 配作，配合互换间隙≤0.06mm。

$\sqrt{Ra\ 3.2}$ (√)

图 20－10　锉配凹凸件

3. 锉配凹凸件评分表

考件编号		座号		姓名		总得分	
考核内容	**考核要求**		**配分**	**评分标准**	**实测结果**	**扣分**	**得分**
锉配	$20_{-0.033}^{\ 0}$ mm		8 分	每超差一处扣 4 分			
	$40_{-0.039}^{\ 0}$ mm		7 分	超差不得分			
	(60 ± 0.1) mm		4 分	超差不得分			
	平面度 0.02 mm		10 分	每超差一处扣 2 分			
	⌯ 0.06 A		5 分	超差不得分			
	⊥ 0.04 A		3 分	超差不得分			
	// 0.04 B		3 分	超差不得分			
	30° ± 3′		8 分	超差不得分			
	配合间隙 ≤ 0.06 mm		20 分	每超差一处扣 4 分			
	表面粗糙度值 *Ra*3.2 μm		6 分	每处升高一级扣 1 分			
铰孔	2 × ϕ6H7		4 分	每超差一处扣 2 分			
	(10 ± 0.1) mm		4 分	每超差一处扣 2 分			
	(40 ± 0.1) mm		4 分	超差不得分			
	表面粗糙度值 *Ra*1.6 μm		4 分	每处升高一级扣 2 分			
安全文明生产			10 分	违者不得分			

六、双角度对配件

1. 备料图

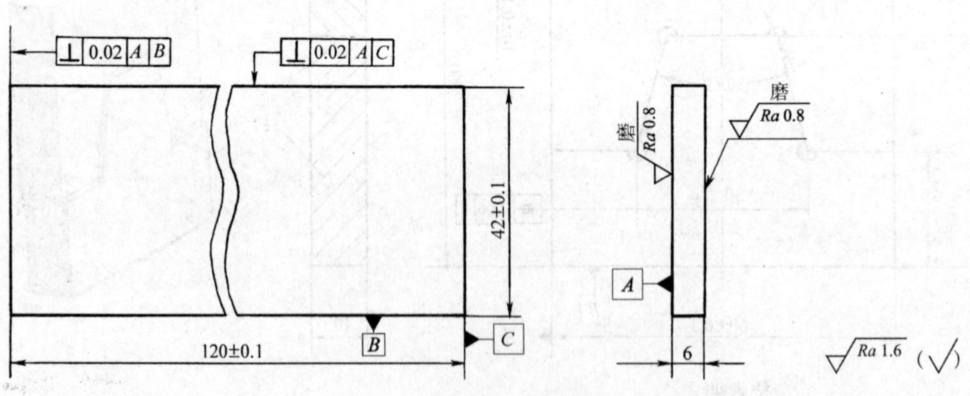

图 20－11 备料图

2. 工件图

考核件名称	材料	件数	额定工时/min
双角度对配件	45	1	240

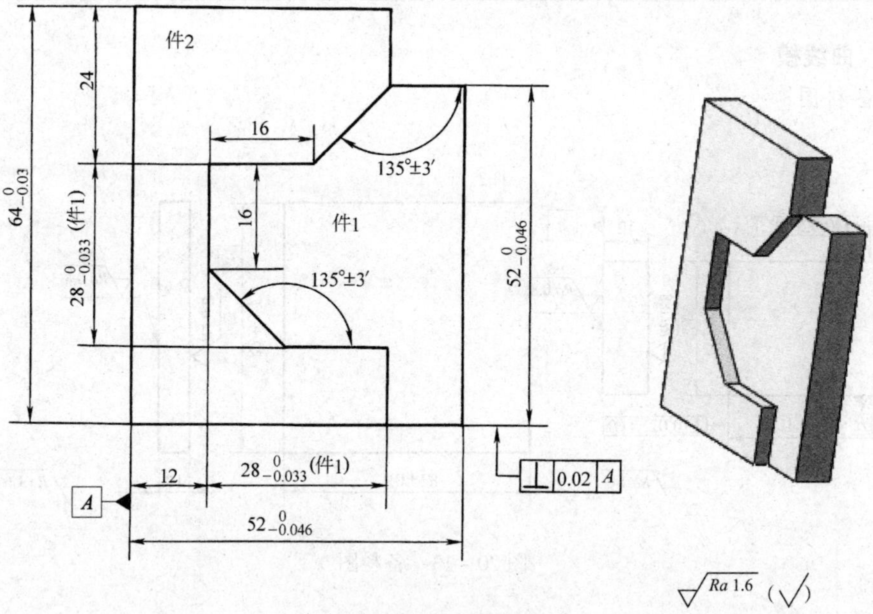

技术要求

结合面件2按件1配作，单边间隙≤0.04mm。

图 20－12　双角度对配件

3. 双角度对配件评分表

考件编号		座号	姓名		总得分		
考核内容	考核要求		配分	评分标准	实测结果	扣分	得分
锉配	$28_{-0.033}^{0}$ mm	（2 处）	16 分	每超差一处扣 8 分			
	$52_{-0.046}^{0}$ mm	（2 处）	12 分	每超差一处扣 6 分			
	135° ±3′	（2 处）	14 分	每超差一处扣 7 分			
	$64_{-0.03}^{0}$ mm		8 分	超差不得分			
	⊥ 0.02 A		4 分	超差不得分			
	配合间隙≤0.04 mm		30 分	每超差一处扣 5 分			
	表面粗糙度值 *Ra*1.6 μm		6 分	每处升高一级扣 1 分			
安全文明生产			10 分	违者不得分			

中级技能考核训练

一、曲线模

1. 备料图

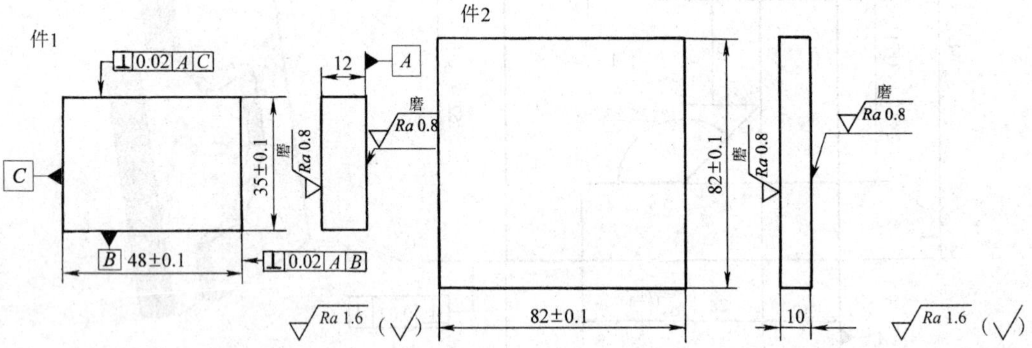

图 20－13　备料图

2. 工件图

考核件名称	材料	件数	额定工时/min
曲线模	45	2	300

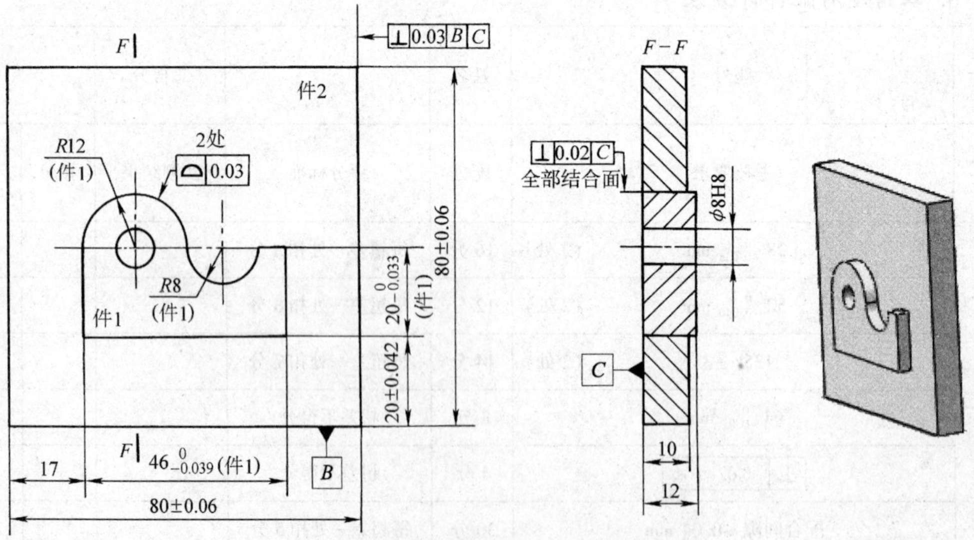

图 20－14　曲线模

3. 曲线模评分表

考件编号		座号		姓名		总得分		

考核内容	考核要求		配分	评分标准	实测结果	扣分	得分
件1	$20_{-0.033}^{\ 0}$ mm		8分	超差不得分			
	$46_{-0.039}^{\ 0}$ mm		6分	超差不得分			
	⌓ 0.03	（2处）	10分	每超差一处扣5分			
	ϕ8H8		4分	超差不得分			
件2	（20±0.042）mm		4分	超差不得分			
	（80±0.06）mm	（2处）	8分	每超差一处扣4分			
	⊥ 0.03 *B* *C*		6分	每超差一处扣3分			
锉配	⊥ 0.02 *C* 全部结合面		12分	每超差一处扣2分			
	配合间隙≤0.04 mm		24分	每超差一处扣4分			
	表面粗糙度值 *Ra*1.6 μm		8分	每处升高一级扣1分			
安全文明生产			10分	违者不得分			

二、不对配的对配件

1. 备料图

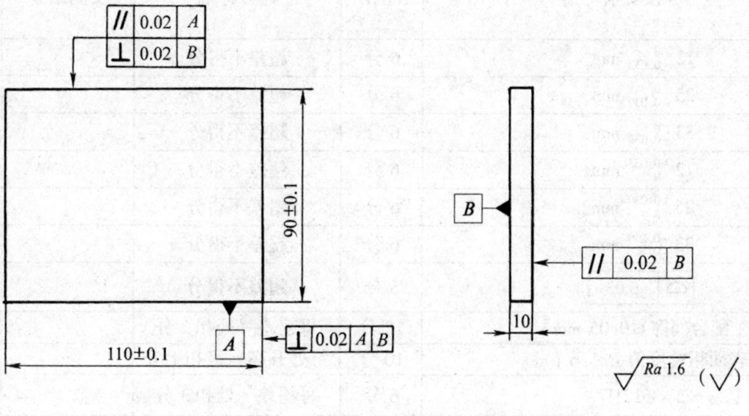

图 20－15　备料图

2. 工件图

考核件名称	材料	件数	额定工时/min
不对配的对配件	45	1	300

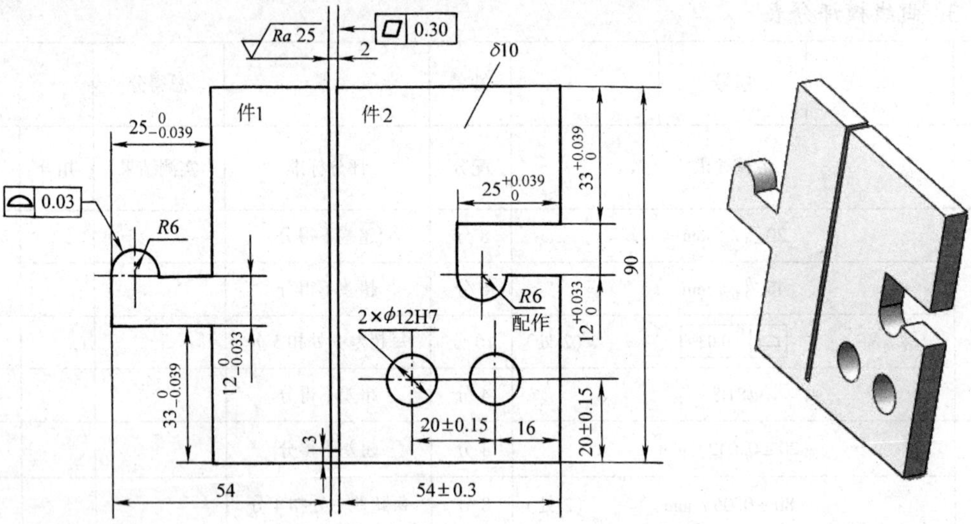

技术要求

1. 按图样尺寸加工后，在2mm槽处锯开成（不间断的）1、2两件。 $\sqrt{Ra\ 1.6}$ （√）
2. 件1、件2配合，配合面单边间隙≤0.05mm。

图20－16 不对配的对配件

3. 不对配的对配件评分表

考件编号		座号		姓名		总得分		
考核内容	考核要求			配分	评分标准	实测结果	扣分	得分
锉配	$12_{-0.033}^{\ 0}$ mm			6分	超差不得分			
	$25_{-0.039}^{\ 0}$ mm			6分	超差不得分			
	$33_{-0.039}^{\ 0}$ mm			6分	超差不得分			
	$12_{\ 0}^{+0.033}$ mm			6分	超差不得分			
	$25_{\ 0}^{+0.039}$ mm			6分	超差不得分			
	$33_{\ 0}^{+0.039}$ mm			6分	超差不得分			
	⌓ 0.03			5分	超差不得分			
	配合间隙≤0.05 mm			12分	每超差一处扣2分			
	表面粗糙度值 *Ra*1.6 μm			10分	每处升高一级扣1分			
铰孔	2×ϕ12H7			6分	每超差一处扣3分			
	（20±0.15）mm			6分	超差不得分			
	表面粗糙度值 *Ra*1.6 μm			4分	每处升高一级扣2分			
锯削	（54±0.30）mm			4分	超差不得分			
	⏥ 0.30			5分	超差不得分			
	表面粗糙度值 *Ra*25 μm （2处）			2分	每处升高一级扣1分			
安全文明生产				10分	违者不得分			

三、柱式镶配件

1. 备料图

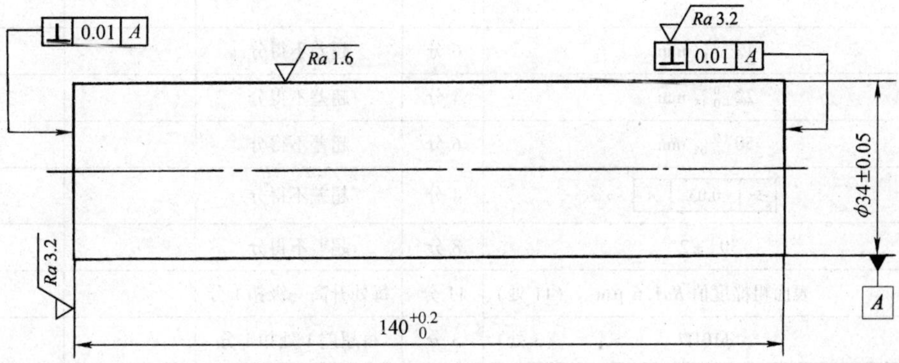

图 20－17　备料图

2. 工件图

考核件名称	材料	件数	额定工时/min
柱式镶配件	45	1	360

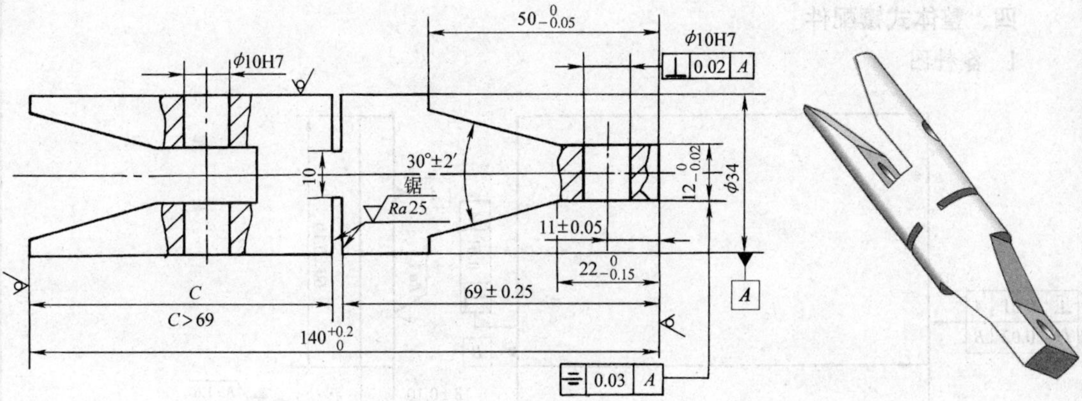

技术要求

以凸件为基准，凹件配作，检测时用 ϕ9.9mm 的检验棒插入ϕ10H7孔中，配合互换间隙≤0.08mm，外圆面的错位量≤0.06mm。

$\sqrt{Ra\ 1.6}$ ($\sqrt{}$)

图 20－18　柱式镶配件

3. 柱式镶配件评分表

考件编号		座号		姓名		总得分		
考核内容	考核要求			配分	评分标准	实测结果	扣分	得分
锉削	$12\,_{-0.02}^{\ 0}$ mm			6 分	超差不得分			
	$22\,_{-0.15}^{\ 0}$ mm			4 分	超差不得分			
	$50\,_{-0.05}^{\ 0}$ mm			6 分	超差不得分			
	⌯ 0.03 A			4 分	超差不得分			
	30° ±2′			8 分	超差不得分			
	表面粗糙度值 *Ra*1.6 μm （11 处）			11 分	每处升高一级扣 1 分			
铰削	*ϕ*10H7 （3 处）			3 分	每超差 1 处扣 1 分			
	（11 ±0.05）mm			5 分	超差不得分			
	⊥ 0.02 A			3 分	超差不得分			
	表面粗糙度值 *Ra*1.6 μm （3 处）			3 分	每处升高一级扣 1 分			
锯削	（69 ±0.25）mm			7 分	超差不得分			
	表面粗糙度值 *Ra*25 μm （2 处）			3 分	每处升高一级扣 1.5 分			
配合	配合间隙≤0.08 mm （7 处）			21 分	每超差一处扣 3 分			
	错位量≤0.06 mm			6 分	升高一级不得分			
安全文明生产				10 分	违者不得分			

四、整体式镶配件

1. 备料图

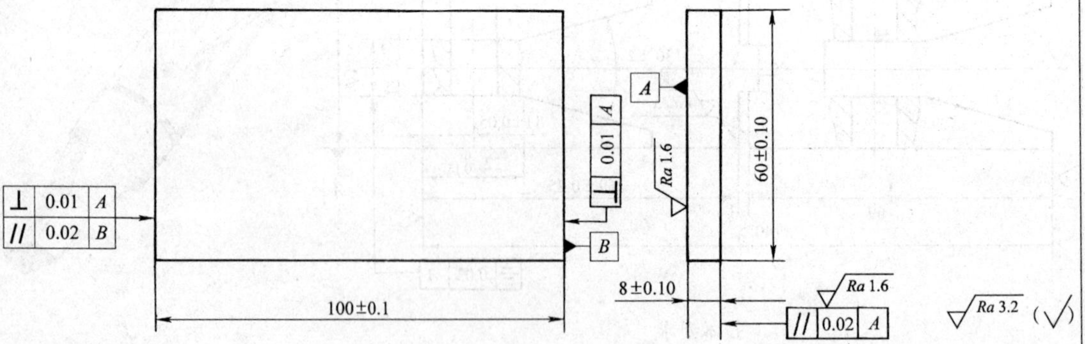

图 20－19　备料图

2. 工件图

考核件名称	材料	件数	额定工时/min
整体式镶配件	Q235	1	300

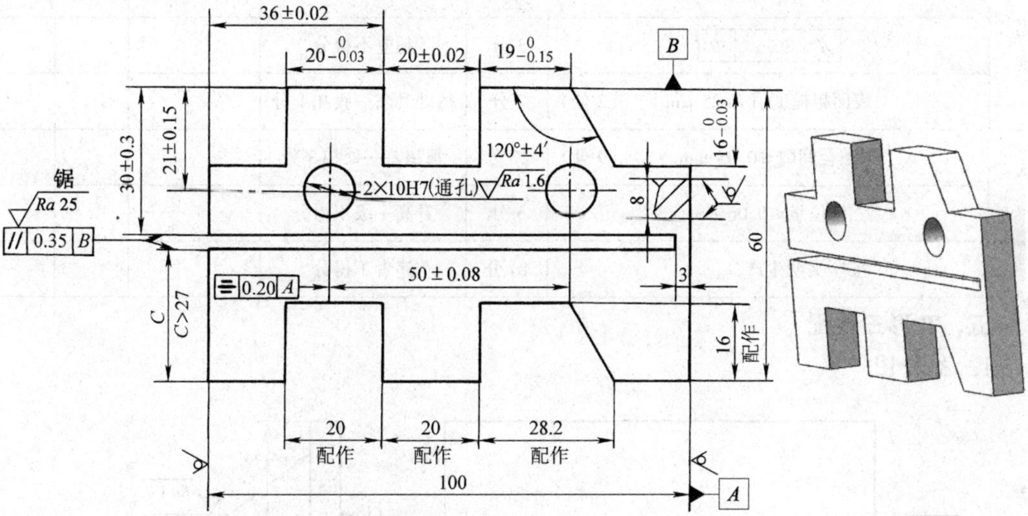

$\sqrt{Ra\ 3.2}$ (√)

技术要求

1. 以凸件（上）为基准，凹件（下）配作，配合间隙≤0.05mm（检测时将此件锯断）。

2. 配合后两端面的错位量≤0.06mm。

图 20－20　整体式镶配件

3. 整体式镶配件评分表

<table>
<tr><td>考件编号</td><td></td><td>座号</td><td></td><td>姓名</td><td></td><td>总得分</td><td colspan="2"></td></tr>
<tr><td>考核内容</td><td colspan="3">考核要求</td><td>配分</td><td>评分标准</td><td>实测结果</td><td>扣分</td><td>得分</td></tr>
<tr><td rowspan="6">锉削</td><td colspan="3">（36±0.02）mm</td><td>4 分</td><td>超差不得分</td><td></td><td></td><td></td></tr>
<tr><td colspan="3">$20_{-0.03}^{0}$ mm</td><td>5 分</td><td>超差不得分</td><td></td><td></td><td></td></tr>
<tr><td colspan="3">（20±0.02）mm</td><td>4 分</td><td>超差不得分</td><td></td><td></td><td></td></tr>
<tr><td colspan="3">$16_{-0.03}^{0}$ mm</td><td>4 分</td><td>超差不得分</td><td></td><td></td><td></td></tr>
<tr><td colspan="3">120°±4′</td><td>4 分</td><td>超差不得分</td><td></td><td></td><td></td></tr>
<tr><td colspan="3">表面粗糙度值 Ra3.2 μm　（18 处）</td><td>9 分</td><td>每处升高一级扣 0.5 分</td><td></td><td></td><td></td></tr>
<tr><td rowspan="4">铰削</td><td colspan="3">2×ϕ10H7</td><td>4 分</td><td>每超差一处扣 2 分</td><td></td><td></td><td></td></tr>
<tr><td colspan="3">（50±0.08）mm</td><td>6 分</td><td>超差不得分</td><td></td><td></td><td></td></tr>
<tr><td colspan="3">⌯ 0.20 A</td><td>4 分</td><td>超差不得分</td><td></td><td></td><td></td></tr>
<tr><td colspan="3">表面粗糙度值 Ra1.6 μm　（2 处）</td><td>3 分</td><td>每处升高一级扣 1.5 分</td><td></td><td></td><td></td></tr>
</table>

锯削	(30 ± 0.3) mm	6 分	超差不得分		
	∥ 0.35 B	3 分	超差不得分		
	表面粗糙度值 *Ra*25 μm (2 处)	2 分	每处升高一级扣 1 分		
配合	配合间隙≤0.05 mm (9 处)	27 分	每超差一处扣 3 分		
	错位量≤0.06 mm	5 分	升高一级不得分		
安全文明生产		10 分	违者不得分		

五、T 形三件配

1. 备料图

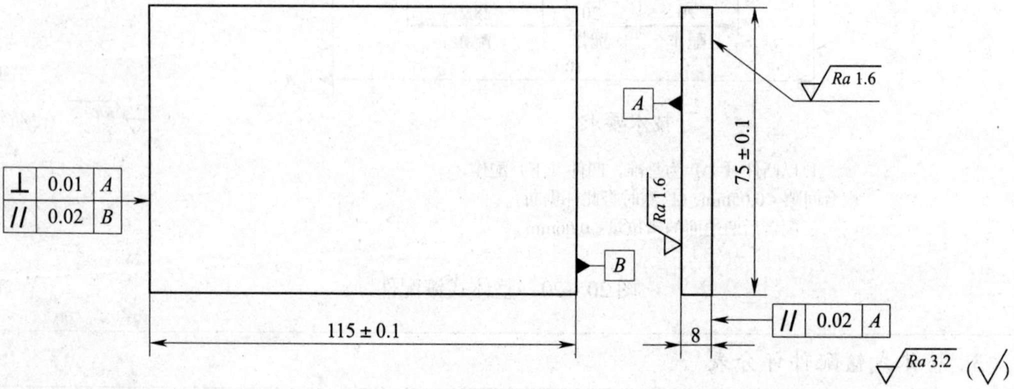

图 20－21 备料图

2. 工件图

考核件名称	材料	件数	额定工时/min
T 形三件配	45	1	330

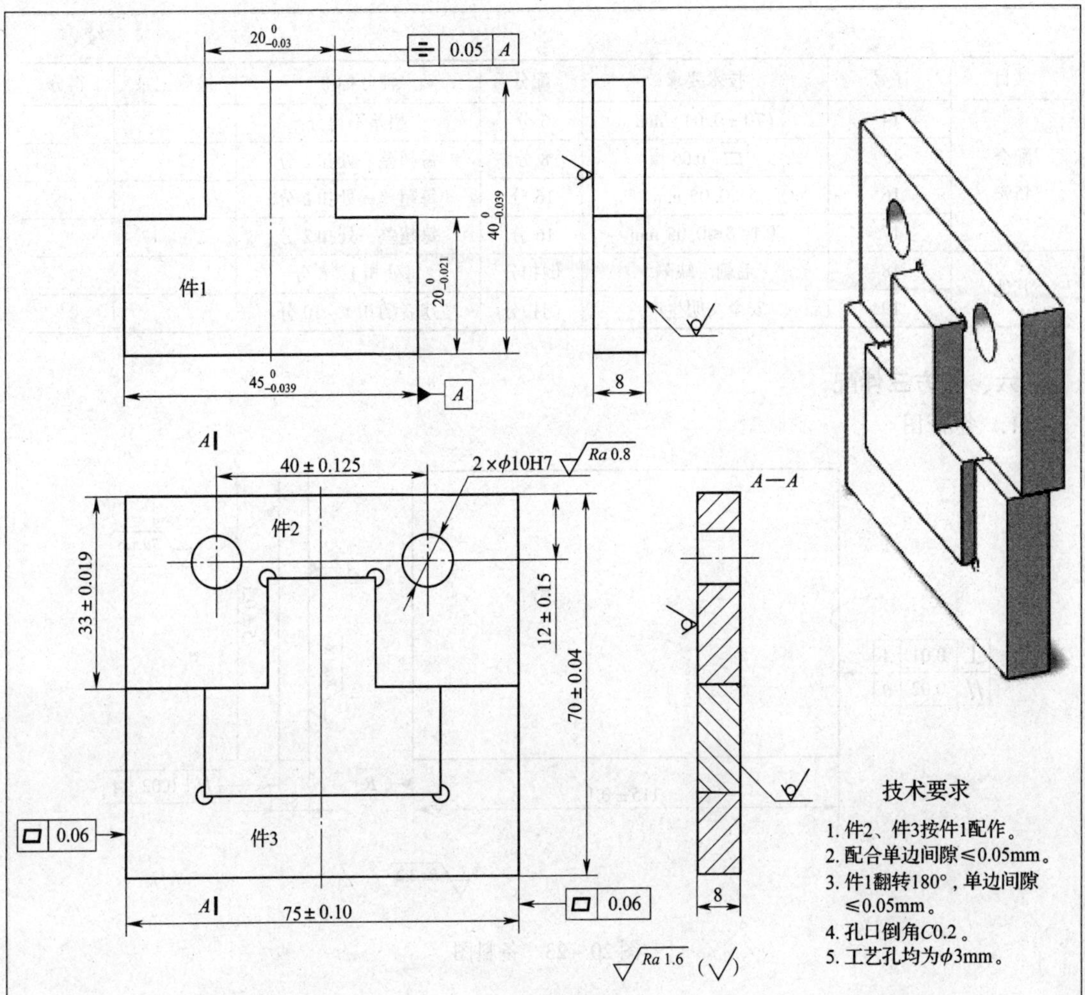

图 20－22　T 形三件配

3．T 形三件配评分标准

项目	序号	技术要求	配分	评分标准	检测记录	得分
件 1 29%	1	$20_{-0.03}^{0}$ mm	5 分	超差不得分		
	2	$20_{-0.021}^{0}$ mm	6 分	每超差一处扣 3 分		
	3	$40_{-0.039}^{0}$ mm	4 分	超差不得分		
	4	$45_{-0.039}^{0}$ mm	4 分	超差不得分		
	5	⌯ 0.05 A	4 分	超差不得分		
	6	表面粗糙度值 *Ra*1. 6 μm	4 分	每处升高一级扣 0. 5 分		
件 2 26%	7	75 ±0. 10	4 分	超差不得分		
	8	（33 ±0. 019）mm	3 分	超差不得分		
	9	（40 ±0. 125）mm	4 分	超差不得分		
	10	（12 ±0. 15）mm	4 分	每超差一处扣 2 分		
	11	2 ×φ10H7	4 分	每处超差扣 2 分		
	12	孔表面粗糙度值 *Ra*0. 8 μm	2 分	每处升高一级扣 1 分		
	13	表面粗糙度值 *Ra*1. 6 μm	7 分	每处升高一级扣 0. 5 分		

续表

项目	序号	技术要求	配分	评分标准	检测记录	得分
配合 45%	14	（70 ±0.04）mm	5 分	超差不得分		
	15	▱ 0.06	8 分	每超差一处扣 2 分		
	16	δ≤0.05 mm	16 分	每超差一处扣 2 分		
	17	互换 δ≤0.05 mm	16 分	每超差一处扣 2 分		
其他	18	毛刺、缺陷	倒扣分	每处扣 1～5 分		
	19	安全文明生产	倒扣分	违者酌扣 1～10 分		

六、四方三件配

1. 备料图

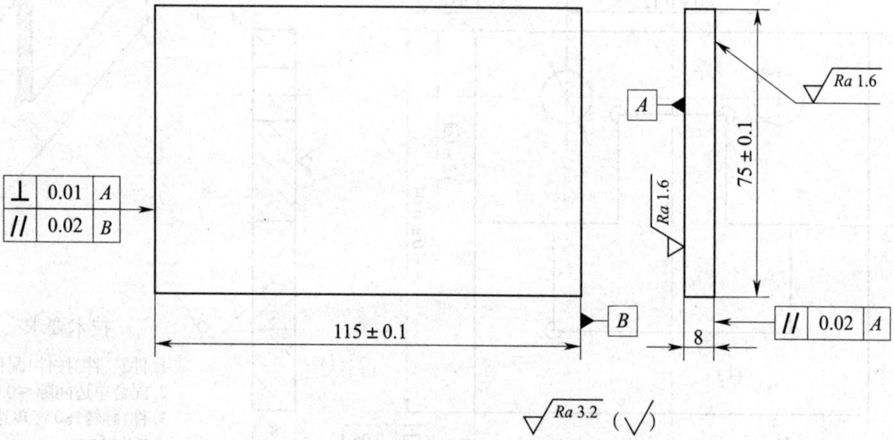

图 20－23　备料图

2. 工件图

考核件名称	材料	件数	额定工时/min
四方三件配	45	1	330

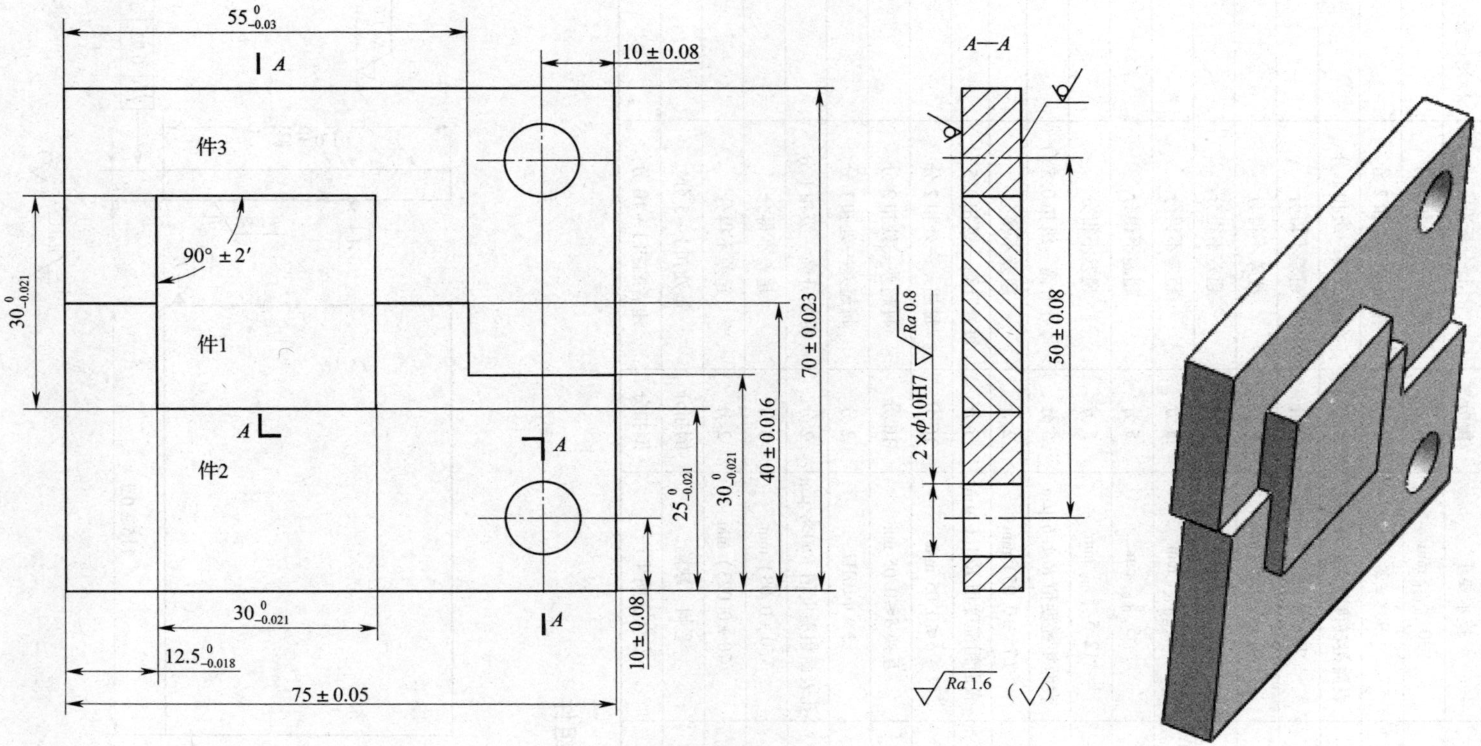

技术要求

1. 件2、件3按件1配作。
2. 配合单边间隙≤0.05mm。
3. 件1翻转180°，单边间隙≤0.05mm。
4. 孔口倒角C0.2。

图 20－24　四方三件配

3. 四方三件配评分标准

项目	序号	技术要求	配分	评分标准	检测记录	得分
件1 20%	1	$30_{-0.021}^{0}$ mm	8分	每超差一处扣4分		
	2	90° ±2′	8分	每超差一处扣2分		
	3	表面粗糙度值 *Ra*1.6 μm	4分	每处升高一级扣1分		
件2 32%	4	(75 ±0.05) mm	2分	超差不得分		
	5	(40 ±0.016) mm	5分	超差不得分		
	6	$30_{-0.021}^{0}$ mm	5分	超差不得分		
	7	$25_{-0.021}^{0}$ mm	5分	超差不得分		
	8	$55_{-0.03}^{0}$ mm	5分	超差不得分		
	9	$12.5_{-0.018}^{0}$ mm	5分	超差不得分		
	10	表面粗糙度值 *Ra*1.6 μm	5分	每处升高一级扣0.5分		
件3 7%	11	(75 ±0.05) mm	2分	超差不得分		
	12	表面粗糙度值 *Ra*1.6 μm	5分	每处升高一级扣0.5分		
配合 41%	13	$\delta \leqslant 0.05$ mm	16分	每超差一处扣2分		
	14	互换 $\delta \leqslant 0.05$ mm	16分	每超差一处扣2分		
	15	2 × *Φ*10H7	2分	每超差一处扣1分		
	16	孔表面粗糙度值 *Ra*0.8 μm	2分	每处升高一级扣1分		
	17	(50 ±0.08) mm	3分	超差不得分		
	18	(70 ±0.023) mm	2分	超差不得分		
其他	19	毛刺、缺陷	倒扣分	每处扣1~5分		
	20	安全文明生产	倒扣分	违者酌扣1~10分		

七、燕尾梯形组件

1. 备料图

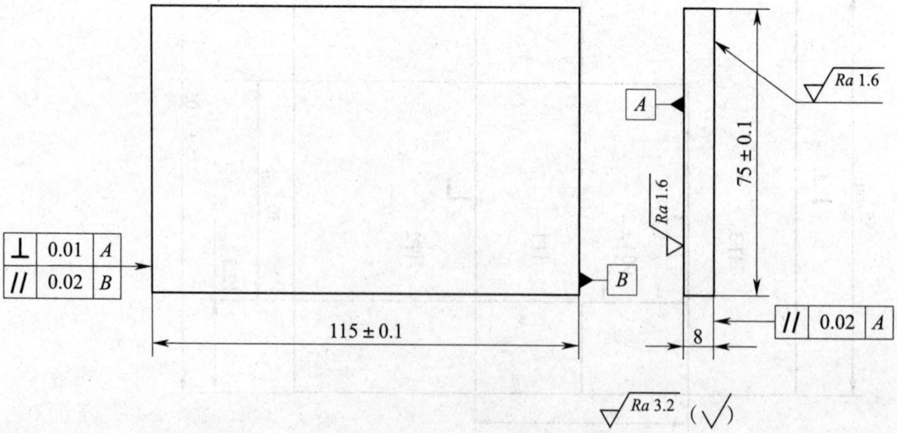

图 20－25　备料图

2. 工件图

考核件名称	材料	件数	额定工时/min
燕尾梯形组件	45	1	330

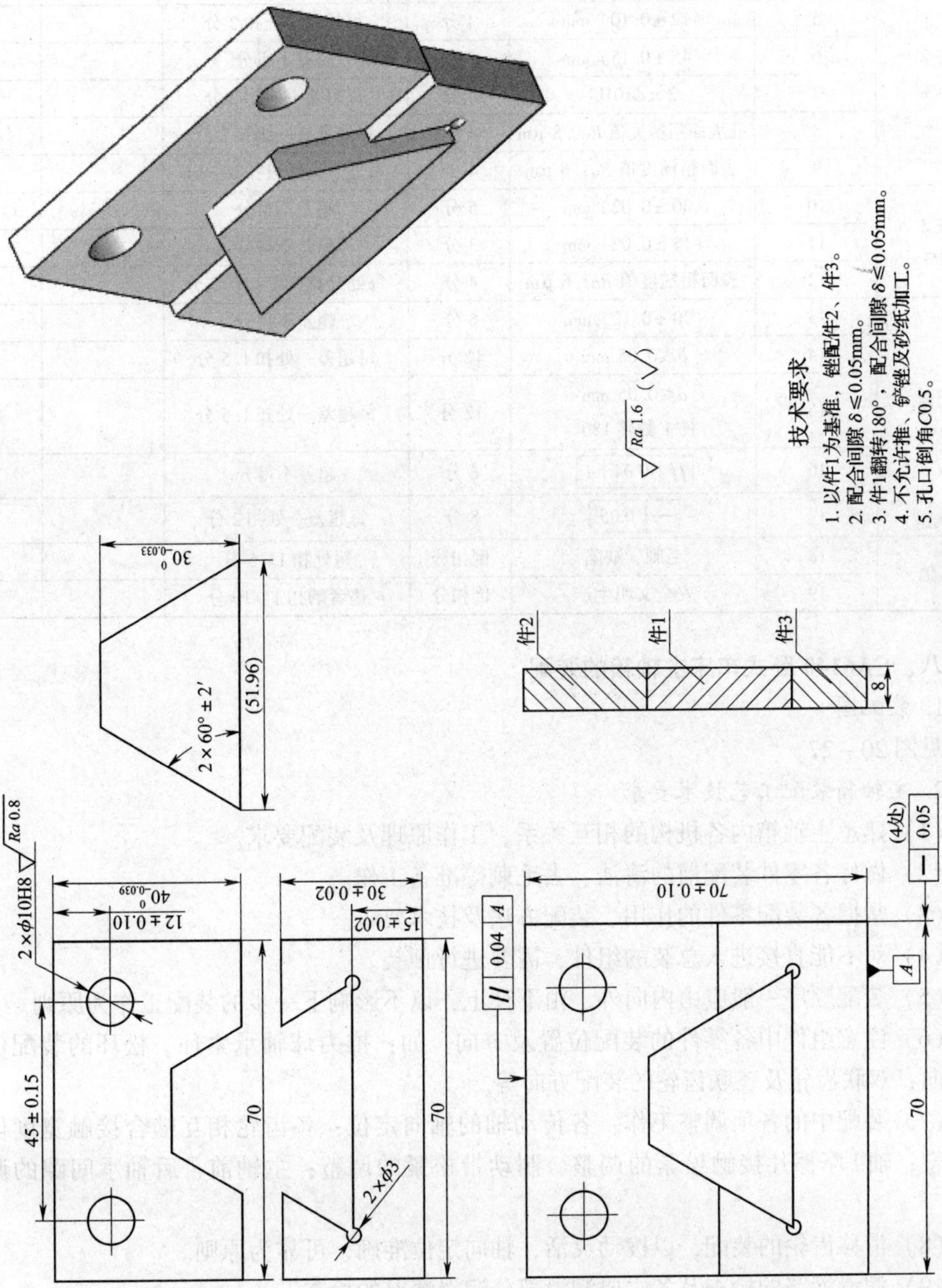

图 20－26　燕尾梯形组件

3. 燕尾梯形组件评分标准

项目	序号	技术要求	配分	评分标准	检测记录	得分
件1 18%	1	$30_{-0.033}^{0}$ mm	6分	超差不得分		
	2	60° ±2′	10分	每超差一处扣5分		
	3	表面粗糙度值 Ra1.6 μm	2分	每处升高一级扣0.5分		
件2 26%	4	$40_{-0.039}^{0}$ mm	5分	超差不得分		
	5	(12 ±0.10) mm	4分	每超差一处扣2分		
	6	(45 ±0.15) mm	5分	超差不得分		
	7	2 × ϕ10H8	4分	每超差一处扣2分		
	8	孔表面粗糙度值 Ra0.8 μm	4分	每处升高一级扣2分		
	9	表面粗糙度值 Ra1.6 μm	4分	每处升高一级扣0.5分		
件3 12%	10	(30 ±0.02) mm	5分	超差不得分		
	11	(15 ±0.02) mm	3分	超差不得分		
	12	表面粗糙度值 Ra1.6 μm	4分	每处升高一级扣0.5分		
配合 44%	13	(70 ±0.10) mm	6分	超差不得分		
	14	$\delta \leqslant 0.05$ mm	12分	每超差一处扣1.5分		
	15	$\delta \leqslant 0.05$ mm 件1 翻转180°	12分	每超差一处扣1.5分		
	16	// 0.04 A	6分	超差不得分		
	17	— 0.05	8分	每超差一处扣2分		
其他	18	毛刺、缺陷	倒扣分	每处扣1~5分		
	19	安全文明生产	倒扣分	违者酌扣1~10分		

八、CA6140卧式车床主轴箱的装配

1. 装配图

见图20－27。

2. 主轴箱装配工艺技术要求

(1) 熟悉主轴箱内各机构的相互关系、工作原理及装配要求。

(2) 做好各零件装配前的清洁、去毛刺等准备工作。

(3) 掌握各装配零件的作用、装配方法及技术要求。

(4) 对不能直接进入总装的组件，需要进行预装。

(5) 装配顺序一般应由内向外、由下往上，以不影响下一步的装配工作为原则。

(6) 注意组件中各零件的装配位置及方向。如：推力球轴承紧环、松环的装配位置和方向；双联齿轮及三联齿轮的装配方向等。

(7) 装配中的各项调整工作：各传动轴的轴向定位；各齿轮相互啮合接触宽度位置的调整；轴Ⅰ摩擦片接触松紧的调整、制动带松紧的调整；主轴前、后轴承间隙的调整等。

(8) 滑移齿轮的装配，以拨动灵活，轴向定位准确、可靠为原则。

(9) 润滑管路的检查及各主要润滑部分润滑情况的检查。

(10) 部件空运转试车、检验、调整。

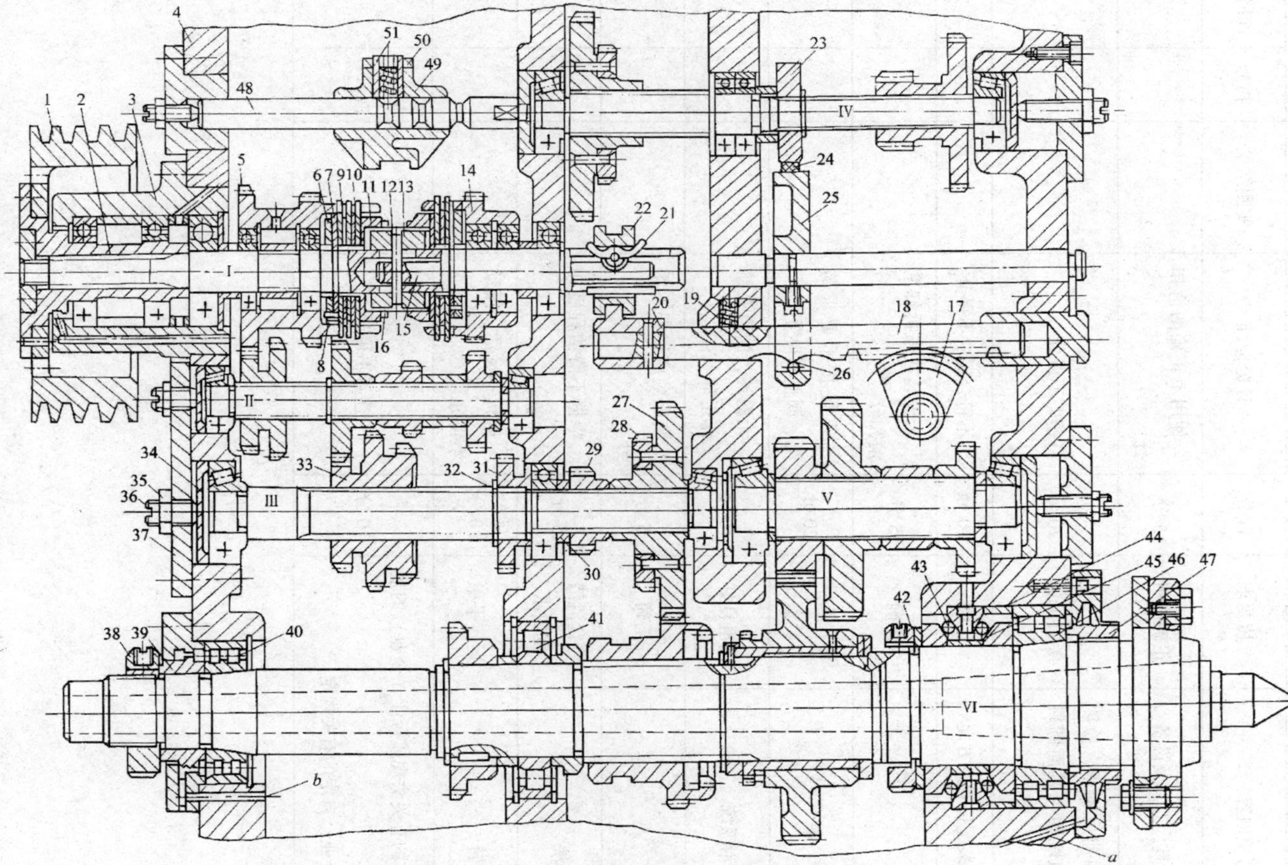

图 20－27　CA6140 型卧式车床主轴箱的装配

1—V 带轮　2—花键套筒　3—法兰盘　4—箱体　5—双联齿轮　6、7—止推环　8、12—销子　9—内摩擦片　10—外摩擦片　11—调整螺圈　13、22—滑套　14—单联齿轮　15—拉杆　16—弹簧定位销　17—扇形齿轮　18—齿条轴　19—弹簧及钢球　20、49—拨叉　21—元宝形摆杆　23—制动轮　24—制动带　25—制动杠杆　26—钢球　27、28、29、31—齿轮　30—垫圈　32—弹簧卡圈　33—三联滑移齿轮　34—压盖　35、38、42—锁紧螺母　36、51—调整螺钉　37—轴承盖　39、44—隔套　40、46—双列短圆柱滚子轴承　41—单列短圆柱滚子轴承　43—双列角接触球轴承　45—调整垫圈　47、50—螺母　48—导向轴

3. CA6140 卧式车床主轴箱的装配评分表

<table>
<tr><td>考件编号</td><td></td><td>座号</td><td></td><td>姓名</td><td></td><td>总得分</td><td colspan="2"></td></tr>
<tr><td>考核项目</td><td colspan="2">考核内容</td><td>考核要求</td><td>配分</td><td>评分标准</td><td>实测结果</td><td>扣分</td><td>得分</td></tr>
<tr><td rowspan="6">主要项目</td><td colspan="2">工具、夹具、刀具及设备</td><td>正确使用</td><td>5 分</td><td>使用不正确酌情扣分</td><td></td><td></td><td></td></tr>
<tr><td colspan="2">调整主轴前后轴承，检测主轴的径向跳动与端面圆跳动公差</td><td>0.01 mm</td><td>20 分</td><td>超差不得分</td><td></td><td></td><td></td></tr>
<tr><td colspan="2">各零件的装配位置及方向</td><td>正确</td><td>10 分</td><td>不符合要求不得分</td><td></td><td></td><td></td></tr>
<tr><td colspan="2">预装组件</td><td>正确</td><td>5 分</td><td>未预装或未拆卸酌情扣分</td><td></td><td></td><td></td></tr>
<tr><td colspan="2">各项调整工作</td><td>符合技术要求</td><td>20 分</td><td>不按技术要求装配、调整不得分</td><td></td><td></td><td></td></tr>
<tr><td colspan="2">主轴箱润滑系统</td><td>润滑良好</td><td>10 分</td><td>无漏油，润滑系统工作正常</td><td></td><td></td><td></td></tr>
<tr><td rowspan="3">一般项目</td><td colspan="2">装配顺序</td><td>正确</td><td>5 分</td><td>装配顺序错误不得分</td><td></td><td></td><td></td></tr>
<tr><td colspan="2">零部件清洗</td><td>符合清洁度要求</td><td>5 分</td><td>根据不清洁程度扣分</td><td></td><td></td><td></td></tr>
<tr><td colspan="2">部件空运转</td><td>运转平稳</td><td>10 分</td><td>运转不灵活、振动不得分</td><td></td><td></td><td></td></tr>
<tr><td colspan="4">（1）按国家颁发的有关法规或行业（企业）的规定
（2）按行业（企业）自定的有关规定</td><td>10 分</td><td>违者不得分</td><td></td><td></td><td></td></tr>
</table>